"区域治理与政府间关系"丛书

# 省级主体功能区规划推进研究

成为杰◎著

The Research
on Major Function-Oriented Zone Planning Propulsion

天津出版传媒集团

天津人民出版社

**图书在版编目（CIP）数据**

省级主体功能区规划推进研究/成为杰著. —— 天津：
天津人民出版社,2016.12
（区域治理与政府间关系丛书）
ISBN 978 - 7 - 201 - 11191 - 9

Ⅰ.①省… Ⅱ.①成… Ⅲ.①区域规划 – 研究 – 中国
Ⅳ.①TU982.2

中国版本图书馆 CIP 数据核字（2016）第 303026 号

**省级主体功能区规划推进研究**
SHENGJI ZHUTI GONGNENGQU GUIHUA TUIJIN YANJIU

| | | |
|---|---|---|
| 出　　版 | 天津人民出版社 |
| 出 版 人 | 黄　沛 |
| 地　　址 | 天津市和平区西康路 35 号康岳大厦 |
| 邮政编码 | 300051 |
| 邮购电话 | （022）23332469 |
| 网　　址 | http://www.tjrmcbs.com |
| 电子信箱 | tjrmcbs@126.com |

| | |
|---|---|
| 策划编辑 | 杨　舒 |
| 责任编辑 | 郑　玥 |
| 特约编辑 | 王　倩 |
| 装帧设计 | 卢炀炀 |

| | |
|---|---|
| 印　　刷 | 高教社（天津）印务有限公司 |
| 经　　销 | 新华书店 |
| 开　　本 | 710×1000 毫米　1/16 |
| 印　　张 | 14 |
| 插　　页 | 2 |
| 字　　数 | 200 千字 |
| 版次印次 | 2016 年 12 月第 1 版　2016 年 12 月第 1 次印刷 |
| 定　　价 | 45.00 元 |

# 序　言

　　自中华人民共和国成立后开始出现区域政策以来,以帮助落后区域发展、缩小区域发展差距为目的区域政策占了其中的大部分。换言之,鼓励性的区域政策为多。到 1980 年,东、中、西三大地带的区域格局出现。2000 年以后,形成了西部大开发,振兴东北地区等老工业基地,促进中部地区崛起,鼓励东部地区率先发展,这四大板块的区域发展总体战略,完成了在全国范围内区域发展的布局。这么多年来的区域政策中也有限制性的,如某些生态保护区的设立,但基本停留在局部性区域政策的层面。这种情况直到主体功能区规划出台以后,才得以根本性的改变。2010 年以后,随着资源枯竭、生态破坏、环境恶化成为普遍性问题,环境对发展的约束越来越明显,中国不得不制定全面性的长期环境保护政策,主体功能区规划就是在这样的中国背景下出台的。

　　主体功能区规划是一种国土规划,与“三大地带”等区域划分在区域概念上是有区别的。第一,“三大地带”等是以区域为综合经济社会发展单位,而主体功能区是以区域作为国土开发的单位。从规划的意义上看,区域发展规划注重发挥不同地区的比较优势,从宏观发展的角度定位区域发展的目标和布局,比如“四大板块”的划分正是立足于东中西以及东北不同区域的发展优势,突出不同地区经济发展的特点。国土空间规划以国土开发模式为重心,强调环境的保护和可持续发展问题,四种不同类型主体功能区的划分体现的是对国土开发的空间管制政策,进一步引导地方和区域经济的发展。第二,主体功能区的划分主要以是否可以开发,开发可以达到的深度为依据,侧重可持续发展;而“三大地带”等区域划分是以区域为单位,主要依据是区域内的经济联系和区域范围内竞争力的形成和提高。主体功能区规划为经济区域以及地方政府制定本区域和本地发展规划指明了方向,提出了限制条件,主体功能区规划的颁布意味着各个经济区域和地方政府今后的发展只能以自己资源和生态条件可以支撑的能力为限,同时又必须考虑到本地在全国的地位和作用。第三,主体功能区的划分是国家视角,从全国出发,兼有实现全国区域发展合理布局和平衡区域发展的功能。而"三大地带"等区域划分是区域和地方视角,各个区域从区域和地方出发均以促进本区域的经济发展为目标,其结果有可能加大区域发展的差距。此次国土规划要求各省也制定自己的功能区规划,以县为规划的最小单位,意味着今后经济区的规划和建设只能以主体功能区规划为依据,地方发展与国家发展以新的方式联结得更为紧密。

主体功能区规划是首个全国性的限制性区域规划,谁来执行,如何执行,就成为中国国家治理中的一个新问题。从目前的情况看,采取的办法是由国家发改委制订,国务院发布,各省在全国主体功能区划分的格局下,分别制订省级的主体功能区规划。这是首个由负责制订宏观发展战略的部门制订的国土空间规划,而要求各地方也要制订同样的规划,对于省级政府,这是个新的任务。经过几年的努力,各省已经陆续完成了主体功能区规划的制订,而且成为各省制订其他规划和政策的依据,主体功能区的理念已经延伸到了城市规划、区域发展、气象等领域。平台的财政制度、政绩考核制度等也在改革,而且目前已经开始县范围主体功能区规划制订的试点,主体功能区规划已经进入国家和地方治理的理念和战略。

由于我国各地之间自然环境条件差别较大,加上长期以来的生产力不平衡发展,造成了各地区域发展水平的较大差异。而主体功能区规划编制的根本依据是资源环境承载能力、现有开发强度和发展潜力,这样就造成了目前各省级政府行政区划内面对的情况各有不同。为了实现主体功能区,各省级政府所采取的做法也就不同。本书以央地关系为视角,分析地方主体功能区规划制订过程中的央地博弈,研究国家的主体功能区规划如何"落地",即主体功能区规划的执行问题。本书对于已经有的地方主体功能区规划进行分析,归纳出了地方协调、地方主导、中央指导三种模式,梳理出地方在制订主体功能区规划过程中体现的不同政府与市场的关系,中央与地方的关系。书中探讨了如何处理国家级功能区与省级功能区的关系,分析了在省级主体功能区规划编制晚于省级"十二五"规划,两者存在反向约束关系的情况下如何处理鼓励性政策与限制性政策的关系。指出了主体功能区战略在地方层面推进的困难在于以功能区而不是行政区为政策载体、利益补偿机制尚不完善、开发秩序难以落实等方面。

主体功能区规划对中国下一步发展的影响将会是长远的,本身就经常被当作区域发展战略,而且还将进一步发展为"主体功能区制度",这表明需要从国家治理的角度研究主体功能区规划。鉴于此,本书对主体功能区规划的研究还刚刚开始,我们期待作者的进一步研究成果。

杨 龙

2016 年 9 月

# 目　录

# 第一章

# 导　论

## 第一节　研究背景与研究价值

### 一、研究背景

2010 年 6 月 12 日,国务院审议并通过了《全国主体功能区规划》(下称国家规划),并强调推进形成主体功能区是党中央、国务院作出的重要战略部署,是深入贯彻落实科学发展观的重大战略举措。2010 年 12 月,国家规划文本下发至各地方政府。2011 年 6 月 8 日,国务院新闻办在新闻发布厅举行发布会,国家规划文本正式向社会公布。"十二五"规划中把主体功能区规划上升到战略高度,与区域发展总体战略并列为我国区域发展的两大战略。党的十八大报告中从生态文明角度继续强调了主体功能区战略的重要性。

主体功能区战略作为我国区域协调发展的重要战略,是我国形成良好国土开发格局的战略保障,同时是其他区域政策和规划制定的基础,有利于引导人口分布、经济布局与资源环境承载能力相适应,促进人口、经济、资源环境的均衡发展格局。主体功能区规划于 2010 年 12 月发布,推进实现主体功能区主要目标的时间是 2020 年。如今已经过去五年多的时间,各个省区都已经完成了省级主体功能区规划。而各省区市由于面对的情况各不相同,区域差异较大,必然出现在贯彻落实主体功能区规划问题上存在不同的做法。本书试图就以下问题进行研究:第一,各省区市出现主体功能区规划实施中的不同做法有哪些类型或者模式? 第二,主体功能区规划实施中出现的各种模式涉及的省份具有哪些典型特征? 第三,主体功能区规划实施中出现的各种模式是怎样实现的？本书对上述问题进行具体分析，并进行理论上的提升和总结，具有一定的学术研究意义。

## 二、研究价值

### （一）理论价值

第一，从政治学、行政学角度丰富主体功能区规划的学术研究，充实其理论基础。主体功能区是我国"十一五"规划建议及纲要提出的新概念，主体功能区规划也是一种全新的区域空间开发规划，国际上对此没有现成的理论、方法、经验可以借鉴，国内学者的相关研究主要集中在区域经济学、经济地理学等方面，而且理论性尚需进一步加强。本书从政治学、行政学的角度，以主体功能区建设为研究主题，对主体功能区规划实施中的模式问题进行了探讨，深化了对主体功能区规划实施问题的理论认识。

第二，对于主体功能区实施进行理论研究的尝试。目前我国关于主体功能区的研究主要集中于概念、划分、配套政策等问题，大多数是从"应然"的角度出发，而对实际实施过程的研究并不丰富，且实际实施过程的理论抽象提升也更为缺乏。本书尝试对现实中存在的主体功能区实施模式进行分析，希望能在这一方面对其进行完善。

### （二）实践价值

第一，有助于对我国现阶段实施主体功能区规划的情况进行梳理和总结。各省区市编制、并落实本省区市主体功能区规划是《全国主体功能区规划》实施工作的重要组成部分。本书通过对目前各省区市落实主体功能区规划模式的分析，实际上就是对我国主体功能区规划实施部分典型省区市情况的一个梳理，对于认识现实操作层面的规划落实情况有所帮助。

第二，对未来继续编制、推进落实主体功能区规划具有一定的借鉴意义。目前的《全国主体功能区规划》及各省区市主体功能区规划规划期是到 2020年，此后国家可能要编制新一轮的主体功能区规划。这就意味着第一轮的主体功能区规划的实施只有不到 5 年的时间，而对于一个国土规划来说，实际上在这个时间段内对实践的影响是十分有限的，所以其意义不仅在于规划的落实，也在于规划编制的尝试和国土开发现状的摸底。而对其实施过程中的理论观察和分析，则有助于未来编制、实施新一轮的主体功能区规划更趋于完善。

## 第二节　文献综述

### 一、主体功能区概念研究

在国家"十一五"规划中明确了"主体功能区规划",理论界开始研究这个概念。由于其并非产生于理论研究,"主体功能区规划"概念被学术界接受和认可经历了一个过程,开始只有一些学者根据官方的相关表述提出了不同的定义。作为地理区划发展到一定阶段的产物,主体功能区划的追求"社会—经济—生态"的全面和平衡的系统开发。我国学者关于主体功能区划的理解可以归结为四个主要类别:

第一,空间政策单元的角度。樊杰认为,主体功能区是"地域功能的科学识别,是'开发'与'保护'双维复合,具有发展导向和规划引导性质,表达空间总体'面状'布局的空间规划"[①]。顾朝林认为主体功能区是一种"区域政策调控区","其区划也只是一种纯粹的区域划分,是目前经济社会发展规划、土地利用规划和城市总体规划'三规'分立走向'三规'合一的空间平台"[②]。李宪坡认为是"地理空间＋职能空间＋政策空间"[③]的复合体。这三种观点都认为主体功能区是一种从"区域"的角度出发进行调控的新尝试。

第二,区域功能角度。有学者认为主体功能区是各种功能空间的复合体,并将主体功能区划视为"在一定空间范围内划分出这种复合功能空间并确定其主体职能的过程"[④]。杜黎明认为,它就是"遵循一定的区划标准,地域连片、发展目标近似的区域、面临的发展难题相同或近似,并且承担相同或近似功能的区域归并划定为相应的主体功能区的过程"[⑤]。

第三,区域划分的视角。有学者认为主体功能区是在"经济区划、自然区划等单项区划的基础上,统筹考虑区域的资源环境承载力、现有开发密度、发展潜力及其在较大空间范围内的地位,以自然环境要素、社会经济发展水平、生态系

---

① 樊杰:《我国主体功能区划的科学基础》,《地理学报》,2007 年第 4 期。

② 顾朝林等:《盐城开发空间区划及其思考》,《地理学报》,2007 年第 8 期。

③ 李宪坡:《关于主体功能区划若干问题的思考》,《现代城市研究》,2007 年第 7 期。

④ 马随随、朱传耿、仇方道:《我国主体功能区划研究进展与展望》,《世界地理研究》,2010 年第 4 期。

⑤ 杜黎明:《主体功能区区划与建设:区域协调发展的新视野》,重庆大学出版社,2007 年,第 35 页。

统特征以及人类活动形式的空间分异为依据,划分出具有某种特定主体功能地域的过程"①。魏后凯认为,主体功能区是"为规范和优化空间开发秩序,按照一定指标划定的在全国或上级区域中承担特定主体功能定位的地域"。同时他指出在 2006 年"十一五"规划中,国家所给出的内涵具有以下两点缺陷,不足之处主要在于前面的限定词经不起推敲。首先,"在四类主体功能区中,至少禁止开发区并非是按照'资源环境承载能力、现有开发密度和发展潜力因素'来划分的;其次,划分主体功能区的原则也不能简单归结为'区域分工和协调发展',尤其是区域协调发展并非是单纯依靠主体功能区就可以解决的"②。

第四,综合的视角。在众多国内学者的研究基础上,国家规划中提出"推进形成主体功能区,就是要根据不同区域的资源环境承载能力、现有开发强度和发展潜力,统筹谋划人口分布、经济布局、国土利用和城镇化格局,确定不同区域的主体功能,并据此明确开发方向,完善开发政策,控制开发强度,规范开发秩序,逐步形成人口、经济、资源环境相协调的国土空间开发格局"③。这一定义吸收了以上三个角度的内涵,比较全面地反映了主体功能区的实质。

以上关于主体功能区的定义虽有不同,但在以下方面达成了共识,即主体功能区是为了适应特定功能类型区发展要求,对空间格局的合理化构建,调整相应产业规模和布局,对各种功能要素流动的适当引导,目标是最终构建成为主体功能清晰、开发秩序规范、发展导向明确、经济社会发展与人口、资源环境相协调的区域发展格局。

二、主体功能区的理论基础研究

主体功能区规划实际上是我国的区域空间规划体系的重要组成部分。对于大国而言,国家层面的宏观规划和地方层次的各种规划(如城市规划、土地利用规划)之间必须有区域规划,否则就会缺少中间层次的治理手段和形式。在资源环境利用与保护、跨界基础设施建设、不同地方机构的协调、区域共同竞争力的营造等方面,都存在国家和地方治理无法或不容易触及之处。因而,即使在美国这样经济高度自由化的国家,也出现了大量的区域发展机构、法案和相应的规划工作。近年来,随着经济高速增长带来的跨区域性的问题越来越突出

① 朱传耿、马晓冬、孟召宜等:《地域主体功能区划——理论·方法·实证》,科学出版社,2007 年,第 5 页。

② 魏后凯:《对推进形成主体功能区的冷思考》,《中国发展观察》,2007 年第 3 期。

③ 国家发展和改革委员会编:《全国及各地区主体功能区规划(上)》,人民出版社,2015 年,第 1 页。

和国家宏观调控手段的变化,我国宏观管理部门逐渐重视区域规划工作。2004
年,国家发展和改革委员会决定将区域规划作为"十一五"规划的重要内容,并
启动了主体功能区规划的工作。

从区域规划的视角出发,区域经济学中的"点—轴"发展理论、全球化视角
下的"城市区域"理论、"人地关系地域系统"理论都可以为主体功能区划提供
学术支撑。有学者提出,区域发展(空间结构)理论、人地关系(地域系统)理论
应当成为主体功能区研究的重要理论支撑。① 区域地理学者认为,"空间结构的
有序法则"和"因地制宜"思想等相关的理论方法②共同构成了主体功能区划理
论基础。由于主体功能区运行相关研究中涉及治理理论,因而地域空间治理理
论也是主体功能区相关研究的理论基础的一部分。

以目前的研究情况来看,其他理论比如区域经济学的可持续发展理论,经
济地理学的生态经济理论、区域空间结构理论(包括空间有序性法则理论)、地
域分异理论等都可以作为主体功能区的理论基础。可持续发展理论可以指导
主体功能发展战略,生态经济理论引导相应的主体功能定位,地域分异理论
有助于其区域类型的识别,区域空间结构理论促进其空间协调。总而言之,主
体功能区划已经有了很多理论的支撑,而进一步的研究空间在于在此基础上的
理论整合和新研究视角的提出。

## 三、主体功能区战略推进中的难点

2006 年,我国"十一五"规划正式提出"推进形成主体功能区"的战略任务。
2010 年,《全国主体功能区规划》文本正式由国家发展改革委员会发布,至此主
体功能区工作进入了逐步细化和实践操作阶段。在此期间,区域经济学界对主
体功能区的地位和作用做了高度评价,认为主体功能区是目前我国区域发展的
全新探索,有利于构筑科学合理的区域发展格局,有利于促进区域协调发展。
在此基础上,学者们对主体功能区在区域经济方面的制约因素及影响进行了学
术分析。

方忠权认为主体功能区战略的实施和管理存在的难题,包括不同行政区之
间利益的冲突、主体功能区规划与其他类似空间规划脱节等。③ 主体功能区是
根据本地区资源和环境承载能力、目前现有开发密度和发展潜力 3 个因素划分

---

① 张明东、陆玉麒:《我国主体功能区划的有关理论探讨》,《地域研究与开发》,2009 年第 3 期。
② 樊杰:《我国主体功能区划的科学基础》,《地理学报》,2007 年第 4 期。
③ 方忠权:《主体功能区建设面临的问题及调整思路》,《地域研究与开发》,2008 年第 6 期。

的,这些因素没有考虑到现有的行政边界。这种做法似乎打破了行政区划的限制,但在实际的划分工作中,彻底打破行政区划将导致政策的实施和监管没有主体,难以顺利实施和有效执行。因此主体功能区划选择了以县级行政单位为基本划分单位的做法,其结果是仍然在很大程度上依赖于现有的行政区划,区域利益冲突的现象仍然存在。此外,同种类型的主体功能区可能被割裂为几个不同的行政区划,这种情况下基础设施建设及其他必须由政府提供的公共服务应该是基于什么方式或比例在几个地方政府之间分担,都将成为主体功能区建设过程中必然面临的问题。

吴殿廷认为财政体制等改革,改革不到位和地方利益的影响可能使主体功能区面临落空的潜在危险。[①] 我国经济的发展,从某种程度上讲是地方政府尤其是县级政府之间竞争的结果。但是地方政府的过度竞争,也引发了区域开发秩序混乱的严重问题。地方政府为了能够积极发展经济,甚至可以影响上级政府、中央政府的政策。2009 年以来,国家发布了一系列战略重点开发规划,几乎每个省区市都出现了几个甚至十几个国家级重点开发区,每个省区都有区域规划的情况。这些区域政策实际上使主体功能区呈现出"碎片化"的态势。

陈秀山等建议在主体功能区实施过程中,明确中央政府及地方政府事权划分,设立各级主体功能区划专门监管机构;要改革现行的税收制度,增值税制度应该实现从生产型向消费型转变,从而引导地方避免出现过度投资、盲目发展等非理性经济行为。政府绩效评估制度改革也应该是相应的配套制度的一个重要组成部分,这是约束地方政府间过度竞争、过度干预经济必须解决的关键性问题之一。主体功能区划的建设,要求对不同的地方政府进行不同的绩效考评方式方法。无论是税收制度改革,还是绩效考评体系改革,其关键是应该"将地方政府作为一个独立的利益主体来对待,在给予其权力的同时,制定相应的约束机制,在激励与约束相容的框架下设计地方政府的权责与行为"[②]。

覃成林等研究者认为主体功能区战略必须打破"一刀切"的宏观调控模式。主体功能区战略的推出意味着我国区域政策的宏观调控模式,由"分块"调控逐步向"分类"调控转变。[③] 改革开放以来,我国 20 世纪 80 年代曾经做出过东部、中部、西部三大经济带的划分,"九五"期间曾经提出过长江三角洲及沿江地区、

---

① 吴殿廷、吴铮争:《主体功能区规划实施中若干问题的探讨》,《人民论坛·学术前沿》,2011 年第 8 期。

② 陈秀山等:《主体功能区从构想走向操作》,《决策》,2006 年第 12 期。

③ 覃成林、高建华:《推进主体功能区建设科学统筹区域发展》,《光明日报》,2009 年 5 月 3 日。

环渤海地区、东南沿海地区、西南和华南部分省区、东北地区、中部五省地区、西北地区七大区域的划分。后来,我国逐渐形成了西部、东北、中部、东部四大区域板块,对区域发展进行"分块"调控,实施不同的发展战略。相比较而言,主体功能区从区域经济学上说实质上是一种类型区,因此推进形成主体功能区,就必然要求国家"分块"的区域发展宏观调控模式向"分类"调控的方向转变,运用区域政策有的放矢地解决不同区域的发展问题。

高国力认为:"限制开发和禁止开发区域在主体功能区战略实施中占有优先地位。""限制开发和禁止开发区域利益补偿的基本界定为:基于区域承担生态环境保护功能而相应实施限制开发或禁止开发,导致减少或失去发展机会而影响经济和社会发展水平的提高;为了维护区域的主体功能和持续发展,加强生态服务功能,促进人与自然和谐相处,构建资源节约型和环境友好型社会,实现经济社会可持续发展;以中央和省级政府为主,通过生态补偿机制、财政转移支付等政策措施、体制机制和法律法规,加大对这些区域用于加强生态建设保护、维持地方政权基本运转、促进基本公共服务均等化、扶持和培育特色产业发展等方面的资金、物资、技术和人才等要素的投入过程。"① 在限制开发和禁止开发区域,加大转移支付、生态补偿、税收和信贷优惠、对口支援等各领域的扶持和倾斜力度。

从目前的研究状况看,关于主体功能区规划的研究主要分布于区域经济学、经济地理学的领域,这是与主体功能区规划正处于编制阶段相适应的。随着"十二五"规划正式把主体功能区规划上升到战略高度,主体功能区规划逐渐步入了实施阶段。随之,公共管理学和政策科学的研究视角必然更能够为主体功能区相关政策的落实提供理论支持。

## 四、关于主体功能区的区划研究

主体功能区的划分首先要解决的是区划类别与单元问题。目前主体功能区有四大基本分类,但在具体到每个省份的区划划分时,并不能完全具有可操作性。以西部地区为例,很多西部省份的自然生态、经济和社会文化背景差别很大,省内的情况差异也很大,以目前行政为单位的划分意义并不大。为便于分类指导和管理,很多学者提出省级及以下层面可以在类别和单元问题上进行创新。

---

① 高国力:《我国限制开发区域与禁止开发区域的利益补偿》,《今日中国论坛》,2008 年第 4 期。

在区划类别问题上,有些学者突破了传统四类的划分方法,进行了类别上的创新。熊丽君根据国家和上海市主体功能区划技术方法,结合区域特征,把上海市浦东北部区域划分为三大类、五亚类,即禁止开发区、限制开发区、优化开发提升区、优化开发协调区和优化开发拓展区。① 刘传明综合考虑湖北省情及各种因素,把湖北省划分为六种主体功能区,即 I 类重点开发区域(省级重点开发区域)、II 类重点开发区域(市、县级重点开发区域)、优化开发区域、I 类限制开发区域(短期限制开发区域)、II 类限制开发区域(长期限制开发区域)和禁止开发区域。②

在区划单元上,有学者认为在国家范围内应以县级行政单元为划分的基本单位,而省级行政区划内则应该以乡镇级行政单位为划分的基本单位。③ 方忠权等认为,功能区划既然标准是经济发展潜力和资源环境承载力,那么就应该以量化的生态环境指标和经济联系强度等为基础进行划分,而不应当简单地以现有行政区划为单元进行划分。④ 从目前的情况来看,某些发达地区的县域主体实现了以千米格网划分。⑤ 但是从全国的要求来看,对省域级及以上区域进行划分多主张采用县级行政单元作为基本划分单元,也有学者甚至提出了可以采用地级市作为基本划分单元,⑥部分学者仍然坚持应该与区域发展总体战略保持一致,以省级行政区域为单元进行功能区划研究。⑦ 不可否认,基本划分单元越小,划分会越精确,但数据的获取难度更大,工作量也剧增,目前在全国范围内仍然很难实现。

五、主体功能区配套政策

主体功能区规划的实施,主体功能区定位的实现,需要相关的政策、法律法规和绩效评价体系进行合理调整。随之而来的重要任务就是设计分类指导的区域配套政策。针对这一问题,众多学者对各种配套政策进行了研究。

有学者提出了实现主体功能区人口流动的对策建议,认为"主体功能区规

① 熊丽君:《上海市浦东北部区域主体功能区划研究》,《环境科学学报》,2010 年第 10 期。
② 刘传明等:《湖北省主体功能区划方法探讨》,《地理与地理信息科学》,2007 年第 3 期。
③ 张明东、陆玉麒:《我国主体功能区划的有关理论探讨》,《地域研究与开发》,2009 年第 3 期。
④ 方忠权:《主体功能区建设面临的问题及调整思路》,《地域研究与开发》,2008 年第 6 期。
⑤ 陆玉麒等:《市域空间发展类型区划分的方法探讨》,《地理学报》,2007 年第 4 期。
⑥ 熊鹰、李艳梅:《湖南省主体功能区划分及发展策略研究》,《软科学》,2010 年第 1 期。
⑦ 石刚:《我国主体功能区的划分与评价——基于承载力视角》,《城市发展研究》,2010 年第 3 期。

划要考虑多种因素中,最基础、最能动、最重要的影响因素是人口因素"①。人口因素既是区域规划的前提和保证,也是区域规划的目标和归宿。以 2000 年第五次人口普查数据为基础,利用 ArcGIS 软件为分析工具,以主体功能区内的县为分析单位,对主体功能区的人口现状、约束因素等单项指标进行了分析研究。主体功能区中人口规模重点开发区最大,人口密度优化、重点开发区最高;主体功能区人口素质优化开发区最高,限制开发区最低;人口年龄结构以优化开发区劳动年龄人口比例最高。进一步分析发现,人口迁移方向与主体功能区规划有冲突,人口科技文化素质与主体功能区建设有差距,大量劳动年龄人口聚集在优化开发区与规划初衷相背离。只有不同类型的主体功能区实施不同的人口和产业政策,并注重优势互补;人口政策与其他公共政策多管齐下,相互协调;充分把握主体功能区规划过程中的人口再分布规律,未雨绸缪,才能促进区域人口均衡的实现,促进主体功能区规划的顺利实施。

徐明对主体功能区战略中的财税政策作出了自己的研究。他认为"同质政府对资源环境承载力存在明显的差异,异质行政区进行同质的经济管理是过分依赖于投资、出口,是对经济发展的资源环境成本重视不够的旧经济发展方式的重要成因。推进形成主体功能区,同质政府对异质行政区进行异质管理,是加快转变发展方式的内在要求"②。主体功能区财税政策的目标是实现主体功能区基本公共服务均等化、引导资源要素合理向目标功能区流动、引导市场主体节约资源和重视环境保护。构建主体功能区宏观财税政策,必须做到营造区域发挥主体功能的财税环境,完善财政转移支付制度和对口援助机制,建立生态环境补偿和生态产品购买机制。

生态补偿政策是主体功能区规划配套政策研究的热点问题。王健认为我国完善生态补偿机制重点在于建立生态补偿长效机制;完善中央财政转移支付制度;建立横向财政转移支付制度,将横向补偿纵向化;开征生态税费,建立生态环境补偿基金;健全生态保护法律体系;构建生态保护职责和生态补偿对称的评估体系;同时还要从管理体制创新的角度实现限制和禁止开发区功能。③刘银喜认为在生态补偿机制中,优化开发区和重点开发区作为生态服务的"使用者",应当承担"付费者"的责任;其作为生态服务的"受益者",应当承担"补偿者"的责任。文章进一步提出,由于其生态服务"保护者"的角色应当得到加

---

① 张耀军:《区域人口均衡:主体功能区规划的关键》,《人口研究》,2010 年第 4 期。

② 徐明:《省级主体功能区财税政策探讨》,《现代经济探讨》,2010 年第 5 期。

③ 王健:《我国生态补偿机制的现状及管理体制创新》,《中国行政管理》,2007 年第 11 期。

强,其从中有所收益的权益应当得到保障。① 王权典认为,科学的区域生态补偿机制,重在通过转移支付合理"弥补"生态功能区牺牲的利益而促使其生态保护与科学发展。构建区域生态补偿机制的现实难题,主要是同我国现行体制相关的诸多问题的综合表征,其基础依托在于法律制度、政策机制、组织体系三个方面,其中立法创制与政策创新是关键。在实践中表明,当前既要克服生态补偿立法上的缺陷,又要把握主体功能区规划实施的契机,推动以财政转移支付为主导的政府补偿政策机制的完善创新。② 韩德军认为在面对生态环境建设等公共产品的建设问题时,中央政府、各个地方政府及企业需要花费一定资金,并能够从中获得预期效益。因为各个主体预期获得的收益不同,引起各个主体愿意付出的金额也不同。应该构建一种方法来准确获得各主体愿意付出的金额,并且各个主体所能够获得的总金额大于此工程的总成本,那么就能够使各方的预期效益最大化。因此,设法获得各地方政府的真实意愿而不说谎,是解决问题的关键。根据博弈论中的格罗夫斯—克拉克机制,应该由中央政府及各部委成立专门的小组负责此类项目的协调和相关投票规则的制定,并起到监管作用,以达到确定生态补偿标准的目的。这种生态补偿机制的形成体现出中央政府和地方政府等受益人在生态建设这个公共产品提供问题上的博弈过程,符合实际利益构成机制。③ 谷学明等以主体功能区划为背景,通过分析作为保护型功能区的苏北某县为实现生态系统服务功能所付出的成本,并依据区位熵理论确定成本分担系数,核算外部应承担的生态补偿标准,得出该县 2010—2020 年应得到的生态补偿金额为 52.8 亿元。④ 任正晓认为,主体功能区规划把各省市区的粮食主产区作为"限制开发区"的重要组成部分,这一做法对于保持 106.6 万平方千米以上的粮食种植面积、守住 120 万平方千米耕地"红线",从而根本上维护国家粮食安全非常有意义。有学者提出,中央政府在推进主体功能区建设的同时,"粮食主产区也应纳入生态补偿政策的扶持范围,让国家的生态补偿机制全面覆盖粮食主产区"⑤。

适当的政绩考核体系是主体功能区战略顺利推进的重要保障。丁于思等

① 刘银喜等:《生态补偿机制中优化开发区和重点开发区的角色分析——基于市场机制与利益主体的视角》,《中国行政管理》,2010 年第 4 期。

② 王权典:《统筹区域协调发展之生态补偿机制建构创新》,《政法论丛》,2010 年第 1 期。

③ 韩德军等:《基于主体功能区规划的生态补偿关键问题探讨——一个博弈论视角》,《林业经济》,2011 年第 7 期。

④ 谷学明等:《主体功能区生态补偿标准研究》,《水利经济》,2011 年第 4 期。

⑤ 任正晓:《生态补偿不能忘了粮食主产区》,《中国经济周刊》,2011 年第 35 期。

依据"十一五"规划对优化、重点、限制、禁止四类主体功能区开发的定位,参考其他学者和专家对相应的政绩考核体系的指标设计方案,及其他学者关于"十一五"规划和可持续发展评价相关指标体系,结合优化、重点、限制、禁止开发区的特点和建设方向,试图建立较为完善的主体功能区建设绩效评价体系。研究表明主体功能区(重点开发区)建设绩效评价指标应该包含以下五个方面,即经济增长、工业化发展、城镇化发展、公共服务水平、生态环境保护。其中 23 个指标分别为:公共服务水平类有 4 个,城镇化发展类有 5 个,经济增长类有 7 个,生态环境保护类有 3 个,工业化发展类有 4 个。

清华大学中国发展规划研究中心课题组承担了由国家发改委委托的关于"分类管理的区域政策研究"的研究,具体内容主要侧重于构建主体功能区差别化政策的理论和方法研究,提出了与主体功能区相关的产业政策、财政政策、人口政策、土地政策、环境能源政策、金融政策、交通政策与公共投资政策等。

目前,国家层面的主体功能区的各项配套政策都已经有大量研究,但由于涉及多个部门,而且与原有政策之间存在交叉关系,如何推动主体功能区的形成仍需要进一步研究。从现有研究看,目前的研究重点基本仍是宏观性的建议,如何转化为具体要求并提出具有可操作性的措施和方案将是以后的研究重点。同时,政策组合和政策合力也成为实践中提出的新课题,将成为新的研究热点。

### 六、主体功能区战略与区域治理研究

主体功能区治理(Governance),是指运用治理理论与思维对主体功能区问题进行分析,"通过注重不同层级、不同类型主体功能区政府或发展主体之间的权力平衡和互动关系,努力寻求一种公平与效率并重的管理方式",并在统一的目标下,整合中央政府、地方政府、区域合作组织等多元主体力量,促进主体功能的塑造和实现不同主体功能区协调发展。①

孟召宜认为,主体功能区存在相互影响的外部和内部两个影响治理体系的维度。从外部维度来看,主体功能区治理是对其他主体功能区市场、国家、城市和其他层次政府的比较类似的策略,表现为推动主体功能区利益集团、组织和其他社会团体相互关系,体现了各种主体功能区间的协调发展。从内部维度来看,主体功能区的治理是对主体功能区范围内各级政府、各种社会组织和团体

---

① 孟召宜等:《主体功能区管治思路研究》,《经济问题探索》,2007 年第 9 期。

能力的整合。

安树伟对主体功能区形成过程中区域利益的协调机制与实现途径问题进行了关注。他认为主体功能区形成中实际存在一种网络型治理模式。主体功能区形成中的相关主体有,中央政府、地方政府、居民、企业和非政府组织,在这一过程中不同的主体,其利益表现各不相同。在研究中把"经济人"("理性人")作为最初的理论假设,地方政府以实现和追求地方政府自身利益最大化为目标,表现为追求行政权力、预算规模和机构编制规模最大化,而不是以本区域内居民福利最大化利益为目标。在这种情况下,由于相关制度约束缺失,地方利益最终体现为地方政府官员个人的利益,或是政府官员运用自身所掌握的公共权力,追逐个人经济利益的增加,或者政治、行政权力的扩张;而居民所追逐的利益是经济收入的增加和其他福利的最大化;企业的利益则体现为在生产经营过程中,追求利润的最大化,在此前提下,企业规模和社会影响力应当逐步扩大、社会地位逐渐提高。主体功能区形成过程中,"由于各区域主体的利益没有得到很好的体现、非政府组织的独立性不强、公众参与度不高、对上负责的干部任用体制、地方政府考核机制不健全等原因,导致我国主体功能区建设中的区域间利益冲突的出现"[①]。改革开放以来,我国的利益主体呈现多元化发展态势,各地方政府之间,还有各种利益主体之间的利益冲突,不能像以前一样仅仅依靠政府来实现协调,必须充分调动企业、居民和非营利性组织(NGO)的积极性。换句话说,将来我国区域发展战略实施过程中的区域利益协调模式应该是网络化的治理模式,即传统官僚制下的政府机构为主导的,居民、企业等相关利益主体积极参与的,非政府部门如区域合作组织辅助的,最终形成的网络化治理模式。这种模式可以充分利用公共资源和私营资源,在区域治理问题上形成良好的伙伴关系。

## 七、主体功能区战略与区域管理体制、区域政策的协调

主体功能区战略的提出是国家区域政策体系的一个重大改革,完善区域政策体系是加强中国区域管理的关键。同时,主体功能区相关配套制度的制定和实施是一项长期的工作,必将与其他行政管理体制改革密切相关。

魏后凯认为,主体功能区规划的实施将有利于贯彻"区别对待、分类指导"

---

① 安树伟等:《主体功能区建设中区域利益的协调机制与实现途径研究》,《甘肃社会科学》,2010年第2期。

的区域发展方针,便于对空间和区域实现治理和调控,从而实现人与自然的和谐共处。他认为,只是依靠主体功能区战略并不能从根本上解决一切区域问题,所以同时要在积极推动主体功能区本身发展的基础上协调与国家其他区域政策之间的关系。为促进区域协调发展,今后在国家层面应该采取"4＋2"的区域发展战略和政策框架。"所谓'4',就是按照西部、东北、中部和东部4大区域的地域框架,统筹安排和部署全国的经济布局;所谓'2',就是按照主体功能区和关键问题区2种类型区,实行差别化的区域调控和国家援助政策,促进区域经济协调发展。"①

方忠权认为,主体功能区实施,一个很重要的方面在于要加快政府机构改革进度,尽快设立专门负责的相应区域管理和协调机构。他认为,主体功能区提出之后,增加了行政区与主体功能区间的协调问题。因此,迫切需要成立相应的协调机构。通过这一机构,可以加强相应地方政府间在地区安全、重大基础设施建设、资源合作开发、环境污染共同防治等方面的协商和合作。② 有学者认为主体功能区规划只是完善区域管理过程中的一项过渡性措施,方向应该是借鉴国外区域政策实践经验,从而建立起一种以"问题区域"和"区域问题"为导向的区域管理体制,逐步形成科学合理的国家区域管理体制。③

在主体功能区与行政区的关系上,曹子坚对主体功能区和行政区的经济发展进行了分析,试图解释行政区经济对主体功能区的约束机制问题,并从配套政策体系和当前政策重点出发提出了主体功能区和行政区协调发展的现实路径。他认为,区域管理政策的困境是行政区经济对主体功能区建设约束的集中表现。从这一判断出发,他提出区域配套政策体系的重点应该在区际利益补偿政策、地方官员考核制度和区域管理体制改革等方面出发并进一步完善。④

卢中原认为,当前西部开发面临战略转型,主体功能区建设为西部地区发展带来新机遇,同时也带来了新的挑战和考验。西部地区应该把重点开发区作为西部大开发和主体功能区建设的共同发力点。加快落实重点开发区的财税、产业、投资、人口等分类支持政策,促进产业集群,发展壮大经济规模,充分发挥区域优势和特色,承接国际国内的产业转移,进一步承接限制开发区域和禁止

---

① 魏后凯:《中国国家区域政策的调整与展望》,《发展研究》,2009年第5期。
② 方忠权:《主体功能区建设面临的问题及调整思路》,《地域研究与开发》,2008年第6期。
③ 常艳等:《主体功能区规划与未来区域管理体制构想》,《探索》,2009年第5期。
④ 贾云鹏、曹子坚、张伟齐:《行政区经济约束下的主体功能区建设研究》,《华东经济管理》,2009年第10期。

开发区域的人口转移,加快工业化和城镇化,改善基础设施和投资创业环境。"西部的重点开发区应当成为支撑区域经济发展和人口集聚的主要载体,成为引领西部地区发展的增长极。"①

冷志明从省区交界地域主体功能区建设面临的问题入手,探讨行政区、边缘区域、主体功能区建设的原则与运行机制问题,并以湘鄂渝黔边区为例就运行机制的设计问题进行实证研究。他认为省区交界地域典型的行政区经济运行模式必然导致地区经济发展的自成体系和相互分割,这严重违背了经济发展的比较成本原理、规模经济原理以及专业化分工原理,与主体功能区建设目标相悖,不利于促进地域经济协调发展。② 应该从组织协调机制、生态补偿机制、政绩考核机制等方面激励和约束湘鄂渝黔边区各地方政府的行为,推进边区主体功能区建设的顺利进行。

## 第三节　理论基础

### 一、行政区经济理论

按照市场经济发展规律,经济发展不应该局限于一个行政区内,而应该与其他行政区域的经济呈现一体化发展格局。然而在经济发展的实践中,无论在国内还是国外,都不同程度地存在由于行政区划而导致的区域经济分割现象。在国际层面,区域经济分割的原因是国家与国家之间设置了关税、技术等阻碍,不利于不同国家市场之间的交流,从而使区域经济呈现出以国界为边界的割据状态。由于不存在关税等制度,在没有政治上的分裂割据前提下,在一国之内统一大市场作用之下,区域经济应该呈现出一体化发展的态势,而不应该出现这种行政区经济现象。可是,改革开放以来我国经济发展逐步过渡到市场经济,我国各省区市之间在经济上的摩擦和矛盾日趋明显,在行政区划上呈现出激烈的区域冲突现象,有的经济学者曾将这种经济分割现象形象地称为"诸侯经济"③。1990—1991 年,刘君德教授把这种区域经济分割的现象叫作"行政区

① 卢中原等:《西部开发与主体功能区建设如何形成良性互动——对陕西、甘肃几个城市的调研与思考》,《中国工业经济》,2008 年第 10 期。
② 冷志明等:《省区交界地域主体功能区建设的运行机制研究——以湘鄂渝黔边区为例》,《经济地理》,2010 年第 10 期。
③ 黄仁伟:《论区域经济与"诸侯经济"》,《社会科学》,1995 年第 2 期。

经济"，并撰文对行政区经济的结构、如何消除"行政经济"现象的弊端等问题进行了讨论。他认为"行政区经济就是指由于行政区划对区域经济的刚性约束而产生的一种特殊区域经济现象，是我国在从传统计划经济体制向社会主义市场经济体制转轨过程中，区域经济由纵向运行系统向横向运行系统转变时期出现的具有过渡性质的一种区域经济类型"①。

根据学者的研究，行政区经济具有如下五个主要特征：第一，行政区边界经济的衰竭性。第二，行政中心与经济中心的高度一致性。第三，行政区经济呈稳态结构。第四，生产要素跨行政区流动不畅。第五，企业竞争中渗透强烈的地方政府经济行为。② 而行政区经济的发展影响有四个方面。第一，以区域性基础设施的重复建设、开发区重复建设为特征的新一轮重复建设。第二，以主导产业同构、高科技产业同构为特征的新一轮产业同构。第三，地方政府在招商引资政策上恶性竞争。第四，生态分割与跨界污染问题。行政区经济或许会因为地方政府间竞争而获取部分有利于经济发展的条件，但从生态角度考虑，行政区经济则没有任何益处。"各行政单元无视区域生态联系，……各自为政，互不协调，极易引发以水资源利用为主的多种区际矛盾和边界污染问题。"③

行政区经济理论是我国特殊时期区域经济理论研究与实践发展相结合的产物，但是目前仍然有其现实意义。在相关研究中，有学者提出主体功能区是"适度打破行政区划分割、加强国土空间管理的重大创新"④。这一点被国家决策部分所认可。《全国主体功能区规划》中提到，主体功能区的实现"有利于打破行政区划界限，制定实施更有针对性的区域政策和绩效考核评价体系，加强和改善区域调控"。同时在主体功能区实施过程中，涉及大量的产业转移现象。"尽管东部沿海地区迫切需要将传统的高耗能、低效益的企业转移出去，从而获得产业转型升级的空间，但一些地方出于短期利益的考虑，对企业外迁却往往并不鼓励"⑤，也是同样不利于主体功能区的实施。相反，推动主体功能区规划实施也有利于打破行政区经济，按照经济规律形成"经济区经济"。

---

① 刘君德：《中国转型期"行政区经济"现象透视——兼论中国特色人文—经济地理学的发展》，《经济地理》，2006年第6期。

② 孙华平、黄祖辉：《区域产业转移中的地方政府博弈》，《贵州财经学院学报》，2008年第3期。

③ 陶希东：《转型期中国跨省市都市圈区域治理：以"行政区经济"为视角》，上海社会科学院出版社，2007年，第86页。

④ 高国力等：《我国主体功能区划分与政策研究》，中国计划出版社，2008年，第14页。

⑤ 舒庆、周克瑜：《从封闭走向开放——中国行政区经济透视》，华东师范大学出版社，2003年，第3页。

## 二、政策执行理论

政策执行是西方公共政策理论界长期关注的问题。1973 年,美国学者普雷斯曼和韦达夫斯基发表了对美国联邦政府政策项目"奥克兰计划"的跟踪报告——《执行:联邦计划在奥克兰的落空》后,西方国家尤其是美国学术界对政策执行问题展开密切关注,甚至掀起了所谓的"执行运动"。后来这种政策研究的浪潮也影响到了中国学术界,而且形成了具有中国特色的一系列概念,如"土政策"、政策变通、"上有政策,下有对策"等。从政策执行的研究角度分析,所谓"土政策",主要是指政策执行主体结合自身的偏好与环境,对政策制定者所制定的元政策进行一定程度的变通,只不过这种政策变通的效度在时间、空间、范围和权威上都具有一定的范围限制。这些研究反映了改革开放市场化改革以后,我国上下级政府之间的关系,尤其是中央政府与地方政府关系的微妙变化。

学者研究认为,我国政策变通执行有四种表现形式:政策抵制、政策替换、政策附加、政策敷衍。政策变通形成的主要原因是政策内容完全违背了执行者的利益偏好、政策执行者具备变通执行的条件等。中国式政策执行变通可以归纳为先锋模式、跟风模式、抵制模式。而归根结底,出现这种现象的原因在于市场化改革导致了地方利益的觉醒。尤其是在涉及城市化、工业化等经济发展战略问题上,地方政府可以通过土地出售、招商引资等开发过程获得巨额的经济效益。这种情况下,中央政府在这些问题上的政策都有可能受到地方利益的变通执行。有利于开发的政策被使用到最大限度,而部分限制开发政策的执行则会大打折扣。

从政策的角度出发,主体功能区规划战略的贯彻落实也是国家层面的元政策——主体功能区战略的执行过程。主体功能区规划意味着中央政府出台的政策不再是对某些地区的鼓励性政策,而变成了地区发展划定上限的"封顶"政策。这样,地区的发展就有了自己的"天花板"。从目前的发展水平来看,各地区差距很大。这种情况下,地方政府就有可能为了拓展自身地区的发展空间,采用各种方式对中央的这一政策进行变通执行。实际上,从省级规划的编制过程来看,这种现象是普遍存在的,这种理论分析的视角对主体功能区规划的贯彻来说,也是十分必要的。

## 三、区域治理理论

区域治理(Regional Governance,RG)、跨界(域)治理(Transborder Governance）、都市及区域治理（Urban and Regional Governance）、广域行政、复合行政等概念十分类似。①"区域治理是指政府、非政府组织、私人部门、公民及其他利益相关者为实现最大化区域公共利益,通过谈判、协商、伙伴关系等方式对区域公共事务进行集体行动的过程。"②区域治理具有三个基本特点:一是多元主体形成的组织间网络或网络化治理;二是强调发挥非政府组织与公民参与的重要性,三是注重多元弹性的"协调"方式来解决区域问题。

我国区域研究专家陈瑞莲认为,区域治理是对我国区域行政管理实践发展要求的回应。③第一,公民参与领域向区域公共事务不断拓展。随着民主政治的不断发展和公众参与意识的提升,公民参与的领域已不再局限于传统公共事务领域,近年来出现了向区域性公共事务渗透和拓展的趋势;而且公民参与区域公共事务的有效性已过渡到信息、咨询和展示乃至合作阶段。第二,社会组织发展的放松管制有利于非营利组织参与区域性公共事务。以珠三角为例。《珠三角规划纲要》专门提到要"进一步发挥企业和社会组织的作用,鼓励学术界、工商界建立多形式的交流合作机制"。而事实上,近年来商会这一经济性社会组织在建立联动机制,促进粤港澳区域间协作与融合方面,发挥了愈发明显的作用。第三,区域一体化的全面推进正在重塑传统的政府间关系。改革开放以来由于行政性分权而导致我国愈发严重的地方经济发展差距拉大,而近几年区域经济的发展催生了区域治理中的多中心、协商、谈判、博弈等核心价值观。第四,公私合作伙伴关系在区域公共物品生产中发挥着愈加重要的作用。

我国区域治理的阶段特点有以下三个方面。第一,政府主导。在政府主导的市场经济条件下,毫无疑问政府仍将在区域治理中处于主导地位。在今后很长一段时期内,政府在区域公共事务的管理方面仍然会是单一主体,实行自上而下的管理方式。为了弥补单个政府管理上的不足,涌现出大量的政府合作行为作为补充。第二,公民社会发育不成熟。中国公民社会的发生背景和独特的演化路径,决定其公民社会对区域治理的作用是有限的。主要表现为参与渠道不畅、参与动力缺乏、信息不对称、法律制度缺失等。④ 第三,转型中的中国地方政府已经逐渐从"代理型政权经营者"转变为"谋利型政权经营者"⑤,地方政府

---

① 龙志平:《日本地方自治与广域行政》,华中师范大学硕士论文,2007年。

②③ 陈瑞莲、杨爱平:《从区域公共管理到区域治理研究:历史的转型》,《南开学报》(哲学社会科学版),2012年第2期。

④ 汪伟全:《角色·功能·发展——论区域治理中的公民社会》,《探索与争鸣》,2011年第3期。

⑤ 杨善华、苏红:《从代理型政权经营者到谋利型政权经营者》,《社会学研究》,2002年第1期。

的目标相对于社会目标来说更加短期化,在片面政绩评价标准的激励下,地方政府本身固有的有限理性和追求垄断租金最大化的冲动得到释放。①

主体功能区实施过程中同样面临上述问题。主体功能区规划依托县级行政单位划分,决定了推行实施中必然是以地方政府为主导。而由于主体功能区本身的"限制开发"的色彩会导致某些地方政府利益的损失。这种情况下,主体功能区会遭到某些地方政府的"冷对"②。在主体功能区实施过程中,同时存在社会公众参与力度不足的问题。虽然在主体功能区战略决策中有专家积极参与,但是其他利益相关者,比如企业、居民和非政府组织参与的体现并不明显。这种情况下,一方面表现为单纯依靠地方政府的作用,非政府组织力量没有利用起来,造成主体功能区规划推动力不足;另一方面,当主体功能区规划不利于企业和居民利益的时候会被抵制,使实施阻力更大。为此,在区域治理理论的指导下,应该积极推动各种主体的参与,避免地方政府的"博弈",充分尊重利益相关者态度意见等。"充分发挥政府投资等政策的导向作用,充分调动中央和地方、政府与社会的积极性,引导社会资金按照主体功能区的功能要求进行配置,逐步完善国土空间科学开发的利益导向机制。"③

## 四、区域公共产品理论

区域公共产品是在公共产品理论基础上被提出的。公共产品通常是和私人产品相对称的概念。"公共产品是这样一些产品,无论每个人是否愿意购买它们,它们带来的好处不可分割地散布到整个社区里。"④它包含两个最重要的评价标准:非排他性,即某种产品生产出来则该产品的影响(有利的或不利的)适用于所有成员,也就是说没有为产品做出贡献或付出成本的人不能被排除在对该产品的消费之外;非竞争性,即某个人对该产品的消费并不会导致别人对该产品消费的减少,也就是说他人消费该产品的边际成本为零。"区域公共产

---

① 李军杰、钟君:《中国地方政府经济行为分析——基于公共选择视角》,《中国工业经济》,2004 年第 4 期。

② 《主体功能区规划遭地方政府"冷对"》,中国经营报,2011 年 2 月 14 日。

③ 《国家发展改革委贯彻落实主体功能区战略推进主体功能区建设若干政策的意见》,http://ghs.ndrc.gov.cn/zcfg/t20130625_546883.htm。

④ [美]保罗·萨缪尔森等:《经济学》(第十四版),胡代光等译,北京经济学院出版社,1996 年,第 571 页。

品是指其利益惠及一个确定的区域的公共产品。"①某项产品所带来的利益能不能惠及一个特定的区域,换句话说能否跨越单个管辖主体的管辖范围成为判断其是否成为区域公共产品的关键标准。它通常包括两种形式:一种是国际意义上的区域公共产品,是指介于国内公共产品和全球公共产品之间的那类产品,其外溢利益主要惠及两个以上的主权国家;另一种是"在一国主权范围内,跨越两个以上相同或不同管理层级或部门之间的区域公共产品。如我国省际之间、地市之间、城乡之间的区域公共产品和跨越不同管理层级的自然地理区域和经济区域之间的区域公共产品等等"②。本书中所涉及的区域公共产品是指后者。

区域公共产品有以下三个特点:第一,区域公共产品大多产生于相邻的地区之间,因此具有明显的地理依赖性、外部性等特点。第二,区域公共产品与其他公共产品相比,具有供给与需求主体的复杂性和多样性,从而导致相应的制度安排和机制设计的复杂性和灵活性。第三,区域公共产品具有一般公共产品的共同特点,即消费上的非排他性和非竞争性。

区域公共产品的供给主体主要包括政府、政府组织、非政府组织等。传统上,区域公共产品的供给主体是政府。政府被看作一切公共经济活动的天然承担者和唯一可靠的供给主体。长期以来,政府也几乎垄断了公共经济和公共事务领域一切公共产品的供给,其中也包括区域公共产品在内。但是20世纪六七十年代西方国家普遍陷入财政困境,政府供给公共产品的能力受到很大限制,政府作为公共产品唯一供给主体的合法性和有效性受到了质疑。世界银行甚至直接指出:"在许多国家中,基础设施、社会服务和其他商品及服务由公共机构作为垄断性的提供者来提供不可能产生好的结果。"③区域公共产品多元供给主体的格局开始成为发展的趋势。国内层面的区域公共管理主体主要有四个。第一,中央政府。中央政府的作用体现在制定经济和社会发展宏观规划和长远发展目标,并以此制约和推动区域性经济和涉及发展规划和目标,实现国家的整体推进与区域的优势发展相结合。只有在中央政府的宏观发展规划和目标的指引下,区域的平衡和整体推进才有基础;缺乏全国性的协调发展的规划和目标,区域政府可能会追求片面的局部的利益,而损害整体利益。第二,地

---

① ［西班牙］安东尼·埃斯特瓦多道尔等:《区域性公共产品:从理论到实践》,张建新等译,上海人民出版社,2010年,第12页。

② 陈瑞莲等:《区域公共管理导论》,中国社会科学出版社,2006年,第45页。

③ 世界银行:《变革世界中的政府——1997年世界发展报告》,中国财政经济出版社,1997年,第4页。

方政府。地方政府负责依据中央政府制定出的宏观政策,制定适应本区域和本地区的财政政策和收入分配政策,引导和调节本地区的市场供求状况,协调本区域和本地区的种种社会经济关系,推动区域性经济和社会发展。第三,政府间组织。在面临单个地方政府所解决不了的区域公共问题时,许多国家在实践中都选择成立政府间组织或协议来解决共同面对的公共问题,在我国表现为越来越多的地方政府合作组织。第四,非政府组织。利益相关人参与区域公共产品供给问题肇始于20世纪60年代兴起的友邻治理,①主张居民在区域内事务治理的作用,由居民组成的社区组织享有广泛的独立权利,甚至有自己的预算和雇员。这种治理运动在实践中有三种形式:友邻组织、友邻协会和居民社区协会。

根据区域公共产品供给主体,区域公共产品的供给可以分为四种模式。第一,政府垄断供给模式。政府基于国家权力,运用强制性手段直接或间接控制区域公共产品供给的方式。对于区域纯公共产品与区域间共同制度安排、区域公共安全、区域公共卫生和环境保护等,仍然是主要的供给模式。其中,中央政府、地方政府和政府间组织都可以成为区域公共产品的主要供给主体。从国内层面来看,中央政府往往具有解决国内跨地区公共产品的权威,但由于中央政府在信息获取、财政能力等方面受到一定的限制,因此中央政府主导区域公共产品供给的反应和效率并不理想。因而,解决国内区域公共产品供给比较恰当的方式应该是地区政府之间的竞争和合作机制。随着区域经济一体化的发展,区域公共问题日益凸显,区域协调机制的建立就显得尤为迫切。第二,市场主导供给模式。市场主导供给模式是市场各主体通过运用市场机制来主导区域公共产品供给的形式。一般可以采用市场主体独立供给、私人与政府合作供给和社区等自愿性组织合作供给等形式。第三,社会资源供给模式。社会资源供给模式是指社会各主体在政府强制和市场机制之外,单独或联合地自愿供给区域公共产品的模式。主要组织形式是社区和第三部门,其基本方式是私人捐赠、劳动力提供、资源合作等。虽然具有非强制性、灵活性和创造性等优势,但由于社会自治力量的相对弱小,大规模供给区域公共产品目前来看还很困难。第四,多元主体联合供给模式。无论是政府垄断还是市场主导,都无法完全满足社会的需要,必须综合考虑各种因素,充分发挥多元主体的优势,联合供给区

---

① Joseph F. Zimmerman. *The Federated City*: *Community Control in Large Cities*. New York: St. Martin's Press,1972. p. 114.

域公共产品。

主体功能区规划提出的"生态产品"实际上就是一种区域公共产品,具有公共产品的一般特性。生态产品具有明显的公用性,不具有排他性,消费者不需要通过市场交换就可以实现消费,其产品的效用是敞开发散式的,一个人消费生态产品不影响、也无法拒绝其他人消费,如果要排他消费,就要付出高额成本。根据区域公共产品理论,生态产品的供给主体应该是包含中央政府、地方政府、政府间组织、非政府组织等多个主体,供给模式也应该有多种。目前我国主要是以中央政府和地方政府为主,供给模式主要是政府垄断模式,随之区域公共产品应该向多元供给模式方向转变。

### 五、新区域主义

新区域主义(New Regionalism)是建立在区域主义理论基础之上的理论思潮。区域主义是盛行于20世纪五六十年代的理论范式,是"一种带有强烈功利色彩的'发展主义'理论,这就是以城市和区域为基础、以解决城市与区域社会经济发展问题为目的、以权衡公平与效率为核心、以计量分析和数学模型为工具、以社会经济规划和物质环境规划为手段、以政府自上而下的干预为实现途径的"[①],但是区域主义理论后来逐渐衰落。自从20世纪80年代以来,在创立统一的经济、安全区域目标下,欧洲国家政治空间(Political space)的重构运动引发了区域研究的再次复兴。[②] 此后,随着全球化和区域化之间交互作用日渐加强,区域空间再次被认为是全球经济社会发展的关键元素之一,区域组织也成为协调多元利益主体的协调和参与全球竞争的核心载体,在此基础上新区域主义又开始兴起。

按照西方学者的观点,新区域主义并未形成库恩科学哲学意义上的研究"范式"[③]。新区域主义的倡导者阿明也指出,新区域主义既不存在内部一致的经济理论,也不存在一致同意的必要政策行动,[④]可以说目前只是一个理论倾向。新区域主义综合了治理理论、新制度主义理论和网络组织理论的有益思

① 世界银行:《变革世界中的政府——1997年世界发展报告》,中国财政经济出版社,1997年,第4页。

② M. Keating, The Invention of Regions : Political Restructuring and territorial Government in western Europe. *Environment and Planning*, 1997, vol5 : 383 – 398.

③ 吴超、魏清泉:《"新区域主义"与我国的区域协调发展》,《城市规划汇刊》,2003年第2期。

④ Amina. An institutionalist perspective on regional economic development. *International Journal of Urban and Regional Studies*, 1999, (2) : 365 – 378.

想,形成了多种含义的区域空间、多层治理的决策方式、多方参与的协调合作机制与多重价值目标综合平衡的理论主张。其主要实施机制是多主体参与的互动机制、网络机制和组织机制,并强调政策实施的关键在于增强"合作网络"和集体的认识—行动—反应能力。新区域主义认为政策的关键在于增强"合作网络"(Networks of associations)和集体的认识、行动与反应能力,超越国家和市场的多种自主组织及中间管制形式应作为政策的重要内容。①

新区域主义更突出的是目标的多元性。当今世界,有限资源和环境约束迫使各个区域成员为合作发展寻求理论支持。随着世界政治局势的基本稳定和社会经济的迅速发展,全世界的人口总数量和各项需求总量都在不断扩大,与有限的自然资源和空间相比,人均资源和空间占有量均在逐步下降,而经济的持续发展却离不开各种资源和要素的投入。② 从空间构建的角度,新区域主义的思想精髓主要体现在:开放性的空间范围、自下而上的空间发展动力、网络型的空间结构、多元化的空间成员。③ 综合平衡社会公平、环境保护、经济增长的发展目标,直面区域和城市发展中的各种社会问题,重视物质规划以及不同层次物质规划与社会、经济发展规划之间的密切配合。

新区域主义对本研究的意义在于计划经济时期单纯依赖控制和命令手段为主,以国家权力机构纵向分配资源为主要方式的传统意义上的区域规划已经不能适应新的形势要求。新时期的区域规划的功能目标在于通过多主体的协调合作、自上而下与自下而上力量磨合平衡和各种利益集团(政府、部门、社团、企业等)的参与,寻求解决区域经济协调发展及各种利益冲突平衡的有效方法和途径,实现区域经济社会和环境生态的统筹发展和可持续发展。同时,新区域认为区域规划应该是多目标的,尤其应该注重生态环境、可持续发展等问题,实现人与自然的共同发展,而不应该以经济发展为唯一目标。《全国主体功能区规划》中要求"根据不同区域的资源环境承载能力、现有开发强度和发展潜力",重要着眼点是"引导人口分布、经济布局与资源环境承载能力相适应,促进人口、经济、资源环境的空间均衡;有利于从源头上扭转生态环境恶化趋势,促进资源节约和环境保护,应对和减缓气候变化,实现可持续发展"。从多目标的

---

① 苗长虹:《从区域地理学到新区域主义:20 世纪西方地理学区域主义的发展脉络》,《经济地理》,2005 年第 5 期。

② 贾彦利:《基于新区域主义的长三角区域化研究》,《中南财经政法大学学报》,2006 年第 3 期。

③ 王珺等:《"新区域主义"对城市群空间构建的启示》,《华中科技大学学报》(城市科学版),2007 年第 2 期。

角度反映了新区域主义的趋势。

## 第四节 研究框架

### 一、基本概念

#### (一)主体功能区

主体功能区是根据区域发展基础、资源环境承载能力和在不同层次区域中的战略地位等,对区域发展理念、方向和模式加以确定的类型区,突出区域发展的总体要求。主体功能区是超越一般功能和特殊功能基础之上的功能定位,但又不排斥一般功能和特殊功能的存在和发挥。主体功能区的思想首先在"十一五"规划中提出,并在2010年出台了由国家发改委组织编制的《全国主体功能区规划》文本,随后各省市区的主体功能区规划也陆续发布。主体功能区与目前我国已经存在各种空间规划,如区域规划、城乡规划、土地利用规划等其他规划不同,其地位不能被其他规划取代。

首先,主体功能区规划与"区域规划"既有联系,又有区别。区域规划也是由国家发展改革委编制的,在我国"五年规划"中,"区域规划"通常特指跨行政区的区域规划。跨行政区区域规划,就是以跨行政区的经济区域为对象编制的规划,它可以是国内几个省、自治区、直辖市的组合,也可以是省级行政区内若干个重点地区的组合。区域规划是国家区域政策在特定空间的落实,同时也是对区域内各种专项规划项目的综合。编制跨行政区区域规划主要是为了解决单个行政区不能解决、需要不同行政区通力合作才能解决的问题。目前,国家发改委正在编制的京津冀区域规划、环渤海区域规划等都属于这种区域规划。2009年之后,国务院发改委陆续发布了一系列针对某一区域发展的规划,也被称为"区域规划"。虽然这些规划有些没有跨省的特征,但往往也是跨城市的规划,顺应了当地城市群的发展要求。如山东半岛蓝色经济区发展规划虽然都属于山东省内,但是本质上是以青岛为中心的半岛城市群发展的结果。

两者的联系在于区域规划与国土规划属于以资源开发利用和经济布局为核心的空间规划,都具有很强的综合性、区域性、战略性。国土规划是全国范围内或一定地域范围内的国土开发整治方案,其侧重于全国范围内的资源综合开发、建设总体布局和环境综合整治,具有宏观性和全局性;而区域规划往往只限于某一行政区或经济区内经济活动的空间配置,其作用是为了实现该地区的经济发展和区域内的空间优化。国土规划注重通过全国范围内的布局和调控实现区域之间的协调发展和动态均衡;而区域规划则强调更大地发挥地区优势,实现地区经济的发展和内部协调。可以说,国土规划与区域规划是整体与局部的关系,区域规划是国土规划的组成,必须服从和服务于国土规划,并在国土规划的指导下进行。从这个意义上讲,"区域规划实质上也就是区域性国土规划"①。

但是两者的区别更为明显。区域规划是一种以空间资源分配为主的地域空间规划,如何实施合理的空间分配。区域规划的出台意味着该区域得到国家的政策支持和倾斜,将成为经济发展的"隆起带",所以地方政府不仅仅是在"跑部钱进","现在不只是跑项目来了,也开始是跑规划"②,但是区域规划在引导区域经济发展方向方面缺乏有效手段加以落实,因此会出现区域经济"一哄而上"的现象。主体功能区则从控制的角度出发,制定"空间准入"的规则,实施"空间管制",更多地从"不允许发展"的角度来引导区域经济发展,带有限制性政策的色彩。这种情况下,地方政府对主体功能区的"热情"就远远没有区域规划那么高了。而国外的空间规划大部分都是与主体功能区规划类似,起到限制性作用。在市场经济环境下,空间管制如同法规、税收等,是市政府掌握为数不多而行之有效的调节经济、社会、环境发展中的矛盾,实现可持续发展的重要手段。③

其次,主体功能区规划与城市规划、土地利用规划的联系与区别。主体功能区规划还在一定意义上与城市规划、土地利用规划存在密切关系。

城市规划由建设部门组织编制,是针对我国城市地区的空间规划,同时还要对全国城镇体系进行布局。在国外,城镇体系规划一般以区域规划为规划依据,但是由于我国不存在全国范围内的区域规划即国土规划,所以城市规划部门只能依靠本部门力量制定相关规划。我国城市规划起源于 1978 年 3 月的《关于加强城市建设工作的意见》,并在 1980 年形成了《全国城市规划工作会议纪要》,后来逐渐发展成为《城市规划条例》《中华人民共和国城市规划法》。④目前,我国城市规划工作已经比较健全,在一定程度上完善了我国缺乏国土规划的功能,但是由于城市规划只针对城市,而且依据中缺乏对生态环境、经济功

---

① 吴传钧:《国土开发整治与规划》,江苏教育出版社,1990 年,第 126 页。
② 《对主体功能区规划价值的普遍共识正在形成——专访中科院可持续发展研究中心主任、全国主体功能区规划课题组组长樊杰》,《21 世纪经济报道》,2013 年 5 月 13 日。
③ 崔功豪、王兴平:《当代区域规划导论》,东南大学出版社,2006 年,第 29 页。
④ 武廷海:《中国近现代区域规划》,清华大学出版社,2006 年,第 113~114 页。

能等方面布局的考虑,不能完全代替国土规划的地位。

土地利用规划由国土资源部组织编制,是针对我国耕地问题而编制的规划。改革开放以来,随着我国经济持续快速发展,对土地资源尤其是耕地资源的消耗过快,造成了我国耕地面积连年减少。为此,我国在 1986 年专门成立了国家土地管理局作为国务院直属机构,并通过《关于开展土地利用总体规划工作的报告》(国办发[1987]82 号)、《全国土地利用总体规划纲要(草案)》等文件加强了对于我国耕地问题的管理和研究。国家土地管理局并入国土资源部之后,在此基础上出台了《1997—2010 年全国土地利用总体规划纲要》,并且各省区市都批准实施了自己的土地利用规划。2008 年 10 月,新一轮的《全国土地利用总体规划纲要(2006—2020 年)》已经公布。土地利用规划的目的比较明确,就是保障我国的耕地面积,这与主体功能区规划十分相似,但是主体功能区规划从目标、范围等各个方面都比土地利用规划全面,所以我国的土地利用规划为国土规划编制提供了良好的基础。但是由于主体功能区由发展改革部门编制,与国土部门沟通不足,使两者存在潜在冲突,需要加强部门间的合作。

本书的主体功能区规划"推进"是指中央编制《全国主体功能区规划》之后的所有政策过程。从目前(2014 年 5 月)的情况来看,主体功能区规划"推进"基本上处于省级规划编制和部分制度建立的阶段。

(二)生态产品

针对中国生态环境不断恶化的现状,学术界认识到"物质产品、文化产品和生态产品是支撑现代人类生存与发展的三大类产品"[1]都应该得到重视。"生态产品"这一概念是在 2010 年出台的《全国主体功能区规划》中首次被提出,2012 年写入了党的十八大报告之后得到广泛的关注。"生态产品是指满足人类生活和发展需要的各种产品中那些与自然生态要素或生态系统有比较直接关系的产品,例如能提供或生产清洁的水和空气的产品,能满足健康生活要求的食品,有利于人们身心健康发展的自然生态系统服务等。"[2]生态产品主要由承担生态功能的某些区域提供,而这些区域需要对大规模工业化、城市化开发行为进行限制。"在关系全局生态安全的区域,应把提供生态产品作为主体功能,把提供农产品和服务产品及工业品作为从属功能,否则就可能损害生态产品的生产能力。比如,草原的主体功能是提供生态产品,若超载过牧,就会造成草原

---

① 尹伟伦:《提高生态产品供给能力》,《瞭望》,2007 年第 11 期。

② 国家发展和改革委员会编:《全国及各地区主体功能区规划(上)》,人民出版社,2015 年,第102 页。

退化沙化。在农业发展条件较好的区域,应把提供农产品作为主体功能,否则大量占用耕地就可能损害农产品的生产能力。"①

国外学术界也有与"生态产品"类似的概念。一个概念是"生态系统服务",指自然生态系统所具有的调节局部气候、稳定物质循环、持续提供生态资源、为人类提供生存条件等多种功能。这一概念强调自然界为人类提供的资源虽然没有凝结人类劳动,但是人类利用自然资源时,应该支付一定费用,用于养护和恢复生态系统,并对当地居民的生产生活进行补偿,以防止对生态系统的透支。另一个概念是"环境产品和服务",主要指为了保护和改善环境、维护生态平衡、保障人体健康而生产和提供的各种产品和服务。政府通过为环境产品和服务付费的政策,鼓励企业和个人使用有利于改善环境的产品和服务,推动环境与经济得到兼顾和双赢。

根据学者的研究,生态产品的特性主要有以下五个方面。第一,生态产品是一种公共产品,具有公共产品的特性。"由于生态系统总体上是公共所有或公共享有的,所以生态产品一般也具有公共产品的属性。"②从这个意义上说,生态产品应该由政府来供给,所以生态生产的目的是促进生态和谐,经济效益和社会效益具有外溢性、公益性,使得人们可以轻而易举地搭便车,同时趋利避害的本能驱使人们回避交易、免费享用,使得交易无从进行。政府应该担负起修复生态、改善环境的责任。第二,生态产品生产能力一旦被破坏,将难以恢复。生态产品是由生态系统生产出来的,而生态系统则是具有多因子构成的、具有复合性的系统,所以生态产品的生产受到多方面的影响,一旦破坏恢复非常困难。第三,生态产品价值的测定十分困难。生态产品具有外部性,比如江河上游采取各种环境保护措施,维护良好的生态环境,江河下游地区的生活环境就可以自然得到增殖改善与灾害防护,极大降低下游区域生产和生活成本。但是这种生产生活成本是难以测定的,使得生态产品的市场交易依据难以明晰。第四,生态产品是可再生的。生态产品的消费只要不超过其承载的极限,就能不断地为人们提供生态服务。生态产品还具有自我增殖和积累能力,供后人享用。第五,生态产品强调了人与自然生态之间的关系,是实现生态文明的理论支撑。之前大多数理论过于强调满足物质和精神生活需要,而生态产品则比较偏重于满足人类健康和生命的需要。目前,社会经济系统以经济利益为中心,

①　国家发展和改革委员会编:《全国及各地区主体功能区规划》(上),人民出版社,2015年,第6页。
②　《你了解"生态产品"吗?》,《中国环境报》,2012年11月20日。

是一种"经济本位"的工业文明时期形成的发展方式,不符合生态文明的要求。在这种思维模式、社会的评价机制下,以经济效益和财富增长为中心,生态平衡、环境效益只是实现经济效益和财富增长的手段途径,生态生产、生态产品仍然是外在的、边缘的因素。而生态产品概念提出之后,就引导社会更多地关注国民生活质量等理念,有助于生态文明建设。

(三)区际关系

区际关系,顾名思义就是区域之间的关系,在我国主要表现为区域之间的利益关系,"主要是指不同区域之间的经济利益关系,一般包括财政税收、对口支援、区域生态补偿等"①。区际关系是区域经济学的重要研究问题,有学者认为:"区域经济学是以经济的观点,研究在资源不均匀分配且不能完全自由流动的世界中,各个地区的差异以及各地区间的关系的科学。"②在借鉴区域经济学研究的基础上,从本书的需要出发,区际关系可以分为宏观区际关系、中观区际关系、微观区际关系三个层次。

宏观区际关系是指国家内部各大区域之间的关系,例如我国的东部、中部、西部、东北四大区域的划分。一个国家的经济发展,要防止宏观区域之间过大的发展差距。因为当区域间差距扩大到一定程度时,就会出现某些地区过度开发,而大部分地区开发程度不足的情况,不能实现区域协调发展。中观区际关系是指在国家宏观区域内部的区域之间的关系,这个区域可以是行政区之间的关系,也可以是经济区、功能区之间的关系。微观区际关系是指中观区域的进一步细化,具体可以表现为一个城市与周边农村形成的关系,或者城市圈内部中心城市与其他城市之间的关系等。

近年来,随着我国区域发展总体战略的基本形成,宏观区域之间的关系,尤其是东、中、西、东北四大区域之间的关系已经引起各方面重视,国家出台的区域政策也主要是着眼于宏观区际关系的协调。而微观区域之间的关系则由城市规划或者区域发展规划来调节,也有具体的相关政策。但是全国范围内的对中观区际关系的调节则一直较为薄弱,而主体功能区就是针对中观区际关系的规划而出台的。在主体功能区规划中,各种功能区之间形成了相互依赖、相互补充的关系。在一个省或自治区范围内,可以从整体上对省(区)内各功能区进行调节,表现为中观区际关系。而在直辖市内,由于区域范围较小,主体功能区

---

① 贾若祥:《区际经济利益关系研究》,《宏观经济管理》,2012 年第 7 期。

② V. Dubey, The Definition of Regional Economics, *Journal of Regional Science*, 1964, Vol. 5, No. 2.

规划和城市功能规划十分类似,表现为对微观区际关系的调节。

就主体功能区规划研究问题来说,区际关系是指优化、重点、限制、禁止四类主体功能区之间的关系,其内容主要包括不同功能区之间的产业转移、人口转移、生态补偿关系等具体问题。主体功能区规划中多次提到了功能区之间关系协调问题。《全国主体功能区规划》认为推进形成主体功能区"有利于引导人口分布、经济布局与资源环境承载能力相适应,促进人口、经济、资源环境的空间均衡"①,实际上就是促进人口和经济要素按照资源环境承载能力格局的要求流动。而在国家发改委发布的《国家发展改革委贯彻落实主体功能区战略推进主体功能区建设若干政策的意见》(发改规划〔2013〕1154号)中,进一步细化了这一思想,多次提到了通过调节区际关系推进主体功能区形成的问题,尤其是产业转移的区际关系问题。优化开发区要"合理引导劳动密集型产业向中西部和东北地区重点开发区域转移,加快产业升级步伐","支持国家优化开发区域和重点开发区域开展产业转移对接,鼓励在中西部和东北地区重点开发区域共同建设承接产业转移示范区","对不符合主体功能定位的现有产业,通过设备折旧补贴、设备贷款担保、迁移补贴、土地置换、关停补偿等手段,进行跨区域转移或实施关闭"。同时,人口转移的区际关系也是实现主体功能区的一个重要方面,优化开发区"鼓励城市政府有序推进农业转移人口市民化","引导重点开发区域吸纳限制开发区域和禁止开发区域人口转移"。②

(四)府际关系

府际关系是由西方理论界"IGR"(Intergovernmental Relations)概念翻译而来,此外还被翻译成"政府间关系""政府关系"等多个类似概念。府际关系是指不同层级政府之间的关系网络,它不仅包括中央与地方关系,而且包括地方政府间的纵向和横向关系,以及政府内部各部门间的权力分工关系。府际关系有横向府际关系、纵向府际关系、斜向府际关系和网络型府际关系之分。"传统体制下,我国地方各类政府处于特定形式的封闭状态。这种特定的封闭状态表现为:在中央高度集权的形式下,各地方政府严格服从中央政府、下级地方政府严格服从上级地方政府,政府间关系处于控制与被控制、服从与被服从的单向度关系模式中。"③随着我国区域经济发展水平的不断提高,各地方政府不约而

---

① 国家发展和改革委员会编:《全国及各地区主体功能区规划》(上),人民出版社,2015年,第1页。

② 《国家发展改革委贯彻落实主体功能区战略推进主体功能区建设若干政策的意见》发改规划〔2013〕1154号,http://ghs.ndrc.gov.cn/zcfg/t20130625_546883.htm。

③ 申斌:《当前我国政府间关系的研究:概念与视角》,《思想战线》,2013年第2期。

同地增强了政府的利益意识。一方面,地方政府积极向中央政府及上级政府争取下放更多权力;另一方面,地方政府发展地方经济的积极性得到不断增强。在这种情况下,地方政府间关系除了在纵向上发生变化之外,横向关系也得到了发展。正是在这样的历史背景下,国内理论界兴起了对政府间关系研究的热潮。

面对纵横交错的府际关系,这必然涉及政府间关系的管理和协调的问题,"府际关系管理是关于协调与管理政府间关系的一种新型治理模式,是为了实现公共政策目标和治理任务,以问题解决为取向,通过协商、谈判和合作等手段,依靠非层级节制的一种网络行政新视野"①。在经济区域化的背景之下,单纯依靠原来的上下级政府协调机制显然无法应对外界经济发展所带来的挑战,同时还需要逐级分权、非政府组织等方式对府际关系进行补充。同时,依靠行政命令推动的政策执行关系难以满足地方政府的利益需要,利益成为政府间存在纵横交错关系的基本导向。

本书中的府际关系是指中央政府与在主体功能区内的地方政府之间、不同主体功能区的地方政府之间的关系。主体功能区规划中存在着复杂的府际关系问题。首先,主体功能区规划意味着中央政府对地方进行推行"分类管理"政策,中央政府与不同地方政府之间关系在某些事权、责任方面需要进行部分调整。其次,各地方政府之间横向关系将更加密切和复杂化。在区域经济发展的背景下,国内地方政府之间已经进行了广泛的合作行为。而在主体功能区形成的背景下,这种以经济合作为主要内容的合作将拓展为产业转移、生态补偿、城市群发展等其他方面的协调。

## 二、研究思路与章节安排

本书首先对我国主体功能区研究的相关文献资料进行了梳理,从已有的研究成果中寻找新的切入点。首先,对我国主体功能区国土整治、开发政策和区域政策进行了回顾和反思,并根据研究需要对主体功能区规划的提出、主要内容、区际关系及模式进行了介绍。其次,分别对主体功能区实施中的府际协调模式、地方主导模式、中央主导模式进行了分析。最后,对三种模式进行了比较。在以上研究的基础上,本书还对我国主体功能区规划的发展趋势进行了展望。

---

① 汪伟全:《论府际管理:兴起及其内容》,《南京社会科学》,2005 年第 9 期。

具体章节安排如下：

第一章导论，提出了本文所要研究的主要问题，指出了在当前形势下研究该问题的理论意义和现实意义，对相关文献进行了梳理，对核心概念进行了界定，阐述了本书的理论基础、研究思路和研究方法。

第二章"主体功能区规划相关工作的历史回顾"，是对中华人民共和国成立后国土开发与整治工作的演变过程进行了梳理。在梳理的过程中，可以总结出国土开发与整治工作的规律，并对主体功能区有借鉴意义。

第三章"主体功能区规划基本情况的分析"，介绍了主体功能区规划的提出过程、基本内容、区际关系及模式。主体功能区的编制依据是国土本身的资源环境承载能力，使每个省区市都面对着不同的政策。但是由于某些省区市的自然、经济条件相似，在主体功能区规划的推进中又存在着府际协调、地方主导、中央主导三种不同的模式。

第四章"主体功能区规划的地方主导模式——以广东省为例"介绍了广东省主体功能区落实的背景及实现形式，并在此基础上总结了地方主导模式省区的典型特征和实现形式。地方主导模式省区的典型特征为境内经济较为发达的区域面临优化空间开发的要求，境内存在部分经济低谷地区有待开发，生态补偿以地方投入为主，其生态功能区的实现形式为在地方主导下实现都市圈的空间协调，以"省内扩散"为主实现产业转移，建立省内生态补偿制度。

第五章"主体功能区规划的府际协调模式——以安徽省为例"介绍了安徽省主体功能区落实的背景及实现形式，并在此基础上总结了府际协调模式省区的典型特征和实现形式。府际协调模式省区的典型特征为来自发达省份的产业转移对本省经济发展具有重要作用，生态补偿制度的建立依赖于发达省份，其主体功能区的实现形式为在府际协调下实现产业转移，并建立生态补偿制度。

第六章"主体功能区规划的中央主导模式——以内蒙古为例"介绍了内蒙古自治区主体功能区落实的背景及实现形式，并在此基础上总结了中央主导模式省区的典型特征和实现形式。中央主导模式省区的典型特征为重点开发区开发以中央主导型、资源型产业为主，生态补偿以国家投入为主，其生态功能区的实现形式为中央主导下的资源开发和生态补偿制度的完善。

第七章"主体功能区规划推进模式的比较、分析与展望"是本书的结论部分。本章对主体功能区推进中的三种模式进行了比较和分析，同时对主体功能区规划在"十二五"期间的走向和未来的发展趋势进行了展望。

### 三、研究方法

（一）文献研究法

本书是一项同时涉及政治学、行政学、区域经济学、经济地理学等多个学科的研究。因此，需要收集各个相关学科的研究者对该主题已有的研究成果，将其作为本书的直接参考。同时，由于不同学科的研究方法和分析工具不同，还需要对初步检索到的相关文献资料进行归纳、整理。

（二）历史分析法

研究我国主体功能区战略的一般规律，需要对中华人民共和国成立后的国土开发与整治工作进行历史考察，并对其各自的历史背景进行深入分析，进而总结出国土开发与整治工作的经验和教训，以及对目前开展工作的启示。

（三）案例分析法

研究主体功能区规划的推进模式，不仅要从理论上进行严谨的深入分析，还要运用具体的案例加以例证，这样才会使本书的一些结论和观点更具有说服力。因此，本书在写作中选取了广东、安徽、内蒙古三个研究案例，通过对特定省份推进主体功能区规划的情况来总结出相关的模式。

（四）比较研究方法

通过比较研究，能够更好地发现事物发展的内在规律。本书试图通过对三种不同的主体功能区推进模式的比较，认识主体功能区在推进过程中的共性和特性，从而深入地认识主体功能区规划推进中的规律。

### 四、研究创新点与局限

（一）研究创新点

根据现在掌握的材料以及对于各省区市的基本情况的分析，本书总结出了三种主体功能区规划推进模式。需要明确的是，由于各地的主体功能区规划仍然在不断地推出，现实中可能不局限于这三种模式，而且可能会出现一个省份兼具两种或三种模式特征的现象。总结出这三种模式的意义在于，提出主体功能区规划在全国推进过程中要采取"分类推进"的方式，区别主体功能区规划对不同省份的影响，分析不同省份的政策需要，从而制定不同的政策。

通过对三种主体功能区规划推进模式进行比较，分析其背景、政府作用和效果，推动对于主体功能区推进过程中关于模式选择问题的认识。主体功能区规划在推进中的各种模式在不同的问题上各有利弊，每个省份只有选择适合本省区市特点的模式才有利于主体功能区规划的落实和推进。对于各种模式的背景、政府作用和效果的分析,有利于各省区市认识在模式选择问题上需要注意的问题,从而作出更为适合的选择。

(二)研究的局限

由于研究上主观条件和客观条件的种种限制,本书面临着许多研究上的困难,虽然经过各种努力,但是目前的研究成果仍然存在着一定的局限。

首先,主体功能区规划落实推进工作没有全面展开,其对地方经济社会发展影响尚未凸显。当前,"政策周期不稳、政策变动不居是中国政策过程的突出特征"①。如果从政策过程的角度分析,主体功能区也出现了"不稳"和"变动不居"的特征。截至目前仍然有些省区(如宁夏、山西、江苏、辽宁、西藏等)的主体功能区规划没有编制完成并向社会发布,目前尚缺乏相关具体配套政策文件发布,处于"低潮"阶段。这种情况下,主体功能区的研究也难以像刚刚被提出时一样取得更多的突破性进展,而是处于"瓶颈"时期。

其次,主体功能区规划编制过程中的细节基本依赖于部分新闻媒体的报道和对部分相关部门的调研座谈,所能获得的研究材料有限,不能完全反映主体功能区规划的全貌。

再次,主体功能区规划是我国政府在区域规划实践中探索出来的新概念,学术界的研究尚不充分,难以套用任何成熟的理论,同时在实践中表现出一定的动态性和复杂性,不同时期、不同政府(中央或地方政府)对其认识并不一致,这些都不利于对主体功能区全面的、深刻的认识。同时本书也不能涵盖国内所有省区的所有情况,比如直辖市、东北地区等具有的地方特色的主体功能区在本书中不能完全反映,内容上也只能选取产业转移、生态补偿等突出问题。这些都对本书的价值和意义构成了限制。

最后,主体功能区本身内涵和内容都极为丰富,是个跨越多学科的范畴。目前理论界对其讨论也没有定论,甚至有很多地方相互矛盾。由于主观研究能力有限,不可能面面俱到,只能通过案例或者某些角度从侧面反映主体功能区,也会造成一些偏颇之处。

---

① 薛澜、陈玲:《中国公共政策过程的研究:西方学者的视角及其启示》,《中国行政管理》,2005 年第 7 期。

# 第二章

# 主体功能区规划相关工作的历史回顾

主体功能区规划是一种创新,但并不是"凭空"产生的,它与我国历史上的许多工作密切相关,尤其是与国土开发与整治工作在发展思路、负责机构、实施手段等方面都有着紧密联系。可以说,主体功能区规划是其他许多工作在新时期的延续。这些工作一方面为主体功能区规划提供了各方面的物质基础,另一面也为主体功能区规划提供了一定可以借鉴的经验和可以吸取的教训,具有相当的启发意义。

## 第一节 改革开放前主体功能区规划
## 相关工作及其启示

### 一、中华人民共和国成立初期"联合选厂"及其启示

中华人民共和国成立初期,我国在经济建设过程中迫切需要解决一系列空间问题,表现在某些流域治理问题(如淮河、黄河治理)。其中最突出的就是"一五"计划中的"联合选厂"和"大行政区",在此基础上我国形成了比较明确的空间布局意识。

"一五"计划拟建的重点项目最初是由各个项目的主管部门分别进行选厂定点,但是在工作中发现,在用地、用水、用电、交通等基础设施建设方面彼此之间有许多矛盾,不好解决,或者重复建设增加投资,很不经济;或者要拖延建设进度,造成不应有的损失。于是,国家计划委员会和国家建设委员会统一组织选厂工作组,吸收各有关工业部门和铁道、卫生、水利、电力、公安、文化、城建等部门参加,进行"联合选厂"。这样,各方面的矛盾能够及时解决,考虑问题比较

全面,选厂的进度比较快,规划工作也可以比较顺利地进行。

　　到 1954 年,重点工程的厂址多数已经确定。作为"一五"计划的核心,苏联援建的 156 个大型项目,简称 156 项。在实际实施的 150 个项目中,包括民用企业 106 个,国防企业 44 个,除 50 个民用企业部署在东北,国防企业的一些造船厂不得不部署在沿海地区外,"上海、江苏、浙江、山东、天津、广东和广西沿海省市一项也没有。宁夏、青海、贵州、西藏交通不便,也是空白"①,其余 86 个企业部署在中西部地区,占实际开工项目的 57.3%。②已经开工的 150 个项目中,东北、华北、西北三北地区集中了 116 项,占总数 77.3%,其中东北项目最多,达 56 项,四川和陕西两省国防项目最多,共有 21 项。在这些重点厂址选择的基础上,国家计划委员会先后批准了"一五"计划 694 项建设项目的厂址方案。这些重点项目大体上分布在 91 个城市、116 个工人镇,其中 65% 的项目分布在京广铁路以西的 45 个城市和 61 个工人镇,35% 的项目分布在京广铁路以东以及东北地区的 46 个城市和 55 个工人镇。1955 年,国家的重点建设项目陆续开工。这些大项目的建成初步奠定了中国工业化的基础,开始改变中国区域经济发展不平衡的格局。

　　1956 年 2 月 22 日至 3 月 4 日,国家建设委员会在北京召开全国第一次基本建设会议,时任建委主任的薄一波在 2 月 22 日的报告中提出了针对"新建的工业企业、新建工业城市和工人镇"进行"正确地配置生产力"的要求。③这说明当时的经济工作领导人已经有了系统进行国土开发与整治的理念。随后的《关于加强新工业区和新工业城市建设工作几个问题的决定》中,指出"迅速开展区域规划,合理地布置第二个和第三个五年计划期内新建的工业企业和居民点,是正确地配置生产力的一个重要步骤"④。

　　1956 年 3 月,国家建设委员会利用这次会议的成果,作出了《关于开展区域规划工作的决定》。当年 5 月,国务院常务会议又作出了《国务院关于加强新工业区和新工业城市建设工作几个问题的决定》,在这项决定中提出了中华人民共和国成立以来第一个区域规划的定义。"区域规划就是在将要开辟成为新工

---

①　万里:《在城市建设工作会议上的报告》,《万里论城市建设》,中国城市出版社,1995 年,第 50 页。

②　丁任重:《西部资源开发与生态补偿机制研究》,西南财经大学出版社,2009 年,第 19 页。

③　薄一波:《为了提前和超额完成第一个五年计划的基本建设任务而努力》,原载《建设月刊》(1956 年 4 月创刊号),转引自建筑工程部城市建设局编辑,《区域规划文集(第一集)》,建筑工程部,1959 年,第 17 页。

④　武廷海:《中国近现代区域规划》,清华大学出版社,2006 年,第 83 页。

业区和将来建设新工业城市的地区,根据当地的自然条件、经济条件和国民经济的长远发展计划,对工业、动力、交通运输、邮电运输、水利、农业、林业、居民点、建筑基地等建设和各项工程措施,进行全面规划;使一定区域内国民经济的各个组成部分之间和各个工业企业之间有良好的协作配合,居民点的布置更加合理,各项工程的建设更有秩序,以保证新工业区和新工业城市建设的顺利发展。"根据这一历史性的决定,当时的国家建委草拟了《区域规划编制和审定暂行办法(草案)》。在这一草案中提出,国土规划的任务和重点开展地区应该是综合发展工业的地区、修建大型水电站的地区和重要的矿山地区;初步规定了国土规划拟解决的重大问题和编制过程;此外还要求成立区域规划与城市规划管理局,虽然这一部门当时没有建立,但是当时建设部城市设计院、建筑科学院均先后成立了区域规划室,初步开展了国土规划工作。在这次会议之后,国家建设委员会先后在茂名、个旧、兰州、湘中、包头、昆明、大冶等市、区,贵州、四川、河北、辽宁、吉林、山东等省开展了国土规划工作,掀起了中国国土规划的第一个高潮。但是期间因受高指标、浮夸风影响,国土规划工作存在着较严重的脱离实际的倾向。

除"联合选厂"外,中华人民共和国成立之初也曾经陆续设立过东北、西北、华东、中南、西南、华北等"大行政区",实现对各省的领导。这是我国最早的区域划分的雏形,后来我国屡次出现的经济区的划分都是在这一划分的基础上完成的。但是这一划分在早期政治性远远强于经济性,而且"计划经济时期的大协作区是国家的政策安排,是出于有利于行政管理的需要设立的,能够运转的基础是国家严格地控制着经济发展的关键资源"①。与后来为了发展经济而划分的经济区概念差别很大。

中华人民共和国成立初期的经济建设实践推动了中西部地区的早期工业开发,在这一基础上兴起了包头—呼和浩特地区、西安—宝鸡地区、兰州地区、西宁地区、张掖—玉门地区、三门峡地区、襄樊地区、湘中地区、成都地区、昆明地区等一大批早期的老工业基地,为后来的西部大开发等国家发展战略的推出和实现奠定了基础,同时为国土空间布局带来了一定的启示。首先,国土空间布局不仅仅受到经济因素影响,还应该考虑其他因素。在当时表现为政治和国防因素对生产力布局的影响作用。由于对苏联的"一边倒"外交政策和"一五"计划中接受苏联156项工程大规模经济援助,实际上将苏联为首的社会主义阵

---

① 陈修颖:《区域空间结构重组——理论与实证研究》,东南大学出版社,2005年,第174页。

营作为大后方。考虑同苏联之间运输便利,建设重心放在东北、华北地区,飞机、导弹、核武器等许多战略工业基地也建设在与东北、甘肃、内蒙古地区。其次,国土开发空间布局具有综合性,需要多部门的配合。在选厂过程中,最典型的就是需要用水、用电、铁道、公安、文化等相关部门的配合,当时是可以通过建设部门等部门来协调的,而我国目前区域政策相关部门往往自行其是,未能使各有关部门的建设在一定地域内密切配合,也不能与当地的人口、资源、环境相协调。缺乏一个能够协调各部门的专门管理区域的部门,正是目前区域工作面临的最重要难题之一。

### 二、"大跃进"中的规划权力下放及其教训

"大跃进"时期是指 1958—1960 年期间,在全国范围内开展的在生产发展上追求高速度,以实现工农业生产高指标为目标的运动。"大跃进"时期,同时也是中央大幅度放权的时期,尤其是下放了计划管理权,将以往的条条管理为主变为块块管理为主。在运动中,规划权力被下放到各省区市,地方过度分权,缺少中央政府调控,经济建设上全面依赖地方政府,区域空间布局上的无序现象严重,造成了严重的经济后果。

"大跃进"从 1958 年开始,指导思想是"把我国由落后的农业国变为先进的社会主义工业国","在三个五年计划或者再多一点的时间内,建成一个基本上完整的工业体系"。① 表现为追求过高的速度,要求 1958 年的钢产量比 1957 年的钢产量"翻一番",达到 1070 万吨,要求钢铁和主要工业产品 7 年赶上英国,再加 8～10 年赶上美国。"大跃进"要求省一级地区建立工业体系,掀起全民大办工业、全民大办钢铁的群众运动。全国迅速办起一大批小铁矿、小高炉、小转炉、小煤窑、小化工、小水泥和小水电。当时由农村兴办的人民公社成为小土群企业(是指"土法"建起来的炼铁、炼钢炼焦开采煤矿、铁矿的小型生产设备群体)的主力。社队工业投入的资金、生产资料和劳动力从农业抽调,严重影响农业生产。社队工业管理混乱、技术落后、产品质量低下,造成资源极大的浪费。②

1958 年 3 月,中共中央在成都召开有中央有关部门负责人和各省市自治区党委第一书记参加的工作会议(即成都会议),讨论了《关于发展地方工业问题的意见》和《关于在发展中央工业和发展地方工业同时并举方针下,有关协作和

① 《中国共产党第八次全国代表大会关于政治报告的决议》,中共中央文献编译室编,《建国以来重要文献选编(第 9 册)》,人民出版社,1956 年,第 342 页。

② 罗平汉:《"大跃进"的发动》,人民出版社,2009 年,第 134～135、176 页。

平衡的几项规定》等文件。成都会议前,国家经委写出了一份《让中小型工厂遍地开花的一些设想》(以下称《设想》)的材料,递交成都会议讨论。《设想》提出,花三分的力量搞中央的大工业,把七分的力量搞地方的中小工业,使工业遍地开花有重大的意义。这就是说,从中央直到乡一级都举办自己的工业,形成一个强大的城乡工业网。[1] 这一系列文件要求凡是有煤炭资源、铁矿资源、铜矿资源等资源的地区都应该建设相应的工厂,"有什么资源就办什么工业,每一个县都不应该有空白"[2]。刘少奇在党的八大二次会议上提出了"全党办工业,全民办工业"的思路。"只要全国二十几个省、自治区和直辖市,一百八十多个专区、自治州,二千多个县、自治县,八万多个乡、镇,十万多个手工合作社,七十多万个农业合作社,都能够在发展工业方面正确地充分地发挥积极性,那么,在一个较短的时间内,各种工厂就像星罗棋布那样分布在全国各地,而我国工业的发展,当然要比只靠中央管理的若干大企业要快得多。这样,前途必然是:一、加速国家工业化的进程;二、加速农业机械化的进程;三、加速缩小城乡差别的进程。"[3]

在一系列的错误思想指导下,中国各地大量基础设施开工建设,中小型企业遍地开花,国土规划曾一度在贵州、四川、河北、辽宁、吉林、山东等省区广泛地开展,但由于中国第二个五年计划的指标和建设项目已被现实形势的发展所突破,因此当时的国土规划工作或者与编制区域经济发展计划结合在一起进行,或者以大胆设想的指标代替国民经济发展的长期计划。1960 年初,国家建设委员会虽然在辽宁省朝阳市召开了国土规划经验交流会,但随后不久,因受高指标、浮夸风的影响,国土规划工作严重脱离实际,随着基本建设的大量压缩和调整,国家主管国土规划的职能部门随即被撤销。

"大跃进"在区域发展方向方面的教训是多方面的。第一,区域发展上单纯以经济发展为目标,无视生态环境承载力的限制,造成了极大的损失。在"大跃进"中,不认真考虑各地的客观条件,大规模破坏森林、草原、植被开垦荒地,烧炭炼铁,单凭"长官意志"任意决定生产力布局方案,违反生态规律的现象十分严重,使地区优势都得不到充分发挥,经济效益低下。陈云曾经指出:"大家知道,在发展农业的时候,要根据不同的土壤、气候和其他条件,来种植不同的作

---

[1]　罗平汉:《"大跃进"的发动》,人民出版社,2009 年,第 134 页。

[2]　同上,第 135 页。

[3]　刘少奇:《中国共产党中央委员会向第八次全国代表大会第二次会议的报告》,《人民日报》,1958 年 5 月 27 日。

物。如果违反这种因地种植的原则,农作物的增产就要受到限制,甚至遭受到不应有的损失。工业的发展,更应当考虑到当地的资源条件。"[1]第二,造成了我国"行政区经济"的基本格局,形成了"大而全、小而全"的错误经济建设思路。"大跃进"时期许多地区不顾自然资源和生产条件,按统一模式建立门类齐全的体系,企业小型化,布局分散化。陈云针对这种现象认为:"在一个省、自治区以内,企图建立完整无缺、样样都有、万事不求人的独立工业体系,是不切实际的。""勉强去办那些难以办到的事情,而不积极去办那些可以办到的和在全国范围内迫切需要办的事情,这在经济上是不合理的。"[2]第三,"大跃进"时期的区域开发无序是由规划权力过度下放引起的。在"大跃进"时期,规划的权力完全被下放到了地方,中央政府缺乏有效的手段来对国家整体经济进行布局,而各地政府忽视国土之间合理的分工协作,盲目追求自成体系,搞"大而全、小而全",造成一些地区避优就劣、弃长攻短,造成了地方政府盲目投资。从这一点来看,要实现对地方政府区域开发的约束,必须对地方政府的开发权力划定有力的"红线",否则可能会造成严重后果。

## 三、三线建设中的生产力布局及其意义

"大跃进"之后我国经济形势有所好转。在第三个五年计划(1966—1970年)期间,中央政府决定要加快内地工业发展步伐,认为当前局势下生产力布局的主要目的是备战。这样,当时生产力布局就片面地强调了新建企业要全部或大部分"靠山、分散、进洞",这一决策上的失误和随后而来的"十年动乱"(1966—1976年)使中国的国土规划工作几乎完全处于停滞状态,这一段时期被称为"三线建设"时期。"三线建设"决策与实施大体处于我国的第三个五年计划和第四个五年计划(1971—1975年)时期。但实际上,截至1980年,国土开发仍然是"三线建设"的主要活动。

"三线"的提法起源于毛泽东的《论十大关系》。1956年4月,毛泽东在《论十大关系》报告中明确指出,工业基地必须有纵深配置。他把漫长的内陆边界线和东南沿海各省区划为一线,把临近一线的省区划为二线,把西北、西南纵深的山区划为三线。1964年5月,毛泽东根据当时的战略形势进一步提出:"第三个五年计划,原计划在二线打圈子,对基础的二线注意不够,现在要补上,后六

---

①② 陈云:《当前基本建设工作中的几个重大问题》,《红旗》,1959年第5期。

年要把西南打下基础","在西南形成冶金、国防、石油、铁路、煤、机械工业基地"①。在8月中旬召开的中共中央书记处会议上,中央决定首先集中力量建设"三线"这一战略后方基地。

所谓"三线",一般是指当时经济相对发达且处于国防前线的沿边沿海地区向内地收缩划分的三道线。一线地区指位于沿边沿海的前线地区,包括北京、上海、天津、黑龙江、吉林、辽宁、内蒙古、山东、江苏、浙江、福建、广东、新疆、西藏等省市自治区;二线地区指一线地区与京广铁路之间的安徽、江西及河北、河南、湖北、湖南四省的东半部;三线地区指长城以南、广东韶关以北、甘肃乌鞘岭以东、京广铁路以西,主要包括四川(含重庆)、贵州、云南、陕西、甘肃、宁夏、青海等中西部省市自治区和山西、河北、河南、湖南、湖北、广西、广东等省区的后方腹地部分,其中西南的川、贵、云和西北的陕、甘、宁、青俗称为"大三线"。位于一线和二线的省市自治区,选择地形复杂的腹地建设自己的战略后方,称为"小三线"。福建省把鹰厦铁路以西建"小三线";山东省在莱芜地区建"小三线";辽宁省的"小三线"在辽西山地。上海本市没有适合"小三线"的地区,把"小三线"选在皖西南地区。

如果单纯从经济的角度来分析,"三线建设"的效果并不理想。据学者研究"在1965—1976年建设大三线期间,向内地倾注大量资金。然而经过26年,东部在全国GRP地区生产总值中的比重反有增势,净增1.88个百分点,说明在计划经济体制下,东部的区位优势也要顽强地转化为现实优势"②。但是从区域开发和区域政治的角度来看,"三线建设"奠定了我国现在西部大开发的基础,具有战略意义,并从以下四个方面取得了显著的经济和政治成效。第一,在三线地区建立了较为完整的工业体系,基本奠定了目前我国西部地区的工业格局。"三线建设"巩固了我国战略大后方,围绕着国防工业在西南和西北初步建成了比较完整的工业体系。如以重庆为中心的常规兵器工业基地、四川和贵州电子工业基地、四川和陕西战略武器科研和生产基地、贵州和陕西航空工业基地等。除此之外,为了给这些国防工业提供配套工业设施,一批新兴的工业枢纽拔地而起,如四川的攀枝花钢铁工业城、德阳重工业城、绵阳电子工业和科技城、鄂西十堰汽车城、甘肃金昌镍都出现在中西部等。第二,在西部地区建成了一大批工业配套基础设施,新增了一大批科技力量,提高了西部地区的生产力水平。

①　陈东林:《三线建设:备战时期的西部开发》,中央党校出版社,2003年,第50页。
②　胡兆量、韩茂莉:《中国区域发展导论》,北京大学出版社,2008年,第45页。

"三线地区基本建设新增固定资产,在三个五年计划的 15 年中达到 1145 亿元,相当于 1953—1965 年总和的 2.22 倍,其中四川、贵州、宁夏、湖北、湖南都接近或超过三倍。三线地区占全国的比例也从 29.92% 上升到 33.58%,最高的'三五'计划时期达到 36.48%。"①第三,西部建成一批新兴工业城市,带动了西部地区经济、文化和社会生活的初步繁荣。这批新兴工业城市成为现代化工业科技都市和交通枢纽,如四川的绵阳、德阳、自贡、乐山、泸州、广元,贵州的遵义、都匀、凯里、安顺,云南的曲靖,陕西的宝鸡、汉中、铜川,甘肃的天水,河南的平顶山、南阳,湖北的襄樊、宜昌,山西的侯马,青海的格尔木。② 这些城市都成为我国当前西部大开发和中部崛起的重要空间开发支点,至今仍然具有重要意义。第四,为我国当时的国际战略和国家发展战略提供了政策支撑。1964 年前后,国际局势日趋紧张。美国继续封锁中国,同时越战升级;苏联同蒙古国签订军事条约;中印边境武装冲突时有发生。实际上中国边境地区处于十分危险的境地,中国东北地区、东南沿海地区都将受到战争的威胁,而只有西北、西南等相对闭塞、落后的地区较为安全。这种情况下,国家开发"三线地区"主要考虑国防和政治的需要,而不是经济效益,在当时特定的历史条件下具有十分重要的战略意义。

当然,"三线建设"也存在教训。首先,就是要处理好区域开发中的目标问题。从政治的角度来看,完全服从于军事、国防需要的"三线建设"是必要的。但是从经济的角度来看,"三线建设"违背了国土空间经济布局的规律,完全放弃了我国东部地区的经济发展,效益过于低下。改革开放之后,大多数"三线"企业和城市陷入困境。这说明,区域开发中一定要注意处理好多个目标之间的关系问题,政府必须注意区域政策的平衡问题,否则会造成经济上的灾难。其次,经济建设中要注意政策的力度问题,某项政策都不应该轻易否定之前的政策方向,不宜变动太大。经过数千年开发格局的演变,加上近现代史上的工业开发因素,我国已经形成了东部发达、中西部落后的基本经济格局。1949 年中华人民共和国成立后,我国在经济建设,尤其是工业布局问题上虽然对中西部有所倾斜,但是没有完全打破东中西部的基本经济格局。这样既可以利用东部地区良好的工业发展基础,又可以起到开发中西部地区的作用。可是"三线建设"在国土开发布局问题上完全违背了这一基本现状。"三线建设"在"三五"

① 陈东林:《三线建设:备战时期的西部开发》,中央党校出版社,2003 年,第 418 页。
② 同上,第 415 页。

时期、"四五"时期分别以西南、"三西"（豫西、鄂西、湘西）为重点，与中华人民共和国成立后的经济建设布局思路不一致，基本上否定了之前国土开发与整治成果，这是"三线建设"经济效益低下的重要原因。

## 第二节 国土开发与整治：改革开放后主体功能区规划相关工作

### 一、国土开发与整治职能的出现与机构的建立

20 世纪 80 年代初，我国借鉴日本、法国等发达国家在国土资源开发整治方面的成功经验，在全国推广国土规划和国土整治工作。随着我国经济的快速发展，经济发展与资源环境的矛盾开始出现，同时基于当时对国土资源情况不清、开发无序和生态平衡破坏严重等现实状况，我国在考察学习发达国家国土规划的基础上，开始了第一轮国土规划工作。

1981 年 4 月 2 日，我国国土开发与整治职能正式确立。中央书记处第 97 次会议决定要求："建委要同国家农委配合，搞好我国的国土整治。建委的任务不能只管基建项目，而且应该管土地利用，土地开发，综合开发，地区开发，整治环境，大河流开发。要搞立法，搞规划。国土整治是个大问题，很多国家都有专门的部管这件事，我们可不另设部，就在国家建委设一个专门机构，提出任务方案，报国务院审批。总之，要把我们的国土整治好好管起来。"[①] 从当时看，"'国土'二字中的'土'应理解为'资源'，国土就是'国家资源'"[②]。当时认为，国土整治工作包括的内容主要有以下四个方面：四个开发，即土地开发、地区开发、大河流开发、综合开发；一个"利用"，即土地利用；一个"整治"，即环境整治；二个要"搞"，即搞规划、搞立法。明确国土整治包括对国土资源的调查、开发、利用、治理、保护五个方面的工作。国土规划的任务是要使国民经济的发展同人口、资源、环境协调起来；要突出战略性、综合性、地域性和前瞻性特点；国土工作主要是抓组织、协调、规划、立法和监督。

1981 年 4 月、10 月，中共中央书记处和国务院先后作出加强国土整治工作的决定和指示，并要求当时的国家建委设一个专门机构，具体负责国土整治工

---

① 杨邦杰：《国土整治综合协调方显成效——我在国家计委从事国土整治工作 40 年的回忆》，《中国经济导报》，2013 年 1 月 17 日。

② 吕克白：《国土规划文稿》，中国计划出版社，1990 年，第 34 页。

作。根据这一要求,1981年11月,国家建委设立国土局,作为国土工作的职能机构。1982年4月12日,国务院决定由国家计划委员会主管国土工作,以前由国家建委主管的国土工作业务及其机构划归国家计委主管,从此国土工作成为国家计划工作(国家计划委员会专管五年计划编制工作)的一个组成部分。"中央的这一决定,是考虑到国土工作应当同经济建设结合起来,特别是必须与长期计划紧密结合起来。"①1988年国务院改革中,国家计委"增设长期规划司和人口研究所,保留国土规划司和国土规划研究所"②。当时的国家领导非常重视国土整治工作,万里、姚依林、宋平等领导多次批示相关工作,给予了高度重视。

国土开发与整治工作刚刚开始时,当时的主管领导就认识到"国土工作不可能由国土处的七八个人来承担,也不是由这个处去组织计委内其他各处进行这项工作,而是要组织各个有关部门进行工作,还要组织各个科研单位,大专院校以及各省属厅局进行工作"③。所以,除了中央相关政府机构的建立,地方政府相应的机构、各科研单位等人才工作都逐步开展起来。国家建委在1981年9月9日—11月4日组织了一期国土整治研究班,各省、自治区、直辖市建委、国务院各有关部门的领导干部、专家八十余人参加了国土整治研究班。研究班结束后,国家建委从中抽调了部分干部组建国土局,其余干部也成为地方及科研单位的国土开发与整治工作的骨干。此后,各省、自治区、直辖市建委先后向省、人民政府提出了开展本地区国土工作的建议,贵州、陕西、江苏、北京、上海等省市批准建立国土工作机构,内蒙古、吉林、浙江、湖北等省区建委先从内部调配力量着手工作,许多省市区拟定了工作方案和规划试点项目。④ 这样,国土开发与整治的组织体系逐渐完善起来。

## 二、国土开发与整治工作的初步实践及反思

在职能和机构确立之后,我国开始了国土规划的一个高潮期。当时国土部门认为国土整治工作的中心任务是首先搞好国土规划,"只有抓规划才是抓住了'龙头'"⑤。从1982—1984年间,国家计委组织开展了京津唐地区、吉林松花湖地区、湖北宜昌地区等二十多个区域性的国土规划试点。为此,"1982年

---

① 吕克白:《国土规划文稿》,中国计划出版社,1990年,第18页。
② 同上,第254页。
③ 同上,第50页。
④ 同上,第18页。
⑤ 同上,第14页。

12月22日,国务院正式发出通知,成立上海、山西两个规划办公室,直属国务院,由国家计委代管"①。据不完全统计,到1993年底,全国已完成了《晋陕内蒙古接壤地区国土综合整治规划》以及一些大江大河综合治理规划等。② 这些规划试点工作为全面开展国土规划工作提供了经验。

1987年8月,在国土规划试点的基础上,当时的国家计划委员会印发了《国土规划编制办法》。随后该部门又提出了我国国土开发与生产力布局总体框架,设想以沿海地带和横贯东西的长江、黄河沿岸地带为主轴线,以其他交通干线为二级轴线,确定了综合开发的19个重点地区。在开展各级国土与区域规划工作的同时,国家计划委员会会同中国科学院和相关地方政府从区域联合(即区域合作)的整体利益出发,又先后开展了京津唐地区、沪宁杭地区、乌江干流沿岸地区、金沙江下游地区、攀西—六盘水地区等多个跨省(区、市)国土规划。

有了重点地区和城市规划的经验基础,自1985年起,国家计委国土部门开始组织编制《全国国土总体规划纲要》,这个规划纲要的起草工作到1989年基本完成。与此同时,各省、自治区、直辖市也相继开展了本行政区的国土规划编制工作。到20世纪80年代末,全国已有11个省、自治区、直辖市,以及223个地区(市、州),640个县编制了国土规划③,分别占当时全国地市总数的67%,县及县级市的30%④。但是,由于这一次编制的国土规划没有被国务院批准,国土规划工作逐渐陷于停滞。

20世纪80年代以来我国所进行的国土开发与整治工作,没有取得理想成果的原因主要有以下两个方面。第一,国土开发与整治工作没有法律依据作保障。当时的国土规划重要性远远没有被社会各界广泛认同,更没有被纳入制度保障的范畴。这些编制好的国土规划缺乏权威性和约束力,最终只能被束之高阁,未能发挥规划应有的作用。实际上,国土规划处于一种被虚置的地位。第二,没有理清国土规划与区域规划、五年计划、城市规划等空间之间的关系。1983年3月31日,吕克白在全国政协经济建设组、城建组的报告中讲:"国土规划(或者叫区域规划)需要解决的问题是生产力的合理配置。最近的名词叫作

---

① 吕克白:《国土规划文稿》,中国计划出版社,1990年,第49页。

② 潘文灿:《中外专家论国土规划》,中国大地出版社,2003年,第53页。

③ 鹿永建:《我国国土开发整治工作全面展开11省、223个地(市州)已编制国土规划》,《人民日报》,1991年2月22日。

④ 武廷海:《中国近现代区域规划》,清华大学出版社,2006年,第112页。

'经济在地区上的合理结构',最通俗的说法是发挥地区优势。"①这显然与现在说的区域规划十分相似。而从其他场合的各种讲话、报告中都普遍存在着对国土规划的地位、作用认识不清的情况。

### 三、国土开发与整治工作的分化

20世纪90年代,我国国土开发与整治工作逐渐分化,表现为相关部门的改组,相应的相关工作也由各自部门分别开展。1998年,国务院政府机构进行了改革,其国土管理的主要职能被转移到新成立的国土资源部。原国家计划委员会主要有两个部门负责国土管理工作,分别是国家土地管理局和国土地区司。国家土地管理局与国家海洋局、国家测绘局和地质矿产部共同组建了新成立的国土资源部。国土地区司改称为地区发展司,留在新成立的国家计划委员会(2003年改组为国家发展和改革委员会),但是将重点转向地区发展规划的编制和实施上。从此,我国国土开发与整治工作被分为了两个不同的部门负责。

与此同时,国土开发与整治职能也实际上被授予了两个部门。其中一个是现在的国土资源部。根据《国务院办公厅关于印发国家发展计划委员会职能配置内设机构和人员编制规定的通知》(国办发[1998]69号),原国家计划委员会"将制定国土规划和与土地利用总体规划有关的职能,交给国土资源部"。但是同时设立的地区发展司,负责"组织编制区域经济发展规划,研究提出区域经济发展的方针政策,协调地区经济,提出逐步缩小地区差距的政策措施。拟定和协调国土整治、开发、利用和保护的政策,参与编制水资源平衡和环境整治规划,缩小地区差距,实现可持续发展。承办国家气候变化对策协调小组的日常工作"。职责实际上还是国土开发与整治工作。发展规划司在生产力布局问题上实际也与国土规划密切相关。② 根据《国务院办公厅关于印发国土资源部职能配置内设机构和人员编制规定的通知》(国办发[1998]47号),规定了国土资源部的职能配置、内设机构。根据47号文件,新划入国土资源部的职能有6项,其中第5项为"原国家计划委员会制定国土规划和土地利用总体规划有关的职能"。同时规定国土资源部的主要职责有12项,其中第2项有"组织编制和实施国土规划、土地利用总体规划和其他专项规划"。在国土资源部内部机构的职责和分工上,规划司的职能包含了"组织研究全国和重点地区国土综合

---

① 吕克白:《国土规划文稿》,中国计划出版社,1990年,第72页。
② 《国务院办公厅关于印发国家发展计划委员会职能配置内设机构和人员编制规定的通知》(国办发[1998]69号),《湖南政报》,1998年第19期。

开发整治的政策措施,起草编制全国性及区域性的国土规划、土地利用总体规划"①。

自从国土规划的职能划归国土资源部后,国土资源部对国土规划工作非常重视,多次研究如何继续做好这项工作。为了落实中央政府对该项工作的指示精神并履行国土资源部相关的职能,2001年8月国土资源部决定在深圳市和天津市进行国土规划试点,希望通过编制两市的国土规划,从而以探索市场经济体制下国土规划工作的新路子,从此中国新一轮国土规划工作正式启动。2003年6月,国土资源部又决定在新疆、辽宁开展国土规划试点。2004年9月,广东省正式呈文国土资源部申请国土规划试点,2004年12月国土资源部回函同意广东省作为试点。②

国土开发与整治职能的另一部分职能被保留在了国家计划委员会中,演变成为现在的国家发展和改革委员会地区经济司。国务院机构改革后,国家计划委员会转变了职能,加强了宏观调控,提出打破行政界线,按经济内在联系的要求,对关系我国对外开放和经济发展全局的地区分别做了大区域国土规划,包括长江三角洲及沿江地区规划、环渤海地区、东北地区、中部五省区、西北地区、西南和华南部分省区和东南沿海部分地区的国土规划等,在大经济区下面,还编制了若干经济核心区规划,如珠江三角洲经济区规划、武汉经济区规划等,也不断推动国土规划的发展。

进入21世纪后,我国经济发展取得了举世瞩目的成就,但同时人口急剧增长、资源浪费破坏严重、环境恶化的矛盾更为突出,城乡区域差距进一步拉大,经济社会发展空间秩序失衡十分严重。在国际上,为争夺资源而不断发生局部战争,区域经济集团化、贸易保护主义出现,我国经济社会可持续发展面临严峻的国际国内挑战。在这种背景下,为解决国内重大国土问题、应对国际局势,国土规划作为政府宏观管理的重要内容,再次被提到议事日程。

## 四、国土开发与整治工作特点与存在的问题

### (一)市场经济背景下国土规划面临转变

改革开放以来,我国最终选择的是一条社会主义市场经济发展道路,而我国的国土规划也必然需要适应市场经济的要求,这对我国政府的国土开发与整

---

① 《国务院办公厅关于印发国土资源部职能配置内设机构和人员编制规定的通知(国办发[1998]47号)》,《湖南政报》,1998年第17期。

② 曹清华、杜海娥:《我国国土规划的回顾与前瞻》,《国土资源》,2005年第11期。

治工作是一种挑战。在计划经济条件下,经济建设服从于政治需要,国防、政治等因素曾经一度成为我国考虑生产力布局的主导性因素。例如,1964 年毛泽东讨论攀枝花钢铁厂的建设问题时指出:"建不建攀枝花,不是钢铁厂问题,是战略问题。"他认为:"我们必须立足于战争,从准备大打、早打出发,积极备战,把国防工业建设放在第一位,加强三线建设,逐步改善工业布局。"[①]这说明,当时的国土开发布局在经济效益方面考虑的主要因素是国防建设的需要,而不是经济效益。但是随着国内外环境的改变,国土规划(生产力布局)运行的宏观背景也由计划经济体制转变为市场经济体制,必然要求发生一系列的转变。如表 2-1 所示。

表 2-1 两种经济体制下国土规划宏观背景的比较分析[②]

| 对比项目 | 社会主义计划经济体制 | 社会主义市场经济体制 |
|---|---|---|
| 经济体制 | 国民经济计划管理制度 | 政企分开的现代企业制度 |
| 基本框架 | 多层次管理的国民经济计划体系,按劳分配制度 | 统一开放、竞争有序的市场体系,以间接手段为主的宏观调控体系,效率优先、兼顾公平的多元化收入分配制度和多层次社会保障制度 |
| 经济主体 | 各级政府 | 企业 |
| 国家计划的性质 | 指令性与执行性 | 预测性与指导性 |
| 管理模式 | 实行直接管理的国家所有制和利益格局一元化,政府通过计划指标指挥企业 | 实行一视同仁的宏观调控和利益格局多元化,政府不直接管理企业 |
| 社会资源配置方式 | 计划指标、行政分配、行政协调、计划价格 | 市场引导、供求调节、市场竞争、市场价格 |
| 社会资源所有制 | 以公有制为主 | 以公有制为主的混合所有制 |
| 社会资源分布去向 | 主要集中于国家和集体手中 | 主要分配于民间,但国家对财富有着绝对的控制力 |
| 政府与社会模式 | 大政府、小社会 | 小政府、大社会 |
| 政府职能 | 包揽一切、直接决策、高度集权 | 宏观调控、间接决策、协调仲裁、协调一致 |

① 陈东林:《三线建设:备战时期的西部开发》,中央党校出版社,2003 年,第 50 页。
② 吴次芳、潘永灿等:《国土规划的理论与方法》,科学出版社,2003 年,第 92 页。

续表

| 对比项目 | 社会主义计划经济体制 | 社会主义市场经济体制 |
|---|---|---|
| 规划人员在规划工作中的地位 | 主角地位,把强烈的整治参与作为加强自己发言权、介入决策过程的主要手段 | 配角地位,把公私协作和公众参与作为加强自己发言权、介入决策过程的主要手段 |
| 规划人员主要任务 | 落实政府决策,进行物质规划设计 | 进行政策分析,提供各种研究报告 |

注:根据陆大道、方创琳(陆大道1998,方创琳2000)等著作修改综合而成。

虽然我国目前还没有全国范围内的国土规划,但是在区域层次的各种类似的空间规划仍然带有一定的计划经济色彩,也不能完全适应市场经济要求。第一,我国国土规划针对更多的主体是区域,而落实的是区域内的地方政府,对企业的引导是通过地方政府来完成的。这与市场经济条件下国土规划落实以对企业和市场的引导为主不同。第二,由于我国的国土规划在建立之初就是设立在国家计划部门,是"五年计划"的一部分,所以计划性较强。而"十一五"规则之后,"计划"改为"规划",意味着原来指令性、执行性进一步减弱,预测性和指导性进一步增强,但是规划的内容、编制方法、思路等仍然没有根本转变,与原来的"计划"相似。第三,市场经济条件下,国土规划更重要的作用是对地方政府间关系的协调,是对市场经济的间接调控,而不是直接干预。但是由于地方政府的惯性思维,对于国土规划的认识仍然停留在原先的"优惠政策"上,认为一旦被国土规划定位重点开发区,就必然得到国家的重点支持,一旦得不到国家的政策倾斜,就不愿落实,造成国土规划在落实中扭曲。第四,我国国土规划虽然已经有了比较开放的编制程序,但是公众的参与度和关注度都不高,对于社会的影响力难以实现,使规划的意义大打折扣。

当前形势下,规划权力的地位和性质应该适应市场经济要求作出调整。第一,政府的规划权力与市场经济机制关系的界定。在市场经济条件下,政府以规划权力来引导市场资源,但是必须坚持市场机制的决定作用为前提。改革开放前"在计划经济体制下编制的国土(区域)规划,多属指令性,重视对具体建设项目的规划设想和布局方案的综合论证。对国土开发和整治的总体安排也多属静态的、刚性的规划"[①]。这是以政府垄断大部分社会资源为前提的,而在市

---

① 胡序威:《国土规划的性质及其新时期特点——在深圳市国土规划试点工作会议上的发言》,《经济地理》,2002年第6期。

场经济条件下,市场机制在资源配置中起到基础性作用,政府只能起到弥补"市场失灵"的作用,重点主要体现在生态产品和公共产品的提供上。第二,规划不是政府政策,但是对政策具有指引作用,可以对跨部门的行为进行整合和协调。政府政策往往伴随的是大量政府财政和放权,区域规划不能直接带来明显的经济效应,需要政府各部门出台相关配套政策来落实,但是区域规划对于各部门政策的指引作用突出。往往一个区域规划可以协调各部门不同的政策,实际上是一个政策组合,起到了整合和协调的作用。第三,规划权力从时间维度上面向未来政策,理顺将来出台的政策方向。"规划"是对将来政策的计划,规划的发布和出台,对于之前的政策影响不大,但是对之后将要出台政策方向具有引导作用。第四,中央出台的区域规划对地方政府具有约束性,以此来实现不同空间维度上的政策协调。国土开发与整治规划多是一些对区域发展的限制性政策,对于区域经济发展的限制构成了对当地政府相应经济权力的约束,实际上也造成了中央与地方权力关系的变动。

(二)缺乏统一的区域管理机构

区域管理应该由专门的机构负责,这是总结中华人民共和国成立以来国土开发与整治工作正反两个方面经验教训的基本结论之一。中华人民共和国成立初期,我国曾经设立了专门的区域管理机构和相关的工作机制,如国家建委专门设立了区域规划局,并发出《关于1956年开展区域规划工作的计划(草案)》和《区域规划编制暂行办法(草案)》等文件,针对综合发展工业的地区、修建大型水电站、重要的矿山地区三种地区,提出了有针对性的国土开发与整治的要求。这个历史时期,国土开发与整治工作都取得了较好的效果。但是这些机构和机制后来被取消,"1960年以后,都是按行政区划,自成体系,不抓这项工作了"①。结果国土规划工作基本处于停滞状态。改革开放以后,在国家计划委员会统一领导下,下设的国家土地管理局、国土规划司和国土规划研究所都是专门管理区域问题的部门。

1998年国务院政府改革之后,国土资源部成立,国家计划委员会仍然保留了部分区域管理职能,从而形成了我国后来国土开发与整治工作多头管理的基本格局。从形式上看,国家计划委员会(即国家发展和改革委员会)职责在于国家发展战略、区域规划、区域政策方面,偏向于宏观综合性协调工作;而国土资源部主要从技术角度和操作层面出发,负责针对耕地问题的土地利用规划、国

---

① 吕克白:《国土规划文稿》,中国计划出版社,1990年,第12页。

土专项规划等专业性较强的事务。全国性的国土规划作为既有战略性、技术性较强的事务,只单独依靠两个部门的其中一个都难以完成。这种情况下,下一步国土开发与整治工作应该在职责划分上更加清晰,或者由两个部门通过部际合作机制共同完成。

目前我国区域规划的部门之间存在职责重叠、交叉不清的问题,造成"政出多门",各个部门之间缺乏协调机制,制约了国土开发与整治工作的开展。国家计划委员会演变为国家发展和改革委员会,除了以前的地区经济司继承了国土开发与整治职能之外,发展规划司也承担了区域规划的编制工作,还有西部司、东北司等专为区域发展问题而设立的机构。作为综合性协调部门,国家发展改革委的相关部门不能执行相关规划,只能协调其他部委来推进规划,使区域问题更为复杂。首先,国家发改委与国土资源部、建设部两个部门的职能重叠问题严重,三个部门都有自己的空间规划,相互之间的目标、内容类似,三者之间规划权力协调困难。其次,对于区域政策执行密切相关的部门还有民政部、扶贫办、民族委员会等,一个区域政策的推出往往需要数个部门互相配合,但是这种配合协调机制没有建立起来,是区域规划工作效果不佳的重要原因。

(三)国家规划的地方落实问题凸显

计划经济时期,由于中央政府在整个政府体系中占据绝对控制地位,地方政府没有自主权,国土开发与整治工作只是中央对地方布置的"任务清单"和划定的"路线图",是中央落实各种项目的手段。在这种情况下,国土开发与整治工作基本上都是单纯强调促进性政策,基本没有限制性政策。改革开放之后,各地方政府担负起了促进地方经济发展的责任。这种情况下,各地方政府都在出台各种促进性政策,此外还通过推动中央政府出台各种"区域规划"的形式争取优惠政策。以前在国家选定的较少、较小的地区进行重点开发的方式彻底改变了,变成各地区"全面开花"的开发格局。在这种情况下,限制性政策的作用凸显,开始成为中央政府在国土开发与整治工作的方向和重点。但是这种限制性规划对地方经济发展的限制不符合地方政府的利益,对于这些限制性规划的执行成为国家规划落实的重要问题。

此外,地方政府对国家国土开发与整治工作越来越多的选择性执行行为也是需要注意的问题。选择性执行是指"在公共政策执行过程中,政策执行主体根据自身利益和价值观的需要以及对政策的片面理解,对政策原来的信息或是精神实质误解或部分内容有意曲解,导致政策无法真正得到贯彻落实,甚至收到与初衷相悖的绩效。"①随着地方利益的膨胀,地方政府在贯彻国家政策时不是从全局观念和全面意识出发,不是根据政策的本意,而是根据区域自身利益要求,对上级公共政策进行部分执行,符合地方利益的就执行,不符合地方利益的就不执行,都将会造成全局利益的损失。国土开发与整治工作中对区域开发秩序最有效的就是限制开发的部分,这种情况下,地方政府对这些政策执行积极性不强,会造成国家政策目标的落空。

从央地关系的角度分析,这是与我国改革开放后的地方分权密切相关的。改革开放后,随着我国"放权让利"的改革战略和"分灶吃饭"的财政体制的推行,央地关系从集权化走向分权化。地方政府的利益主体意识不断增强、利益主体地位不断强化,地方政府越来越成为地方区域内独立的具有经济发展目标和自我利益诉求的行为主体。这种情况下就出现了我国目前中央与地方关系的不规范行为,表现为"中央与地方之间的职责权限没有明确具体的划分,没有形成严肃的法律依据。重大项目投资上中央和地方的负担比例无规可循,任何一个项目都要经过一番讨价还价的博弈过程。地方政府超越权限擅自制定减免税收等优惠政策或其他'土政策'却没有法律约束,从而也不承担法律责任。中央政府制定要求地方执行的政策更多的不是通过立法途径而是通过文件、通知等行政命令的形式"②。这种现象的普遍存在是造成目前很多区域政策难以得到有效落实的重要原因。

(四)区域规划的编制、执行、监督过程不顺畅

从政策过程的角度分析,在区域规划问题上编制、执行、监督构成了一个政策链条,但是编制与执行相脱节、监督缺失问题严重。区域规划的编制由中央政府的国土资源部和发改委的相关部门完成,而区域规划的执行主体是各地方政府,而"条块"之间的割裂造成了区域规划的编制中不能照顾到执行中的困难,而执行中则从自身利益出发,没有严格按照规划编制执行。同时,我国区域规划监督缺失现象严重,"国家和省级规划主管部门实行规划监督管理的手段是很不完善的"③。

我国区域规划的编制与执行是相互脱节的。我国政府的重要特点在于职责同构,"在职责同构的政府组织原则下,中央是领导一切的,什么都要管,想管

---

① 邓晰隆、陈娟:《"公共政策选择性执行"问题及其对策研究》,《甘肃行政学院学报》,2006 年第 4 期。

② 张玉:《区域政策执行的制度分析与模式建构》,南开大学 2006 届博士毕业论文,第 241 页。

③ 王学锋:《对国家和省级政府加强规划监督管理的思考》,《规划师》,2004 年第 6 期。

什么就可以管到什么,然而中央政府缺少独立于地方政府之外的属于自己的执行系统,任何事情的办理都离不开地方政府,要靠地方政府去执行"①。在区域规划问题上就表现为中央政府拥有规划编制的权力,但是却没有自己的执行系统,只能依靠地方政府来执行。这与其他国家的区域政策是不同的。以美国的田纳西流域管理局为例,1933 年美国政府为了促进田纳西流域的开发,成立了田纳西流域管理局(Tennessee Valley Authority),该机构直接隶属于美国联邦政府,其权力在《田纳西河流域管理局法》中有明确规定。"该法的第四、五、九诸条中,明确授权 TVA 可以进行土地买卖;生产与销售化肥;输送与分销电力;植树造林等任务。"②在改革开放之前,通过地方政府执行的方式可以基本上完成区域规划的目标,但是在改革开放之后,地方政府在制定本地发展的有关政策上有了较大的自主权,难以保证地方政府的政策与国家政策保持完全一致。

　　我国区域规划的监督环节缺失也是长期存在的一个很大的问题。我国政府行为的监督机制包括内部监督和外部监督两个部分。内部监督也可以被称为行政监督,主要是上级政府对下级政府的监督。中央和地方各级人民政府都对其行政地域内的事务承担着不同的权力和义务,负有不同的责任。从行政隶属关系角度来说,下级政府的各种行政行为一般不应该与上级政府的规定相抵触。具体到区域规划问题上,下级政府的区域规划一般应该与上级政府规划的要求保持一致。所以,区域规划的监督管理,主要包括两个方面内容:一是保证本级政府制定的区域性规划的贯彻实施,二是对下级规划部门制定和实施城市规划的行政行为进行规范化的指导和监督。外部监督主要是发挥人大监督、新闻舆论监督、人民群众的监督力量,其中关键是要通过立法的方式使监督有法可依。具体到对区域规划的监督问题上,法律监督就是要通过立法的方式确立区域规划的地位,如果政府政策不符合区域规划的要求,同级人大或者人大常委会有权力审查并撤销。法律监督的方式将大大提高区域规划的权威性,但是目前由于各种原因暂时还没有实现。

---

①　周振超:《打破职责同构:条块关系变革的路径选择》,《中国行政管理》,2005 年第 9 期。

②　吕彤轩、丁化美:《田纳西河流域管理介绍》,《中国三峡建设》,2004 年第 5 期。

# 第三章

# 主体功能区规划基本情况的分析

## 第一节 主体功能区规划的提出

### 一、主体功能区规划提出的背景

#### (一)城镇化带来的空间格局变化

中华人民共和国成立至改革开放之前,中国实行了优先发展重工业的政策,人口向城镇转移受到限制,总体呈现为城镇化滞后于工业化的特征。"1949年我国工业净产值在国民收入中的比重为12.6%,城市人口占总人口的比重为10.6%,两者大体相当。1950年末,我国城市化水平曾达到19.7%,10年后又回落到12.5%。到1978年,工业在国内生产总值中的比重上升到44.3%,而城市人口的比重仅上升到17.9%,大大慢于工业化的进程。"[1]到2011年"中国城镇化率达到51.27%,这意味着13亿总人口中,城镇居民和农民各占一半"[2]。但是这一数字与发达国家仍然有较大差距。按照城镇化发展的一般规律,中国正处于快速城镇化阶段。2011年,我国在"十二五"规划中把"城镇化"作为区域发展的独立一章来加以强调,并明确提出,"坚持走中国特色城镇化道路,科学制定城镇化发展规划,促进城镇化健康发展"。这些都预示着我国将进一步推进城镇化发展。

我国城镇化趋势不可逆转,但是城镇化带来的空间格局变化,对当前的空

---

① 李清娟:《产业发展与城市化》,复旦大学出版社,2003年,第235页。

② "我国城镇化率超50%被指高估 体制成最大障碍",http://finance.sina.com.cn/china/20130218/132314572164.shtml。

间布局提出了挑战。首先,城镇化的过程中必然造成大量耕地被征用为建设用地和工业用地,耕地数量急剧下降,增加了保障粮食安全的压力。"全国耕地面积从1996年的19.51亿亩减少到2008年的18.26亿亩,人均耕地由1.59亩减少到1.37亩,逼近保障我国农产品供给安全的'红线'。"①其次,城镇化水平不断提高,意味着原先城市建设的空间规模不能满足要求。随着城镇化进程不断加快,农村人口大量涌入城市,既增加了扩大城市建设空间的要求,也使得大量农村居住用地处于闲置状态,优化城乡空间结构面临许多新课题。最后,城镇化意味着大量农村人口转移到城镇空间,但是目前我国城镇体系尚难以承载这些人口。现阶段我国进城务工但尚未完成城镇化的人口数量仍然庞大,这些人口必然随着农业现代化水平的提高转向城市。但是,我国目前的城镇体系和大、中、小城市体系布局不合理,大城市承载过度,中小城市分布不均衡,造成了我国城镇就业和居住容纳能力不足的矛盾。"一些地区不顾区域发展现实条件'遍地开花'式地建设工业开发区、园区,改变投资、产业和国内生产总值集聚的同时没有有效集聚人口,造成在资源、产业、人口空间布局上的失衡问题。"②数量庞大的待转移人口,需要各级各类城市发挥多元化的动力作用来疏解,也同样需要对国家整体的空间发展进行布局。

有学者认为,我国城镇化发展"速度快但质量不高"③,很多地区表面上实现了城镇化,但是实际上从空间角度还存在各种不合理的现象。第一,城镇空间结构不合理,空间利用效率低。由于地方政府"摊大饼式"的发展方式,目前城市化地区绿色生态空间减少过多,工矿建设占用空间偏多,开发区占地面积较多且过于分散,而且散布于各个县城,甚至乡镇,形成了"村村点火,户户冒烟"的混乱开发秩序。整体作为城镇化开发的建设空间单位面积的产出较低,城市和建制镇建成区空间利用效率不高。第二,城乡和区域发展格局不断变化,公共服务和生活条件差距不断拉大。人口分布与经济布局趋于失衡,劳动人口与赡养人口异地居住,城乡之间和不同区域之间的公共服务及人民生活水平的差距过大等问题不断暴露出来。

"城镇化应充分发挥各级各类城市的辐射带动作用,提高就业、定居承载能力,形成人居环境好、承载能力强、分工协调、联系便捷紧密,大中小城市及小城

---

① 国家发展和改革委员会编:《全国及各地区主体功能区规划》(上),人民出版社,2015年,第4页。

② 王利:《落实国家主体功能区战略　推进形成省域主体功能区》,《辽宁经济》,2011年第10期。

③ "中国'城镇化':速度是快是慢? 发展是否健康?",http://www.chinanews.com/gn/2012/05-23/3909744.shtml。

镇协调发展的城镇体系。"①必须从我国国土空间布局入手,构建一个合理的城镇化体系,才能满足我国城镇化的各方面要求。

(二)生态文明建设的要求

中国总体上看是一个资源并不富集、空间分布非常不平衡的国家,由于人口数量的快速增加,再加上粗放式的经济增长方式,使得其资源承载能力面临日益严峻的挑战。一方面,从人均角度来看各种资源稀缺,并且分布与经济活动、人口居住的空间分布不协调。另一方面,在致力于发展经济的同时,长期以来没有能够树立起可持续发展的理念,在调控经济活动时,没有确立空间均衡的原则,导致一些地区不顾本地资源环境承载能力,盲目发展,而发展超出其承载能力时,就出现缺电、缺水、缺地、致污、地质灾害、荒漠化等问题,经济增长受到资源环境承载力和区域自身发展能力的约束。

第一,我国自然资源条件的有限性。从资源总量上来看,我国在世界上属于资源大国,但是从人均资源量上来看,我国则属于资源贫国。以水资源和矿产资源为例。2006 年,我国水资源总量为 25330.1 亿立方米,排名世界第 6 位,而人均水资源量为 1932 立方米,为全球最缺水的 20 个国家之一。我国查明资源储量的矿产共 159 种,约占世界矿场总值的 14.64%,排名第 3 位,但是人均矿产拥有量只有世界人均的 58%,居世界第 53 位。② 这种情况下,有学者预计2020 年我国主要矿产品对国际市场将不断提高。如表 3 - 1 所示。

表 3 - 1　我国主要矿产品对国际市场的依赖程度将不断提高③

| 矿产名称 | 进口依存度(%) | | |
| --- | --- | --- | --- |
| | 2000 年 | 2010 年 | 2020 年预计 |
| 石油 | 31 | 41 | 58 |
| 铁 | 33 | 34 | 52 |
| 锰 | 16 | 31 | 38 |
| 铜 | 48 | 72 | 82 |

---

① 中国城市科学研究会等编:《中国城市规划发展报告》,中国建筑工业出版社,2011 年,第 15 页。
② 查明资源储量的矿产数据来源于国土资源部:2006 年中国国土资源公报,2007 年 6 月 26 日。矿产资源的排名来源于陈志、金碚等:《中国矿产资源存在着怎样的缺口?》,载《经济研究参考》,2007 年第 57 期。水资源的排名来源于水利部:《中国节水报告:数字解读中国水资源》,2008 年 1 月 28 日。
③ 王梦奎主编:《中国中长期发展的重要问题 2006—2020》,中国发展出版社,2005 年,第 22 页。

续表

| 矿产名称 | 进口依存度(%) | | |
|---|---|---|---|
| | 2000 年 | 2010 年 | 2020 年预计 |
| 铅 | 0 | 45 | 52 |
| 锌 | 0 | 53 | 69 |

第二，我国自然条件分布的不平衡性。我国资源分布广泛但不均衡，地域性特征突出。从耕地资源的分布来看，平原和盆地多而山区和丘陵地带少，东部多而西部少；水力资源主要分布在西南地区；煤炭资源主要存在于华北、西北地区；石油、天然气资源主要存在于东、中、西部地区和海域。但是，我国资源的消耗又大多数集中在东部沿海发达地区，所以造成了大规模、长距离的资源运输现象，比如北煤南运、北油南运、西气东输、西电东送等。

第三，当前我国经济粗放式增长带来的资源浪费、生态破坏、环境污染等问题都逐渐暴露出来，经济增长的可持续性问题严峻。一些区域产业发展超过了资源环境承载能力，导致生态环境恶化。推进工业建设和城市扩张的过程中，大量消耗资源和占用耕地，环境耗损和污染加剧，导致一些区域资源环境承载力快速下降。虽然我国后来也提出了各种环境保护、资源节约利用等方面的措施，但是"资源环境压力不断加大，包括随着经济总量扩大，能源、淡水、土地、矿产等战略性资源不足的矛盾尖锐，长期形成的高投入、高污染、低产出、低效益的状况没有根本改变，带来水质、大气、土壤等污染严重，生态环境问题突出。由于高耗能、高排放行业增长较快，节能准入和落后产能退出机制尚未完全建立，降低能耗物耗和减排形势严峻"[1]。

第四，我国区域政策和国土资源规划政策中对于生态问题关注不足。我国区域政策长期以来制定的出发点都是区域的协调发展，缺乏对于资源承载能力对区域发展的约束的关注。国土资源部成立，在职能上曾经明确了国土资源政策与生态问题的关系是："国土资源部要在保护生态环境的前提下，加强自然资源的保护与管理，尤其要加强耕地保护和土地管理，保障人民生活和国家现代化建设当前和长远的需要。"[2]也就是说，国土资源政策"保护生态环境"的目的

---

① 中国城市科学研究会等编：《中国城市规划发展报告》，中国建筑工业出版社，2011 年，第 21 页。

② 《国务院办公厅关于印发国土资源部职能配置内设机构和人员编制规定的通知》（国办发〔1998〕47 号），《湖南政报》，1998 年第 17 期。

是更好地"加强自然资源的保护和管理",其政策着眼点是"自然资源",同样没有把生态问题提高到应有的高度。

工业文明是以消耗自然资源和能源为基础、破坏生态平衡为前提,促进经济发展的方式。西方国家用了近三百年的时间才实现工业化,使 10 亿人口进入工业社会,可以说发达国家是实现了工业化、建成高度发达的工业文明之后,才提出建设生态文明问题,而我国则是"在建设工业文明的过程中就要正视建设生态文明问题"①。在这种情况下,我国必须在借鉴西方国家经验的基础上,在相关的政策领域进行创新,创立反映自身特色的政策体系。

(三)规范区域开发秩序的需要

改革开放以来,我国市场经济取得了巨大的成就,但是"行政区经济"现象严重,区域开发秩序不规范,也对我国政府宏观调控能力提出了挑战。在市场经济下如何对各种经济行为进行调控,尤其是对空间问题怎样调控、如何使用空间这一工具进行调控经济,成为一个亟待解决的问题。除此之外,市场经济也在不断从根本上解构了通过行政区组织经济的方式,使弱化、解决"行政区经济"的可能性大大增加。

第一,主体功能区规划适应了对空间治理的要求。改革开放以来,"在向市场经济体制转轨的过程中,区域规划编制所隐含的支配经济资源的控制力正逐渐削弱,但目前区域规划编制工作仍然没有摆脱计划经济体制背景下产生的自上而下的强制性方式和思维观念"②。多年来,我国财政基本建设支出占财政总支出的比重逐年下降,在未来的区域发展中市场的作用将变成主导,国家直接投资将进一步降低。有学者指出:"现在中央政府在调控区域发展状况、塑造区域发展格局方面的作用明显减弱了,地方政府的科学决策能力和管理水平、企业家的创新能力和企业持续发展的竞争力、区域发展的环境等因素构成了区域发展的活力,深刻影响着区域的发展状况。"③这种情况下,空间规划将取代直接投资、项目建设等传统计划经济手段,而成为我国区域开发调控的重要手段。

第二,主体功能区规划有利于实现区域间协调发展。做好主体功能区规划工作是促进区域协调发展的战略举措。主体功能区不再追求简单缩小区域差距的做法,而是根据自然条件适宜开发的理念,以适应我国国土类型复杂多样的实际。我国国土辽阔,但是真正可利用的地域相对有限,必须规范开发秩序,

---

① 刘铮:《生态文明与区域发展》,中国财政经济出版社,2011 年,总序第 13 页。
② 殷为华:《新区域主义理论——中国区域规划新视角》,东南大学出版社,2013 年,第 108 页。
③ 樊杰:《区域协调发展的理论与实践》,人民出版社,2012 年,第 13 页。

促进资源合理配置。推进形成主体功能区,在那些开发密度已经比较高、资源环境承载能力正在减弱的地区,实行优化开发,有利于提高经济发展的质量和效益;在那些资源环境条件比较好、发展潜力比较大的区域,实行重点开发,有利于逐步缩小区域发展差距;在那些重要生态功能区、生态环境比较脆弱的地区,通过限制开发或禁止开发,有利于促进环境保护和社会进步。

第三,主体功能区规划有利于实现中央对地方的分类管理。由于市场经济带来的地方分权化趋势,中央与地方、地方与地方之间的关系也将变得日趋复杂。在计划经济时代,地方政府只是被动地执行中央的指示,中央与地方、地方与地方的关系比较简单,也比较容易处理。然而现在地方政府不再是中央政府的"派出机构",不仅要贯彻落实中央的政策,而且要更多地关注本地民众的利益诉求,甚至还是地方各种资源的直接控制者,事实上代中央政府行使着"使用权"。与此同时,地方与地方之间的关系也不再是单纯的团结互助关系,而越来越呈现为"经济利益交换"关系。各地区由于受利益驱动和追求政绩的影响,不顾自身的资源环境承载能力和在全国经济社会发展格局中的分工定位,竞相制定不切实际的发展目标,不仅导致地方发展过程中的无序开发和恶性竞争,区域差距逐渐拉大。这种情况下,对地方进行分类管理的方式成为必然。

第四,主体功能区规划为"行政区经济"问题的解决提供了条件。行政区经济现象是指"由于行政区划对区域经济的刚性约束而产生的一种特殊区域经济现象,是我国区域经济由纵向运行系统向横向运行系统转变过程中出现的一种区域经济类型"[①]。实际上,我国 20 世纪 60 年代国土开发与整治工作的停滞就跟通过行政区开展经济工作有关。后来有相关官员曾经反思,"1960 年以后,都是按行政区划,自成体系,不抓这项工作(指国土开发与整治工作,引者注)了"。20 世纪 80 年代,我国国土规划的编制未能成功的一个重要原因是因为通过行政区组织经济的方式已经根深蒂固,使国土开发也必然以行政区为单位,必然造成对国土开发与整治工作的扭曲。而随着市场经济体制的完善,地方政府直接控制企业、控制资源的状况得到改善,传统意义上的行政区经济现象逐渐缓解,也就为国土开发与整治提供了条件。

(四)其他空间治理手段的局限性

我国曾经通过区域规划、划分经济区划、具体的土地利用总规划、城镇体系规划等方法来进行空间治理,但是都不能完全取代国土规划的地位。

---

① 　舒庆:《中国行政区经济与行政区划研究》,中国环境科学出版社,1995 年,第 26 ~ 35,37 ~ 50 页。

　　区域规划是最容易与国土规划相混淆的,20世纪90年代我国一度用区域规划取代了国土规划。区域规划是指对一定地域内国民经济的总体部署与综合规划,主要为国民经济中长期计划和具体计划与布局提供科学依据;国土规划是指对国土(陆、海、空)资源(自然、经济、社会)的开发和利用、治理与保护的全面规划。由于我国经济发展长期存在的"行政区经济"现象,单个行政区域的发展在行政区规划的指导下容易出现无序甚至混乱的状态,进而对相邻行政区的发展产生不利影响,导致行政区间的冲突,所以协调行政区关系一度成为最重要的区域关系。因而,需要区域规划来规范行政区的发展方式和发展目标,弥补市场缺陷,合理调整政府间的资源利用和税收分配关系,实现区域共同利益的最大化。但是,区域规划长于协调区域层面的行政区关系,却难于在全国范围内实现整体协调。而且,"现在的区域规划从内容上普遍存在'大同小异且大多面面俱到'等特点,加之由于对市场微观环境因素变化无法把握,使得区域规划不仅没有反映出地区发展的特色和优势,甚至助长了个别地区的非理性行为,进而造成了地区间产业结构趋同以及不合理的重复建设问题"①。

　　近年来,土地利用规划和城镇体系规划是地方政府非常重视的规划。土地利用规划是指各级国土资源部门本行政区域内,根据土地资源特点和社会经济发展要求,对今后一段时期内土地利用的总安排,是我国对土地用途管制制度的一部分,其重点是上级政府对区域内耕地总量的保护。"地方各级人民政府编制的土地利用总体规划中的建设用地总量不得超过上一级土地利用总体规划确定的控制指标,耕地保有量不得低于上级土地利用总体规划确定的控制指标。"②城镇体系规划是建设部门对城镇发展制定的规划,根据建设部发布的《城镇体系规划编制审批办法》,城镇规划负责制定区域城镇发展战略,预测城镇化水平,作为区域城镇体系规划布局的基础,并且强调城镇体系规划对城市总体规划的指导作用,后来在实际工作中又增加了生态环境规划、分区空间管制等内容。"原功能较单纯的城镇体系规划转向以城镇体系发展为主体,与相关要素进行空间综合协调的区域发展的空间规划,在较大程度上顶替了衰变前的国土区域规划。"③城镇体系规划的兴起不但不能取代国土规划的重要地位,相反更体现了我国国土规划的迫切性。

　　我国还曾经存在各种经济区划来实现区域的整合,经过六大经济协作区、

①　殷为华:《新区域主义理论——中国区域规划新视角》,东南大学出版社,2013年,第108页。
②　郑伟元:《国土规划编制为何滞后》,《中国土地科学》,2007年第12期。
③　胡序威:《我国区域规划的发展态势与面临问题》,《城市规划》,2002年第2期。

七大经济协作区等多种方案的演变,最终形成了"四大板块"的区域发展战略。但是区域发展战略把区域差异当作划分依据,而不是经济区内部的功能结构分异,在实践中难以操作,缺乏针对性。有学者进一步指出:"从政策平台来看,近年来我国按照东中西和东北四大板块实施了区域政策,区域调控的针对性有所增强。但作为政策单元,空间范围还是太大。推进形成主体功能区,在原有的以四大板块为平台的区域政策基础上,明确不同区域的主体功能,可以为各项政策提供一个统一公平的政策平台。将一些政策调整为以空间单元相对较小的主体功能区为政策单元,可以大大增强区域政策的针对性、有效性和公平性。"[①]

## 二、网络化过程:主体功能区规划的编制

改革开放以来,在市场经济的推动下我国不断推进决策的科学化和民主化进程,政府"已经不能维持单一中心决策,自上而下执行这样的传统模式,也不必然按照议程建立、方案拟议、然后决策和执行这样的线性进程来展开。毋宁说,它现在要变成多元、多维、多层的网络状结构,其中充满了复杂的策略互动"[②]。而主体功能区规划的编制过程就充分体现了这样一个特征。在编制过程中,可以大体分为思路酝酿、概念提出、研究深化、起草发布等四个阶段,但是在这些阶段中已经不是严格的中央政府编制、地方政府执行的过程,中央政府、地方政府、专家都在不同阶段通过不同方式起到了不同的作用,呈现为一种网络化的过程。

（一）思路酝酿

"主体功能区的构想最早是在2002年《关于规划体制改革若干问题的意见》提出的"[③]。这一文件提出了规划编制要确定空间平衡与协调原则,增强规划的空间指导和约束功能的设想。这一文件中提出的精神实际上强化了空间规划在整个规划体系中的地位,并提出了更多的要求,不仅应该在经济上促进增长,也应在管理上促进增长。这一思想是主体功能区规划的一个萌芽。

在编制"十一五"规划的过程中,主体功能区的思路才逐步清晰。2003年9月,时任国家发展改革委主任的马凯在全国"十一五"规划编制工作电视电话会

---

① 杨伟民:《解读全国主体功能区规划》,《中国投资》,2011年第4期。

② 郭巍青、涂锋:《重新建构政策过程:基于政策网络的视角》,《中山大学学报》(社会科学版),2009年第3期。

③ 杨伟民:《解读全国主体功能区规划》,《中国投资》,2011年第4期。

议上赋予了区域规划以往所不具有的含义,作为约束区域开发行为的"红线",这一思想实际上后来就逐渐演变为主体功能区规划。在会议上,他指出:"区域规划是战略性、空间性和有约束力的规划,不是纯粹的指导性和预测性规划。区域规划的作用是划定主要功能区的'红线',主要内容是把经济中心、城镇体系、产业聚集区、基础设施以及限制开发地区等落实到具体的地域空间,是编制市县规划、城市规划和其他规划的重要依据。编制区域规划,要着眼于打破地区行政分割,发挥各自优势,统筹重大基础设施、生产力布局和生态环境建设,提高区域的整体竞争能力"[①]。

随着这一思想的深化,2005 年国务院出台的《关于加强国民经济和社会发展规划编制工作的若干意见》对区域规划在规划体系中的地位做了进一步的说明。该文件对区域规划的要求是:"国家对经济社会发展联系紧密的地区、有较强辐射能力和带动作用的特大城市为依托的城市群地区、国家总体规划确定的重点开发或保护区域等,编制跨省(区、市)的区域规划。其主要内容包括:对人口、经济增长、资源环境承载能力进行预测和分析,对区域内各类经济社会发展功能区进行划分,提出规划实施的保障措施等。"这一表述进一步明确了区域的"功能"视角,增加了"资源环境承载能力"这一内涵,更加接近于主体功能区的概念,但是仍然没有与跨行政区的区域规划完全区分开来,这表明主体功能区规划和区域规划仍然没有完全区分开来。

在我国当前的复杂发展形势下,主体功能区规划的战略构想希望整合部门利益和地方利益,其提出者国家发展改革委扮演了"政策倡导家"的角色。"所谓政策倡导家,是指在官僚体系中竭力推动部门协调、信息传播和政策出台的积极活动者。"[②]根据第二章的分析,国家发展改革委不负责具体的经济职能,实际上是我国政府体系中的综合性经济协调部门,在主体功能区规划编制过程中起着主导和推动的作用。

(二)概念提出

主体功能区的概念首次明确提出是在"十一五"规划中。2006 年 3 月,国家"十一五"规划关于主体功能区的表述主要有三个方面。第一,用一整章的篇幅描述了主体功能区的主要思路。主要包括优化开发区、重点开发、限制开发区、禁止开发区的发展方向,分类管理的区域政策五个部分,初步界定了优

---

① 马凯:《用新的发展观编制"十一五"规划》,《中国经济导报》,2003 年 10 月 21 日。

② 薛澜、陈玲:《中国公共政策过程的研究:西方学者的视角及其启示》,《中国行政管理》,2005 年第 7 期。

化、重点、限制、禁止四类区域的标准和要求,勾勒出了主体功能区的雏形,尤其突出的是分类管理的区域政策(财政政策、投资政策、产业政策、土地政策、人口管理政策、绩效评价和政绩考核)几乎涵盖了在《全国主体功能区规划》中要求的所有保障措施。第二,"十一五"规划中也提出了规划的实施问题,强调"本规划提出的主体功能区划、保护生态环境、资源管理……等的要求,主要通过健全法律法规、加大执法力度等法律手段,并辅之以经济手段加以落实"。第三,在规划管理机制方面,"编制全国主体功能区划规划,明确主体功能区的范围、功能定位、发展方向和区域政策。强化区域规划工作,编制部分主体功能区的区域规划"。在这里,"十一五"规划把"主体功能区区划规划"放在了"区域规划"内涵之中,说明当时是把主体功能区规划完全作为区域规划的一部分来认识的。

除国家的"十一五"规划之外,某些省份也在地方"十一五"规划的起草过程中关注到了国家区域政策发展的"新动向",并在本省的文本起草中有所体现。如表 3 - 2 所示。

表 3 - 2 我国地域主体功能区实践概况①

| 行政层次 | 行政区名称 | 功能区划分 |
|---|---|---|
| 省/直辖市 | 北京 | 首都功能核心区、城市功能拓展区、城市发展新区、生态涵养发展区 |
| | 云南 | 优化开发区、重点开发区、限制开发区、禁止开发区 |
| | 甘肃 | 优化开发区域、重点开发区域、限制开发区域、禁止开发区域 |
| | 浙江 | 优化开发区域、重点开发区域、限制开发区域、禁止开发区域 |
| | 江苏 | 优化开发区、重点开发区、灰色开发区、禁止开发区 |
| | 黑龙江 | 哈大齐工业走廊、东部煤电化基地、大小兴安岭生态功能区和生态经济区、沿边开放带 |
| | 湖北 | 重点开发区域、限制开发区域、禁止开发区域 |

---

① 朱传耿等著:《地域主体功能区划——理论·方法·实证》,科学出版社,2007 年,第 24 页。

| 行政层次 | 行政区名称 | 功能区划分 |
|---|---|---|
| 地级市域 | 广州市 | 调整优化区域、重点开发区域、适度开发区域、严格控制区域 |
| | 南昌市 | 优化提升区、主体功能区、一般开发拓展区、资源生态保护区域 |
| | 深圳市 | 重点开发区、改造提升区、生态保护区 |
| | 大连市 | 优化开发地区、重点开发地区、限制开发地区、禁止开发地区 |
| | 徐州市 | 优先开发区、重点开发区、适度开发区、适宜开发区、农业发展区、生态控制区 |
| | 成都市 | 服务业优先发展区、新型工业重点开发区、特色产业发展区、生态保护区 |
| 地级市区 | 攀枝花市 | 核心经济区、重点开发区、生态经济区、生态保护区 |
| | 南京市 | 优化提升区域、重点开发区域、生态保护区域 |
| | 盐城市 | 西部生态发展区、中部农业发展区、城郊都市发展区、主城优化发展区 |
| 县域 | 仪征市 | 优化开发区、重点开发区、限制开发区、禁止开发区 |
| | 新沂市 | 重点开发区、适度开发区、适宜开发区、农业发展区、控制开发区 |

资料来源:根据相关省市"十一五"规划网络材料整理。

全国"十一五"规划与地方"十一五"规划几乎是同时编制的,并明确提出主体功能区的概念,2006年3月发布的全国"十一五"规划在全国范围内最具有权威性,而大多数省份的"十一五"规划虽然在编制时没有确定的概念(有些省份用的是"功能区"的概念),但是也已经尝试着按照主体功能区的基本思路和理念根据各地情况提出了类似概念。而这些尝试很多都影响到了各省的主体功能区规划,比如北京市各类主体功能区的划分与后来的全国规划不一致,但是与这时期自己划分的功能区一致,当然也有不少省区的尝试没有与后来的全国规划不一致,比如云南和甘肃当时也划了优化开发区,而事实上后来编制全国规划并没有在这些省份划分优化开发区。由此可见,"主体功能区"概念并不是一个既定的成熟的"概念",刚一提出各级政府对其理解并不一致,虽然基本理念差别不大,但是具体问题上存在各种各样的理解。当然,其中最终起主导作用的是全国"十一五"规划。在全国"十一五"规划正式通过并发布之后,主体功能区的概念、理念和内容就统一起来了。

(三)研究深化

"主体功能区"概念提出后,主体功能区规划的编制正式被提上议程。2006年10月,国务院办公厅下发的《关于开展全国主体功能区规划编制工作的通知》中,指出编制全国主体功能区规划是"十一五"规划中的一项新举措,涉及各地区自然条件、资源环境状况和经济社会发展水平,涉及全国人口分布、国土利用和城镇化格局,涉及国家区域协调发展布局,并进一步明确主体功能区规划编制工作的主要任务是提出全国主体功能区划基本思路,制定编制全国主体功能区规划的指导意见,要求在 2007 年底前编制完成《全国主体功能区规划(草案)》。

官方的主体功能区相关研究工作由国家发改委规划司牵头,国务院发展研究中心、国家发改委下属的宏观经济研究院国土开发与地区经济研究所、中国科学院地理研究所、清华大学等政府研究部门、事业单位、高校专家都参与其中。为了弥补国家在规划数据方面的欠缺等问题,国家发改委在东、中、西和东北等区域选取了 8 个试点省自治区(江苏、浙江、湖北、河南、云南、重庆、新疆、辽宁)进行分区研究,在此过程中地方上的各科学院、高校等研究机构也参与进来。

除此之外,在官方研究之外的很多学者也以个人身份参与到主体功能区相关研究中来。其中中国社会科学院刘勇、魏后凯等学者对主体功能区规划持审慎的态度,甚至参与官方研究的国家发改委宏观经济研究院的肖金成等学者也表示"接到课题的专家都很头疼,现在大家的研究都有些茫然感觉无从下手"[1]。中国人民大学区域与城市研究所、四川大学经济学院、徐州师范大学城市与环境学院、华中师范大学城市与环境科学学院等的高校学者从操作层面开始研究主体功能区规划的编制、实施机制等问题。

从涉及的范围来看,关于主体功能区的研究已经突破了区域经济的范畴,而向经济研究和地理研究并重发展,而且也不是单纯官方的研究,在政策形成之前,民间的研究已经通过不同方式、不同程度地影响了这一政策的形成。"经过国家发改委宏观研究员国土地区所课题组、中国科学院地理研究所课题组和试点省份的研究,至 2007 年 1 月 12 日,中国科学院主体功能区规划研究课题组提出了全国划分主体功能区的综合指标体系。"[2]这标志着主体功能区编制的研究工作告一段落,为正式的文本起草准备工作奠定了基础。

(四)起草发布

2007 年 7 月 26 日,国务院发布了《国务院关于编制主体功能区规划的意见》。文件根据《中华人民共和国国民经济和社会发展第十一个五年规划纲要》

---

① 郭大鹏、杨伟民:《"以人为本"的现代化》,《中国企业家》,2006 年第 14 期。
② 马海霞等著:《新疆主体功能区划与建设研究》,中国经济出版社,2012 年,第 15 页。

精神,要求全国主体功能区规划要按国家和省级两个层次编制。相应地,省级主体功能区规划应当由各省级人民政府组织相关地方政府编制,规划期与全国规划一致,为 2020 年。2007 年,部分省级主体功能区规划开展基础研究工作,并与国家级主体功能区和相关省级主体功能区规划开始进行衔接。2008 年 11 月形成规划送审稿,经专家论证后报省(自治区、直辖市)人民政府审议。随后,国家和省的规划起草工作正式开始。

根据《国务院关于编制主体功能区规划的意见》的要求,国家发改委开展了规划编制工作,至 2008 年 2 月基本定稿。在这一草稿中,两级规划、四大格局、三大战略、以县为基本单位等原则初步确定,"在经过国家发改委办公会讨论以后,又开了一次地方会征求意见,《规划》基本得到了认可"[1]。与此同时,地方各省的规划起草工业也逐步开展。以福建省为例,省的起草工作分为全面部署、基础研究、专题研究、起草编制、规划衔接、修改完善、提交审议等阶段。当时国家及部分省主体功能区规划计划完成的时间如表 3 - 3 所示。但是实际上由于在地方进行区划划分过程中的技术操作、利益博弈等各方面原因,国家规划和地方规划都没有按期完成。

表 3 - 3  国家及部分省份主体功能区规划完成情况

| 国家及地方主体功能区规划 | 编制通知下发时间 | 计划完成时间 | 实际完成时间 |
| --- | --- | --- | --- |
| 《全国主体功能区规划》 | 2006 年 10 月 | 2007 年 12 月 | 2010 年 12 月 |
| 《河南省主体功能区规划》 | 2006 年 12 月 | 2007 年 12 月 | 2014 年 01 月 |
| 《湖北省主体功能区规划》 | 2007 年 01 月 | 2007 年 11 月 | 2012 年 12 月 |
| 《吉林省主体功能区规划》 | 2007 年 01 月 | 2008 年 12 月 | 2013 年 09 月 |
| 《四川省主体功能区规划》 | 2007 年 03 月 | 2008 年 06 月 | 2013 年 04 月 |
| 《福建省主体功能区规划》 | 2007 年 08 月 | 2008 年 11 月 | 2012 年 12 月 |
| 《山东省主体功能区规划》 | 2007 年 09 月 | 2008 年 06 月 | 2013 年 02 月 |
| 《海南省主体功能区规划》 | 2007 年 09 月 | 2008 年 11 月 | 2013 年 12 月 |
| 《山西省主体功能区规划》 | 2007 年 09 月 | 2008 年 11 月 | 2014 年 04 月 |
| 《黑龙江省主体功能区规划》 | 2007 年 11 月 | 2008 年 12 月 | 2012 年 04 月 |

注:根据网络材料编制。

---

[1]  杨伟民:《解读全国主体功能区规划》,《中国投资》,2011 年第 4 期。

由于主体功能区对不同区域的发展方向、政策和绩效评价具有很大影响，各省市认识到"国家级主体功能区在省（市）区的布局情况，关系到一个省（市）区在国家区域发展总体战略中的地位，对于一个省（市）区的长远发展具有重大战略意义。正因如此，各省（市）区都在积极争取国家级主体功能区布落在本省（市区）"①。由此，各省市实际上在国家级优化开发、重点开发、限制开发、禁止开发区域的划定上展开了各种竞争。尤其是其中的重点开发区，各省市的积极竞争甚至最后影响了国家的战略布局，有官员直接指出，"确立重点开发区域就比较踊跃，大家都想争重点，所以现在基本变成一个省一个重点开发区域，数量增加了很多"②。经过数年的努力，《全国主体功能区规划》最终在 2010 年 12 月定稿并下发到各级政府，并在 2011 年 6 月 8 日通过新闻发布会的形式向社会发布。

### 三、主体功能区地位不断提升

"十一五"规划提出后，在历次党的会议、国务院文件中，主体功能区的地位不断被提升，其内涵也不断被丰富。虽然主体功能区的区划、规划、战略、生态文明视角、制度等层面逐步提出，但是由于主体功能区最基本的内容在规划中得到最充分的体现，所以为了研究方便仍然把主体功能区规划作为一般表述。

（一）作为区划的主体功能区

2007 年 10 月，党的十七大报告中在第四部分"实现全面建设小康社会奋斗目标的新要求"中要求，"增强发展协调性，努力实现经济又好又快发展"。具体要求之一就是"城乡、区域协调互动发展机制和主体功能区布局基本形成"。第五部分"促进国民经济又好又快发展"，"（五）推动区域协调发展，优化国土开发格局"，提出要"加强国土规划，按照形成主体功能区的要求，完善区域政策，调整经济布局"。"（七）深化财税、金融等体制改革，完善宏观调控体系。围绕推进基本公共服务均等化和主体功能区建设，完善公共财政体系。"③

从以上的表述来看，主体功能区是一种实现区域协调发展的经济布局，也是一种典型的开发管制区。这与以前的区域和经济区划既具有内在的关联性，也从引导和控制区域开发建设角度有了新的发展。我国通过经济区划来调节

---

① 程必定：《按主体功能区思路完善我省区域发展总体战略的探讨》，《江淮论坛》，2008 年第 4 期。

② 杨伟民：《解读全国主体功能规划》，《中国投资》，2011 年第 4 期。

③ 胡锦涛：《在中国共产党第十七次全国代表大会上的报告》，新华网，http://news. xinhuanet. com/newscenter/2007－10/24/content_6938568. htm。

经济的方式是借鉴了苏联经济学家科洛索夫斯基的地域生产综合体理论逐渐形成的一贯做法,①根据中国自身的国情,跨行政区调节的思想也贯穿其中,形成了以省为单位,以促进经济发展为导向,主要针对问题区域的区域调节方式(中华人民共和国成立以来中国经济区划类型如表3－4所示)。传统经济区划服从经济建设的需要,忽视了环境的制约因素,而主体功能区则从统筹和协调经济发展和环境之间的关系出发,以县为基本行政单位,根据资源环境承载能力、现有开发密度和发展潜力,统筹考虑未来我国人口分布、经济布局、国土利用和城镇化布局而对全部国土空间的划分。

表3－4　中国经济区划类型②

| 类型 | 原则 | 举例 |
| --- | --- | --- |
| 经济地带 | 形态相对一致性 | (1)"一五""二五""五五""六五""八五"时期将全国划分为沿海与内地<br>(2)"七五""九五""十五"时期东中西三大地带的划分<br>(3)"十一五"时期"四大板块"的划分 |
| 经济协作区 | 潜在/现实的产业经济互补联系 | (1)1949—1954年的六大行政区<br>(2)1958—1961年的七大经济协作区<br>(3)1961—1964年的六大经济协作区<br>(4)1970—1978年的十大区<br>(5)1978年提出的六大区 |
| 城市经济带 | 经济联系 | "十一五"时期规划的京津冀都市圈、长三角地区等 |
| 开发管制区 | 相对环境可持续性 | "十一五"规划提出的优化开发、重点开发、限制开发和禁止开发四类主体功能区 |

与其他经济区划相比,主体功能区是一种划分更细致、考虑因素更全面、全局性的区划。首先,主体功能区以县级行政单位为基本划分单元,比我国以前所有的经济区划都更为细致。我国曾经多次对全国国土范围进行经济区划划分,但是划分面积都较大,全国曾经划分为两个(沿海与内地)、三个(东、中、西三大地带)、四个(东、中、西、东北四大板块)、六个(东北、华北、中南、华东等)等经济区划。经济区划划分范围大,就会造成政策针对性较差、政策力度分散

---

① 陆大道等:《中国工业布局的理论与实践》,科学出版社,1990年,第44页。

② 杨开忠:《改革开放以来中国区域发展的理论与实践》,科学出版社,2010年,第141页。

等问题,制约了区域政策的实施效果。而主体功能区以县级行政单位,就可以把全国划分为 2000 个以上的区划,增长了区域政策的适用性,有利于提高区域政策的针对性。第二,长期以来,我国在经济建设中基本考虑的因素是经济布局和经济建设的条件,缺乏对资源承载力问题的关注,在经济区划上也没有体现出生态环境的因素。主体功能区考虑的因素则扩展到了自然条件和资源承载力,内涵比较丰富,考虑因素较多。第三,主体功能区的全局性体现在范围的全覆盖和政策的全面性。同为对国土面积全覆盖的区域发展总体战略,虽然也表现为"四大板块"的划分,但是不同的板块划分出现在不同的时期,造成政策目标不同、针对性较差的问题。主体功能区是对全国国土范围的划分,一次就覆盖了所有的国土面积,这种划分方式避免了不同历史时期进行不同划分的弊端。同时主体功能区的相关政策是互相配套的,具有全面性的特点,避免了区域间"政策攀比"现象。

(二)作为规划的主体功能区

2010 年 12 月,《全国主体功能区规划》编制完成,标志着主体功能区作为一个空间规划的正式形成。

通过规划来实现国土开发和整治是我国的历史经验。20 世纪 80 年代长期主持国土开发与整治工作的吕克白先生曾经指出,国土开发与整治工作"只有抓规划才是抓住了'龙头'"。目前,主持主体功能区规划推进工作的是国家发改委的地区经济司,其前身就是专门负责国土开发规划工作的国家计划委员会国土地区司。[1] 这一部门长期以来都是以推动实施国家制定的区域规划为职能,主体功能区规划的推进实施正是由这一部门负责。[2]

主体功能区规划实际上遵循了国际上各国国土规划通行的"反规划"理念。"反规划"的理念是指"不根据战略目标进行分解,而是根据未来能使用的资源进行编制,依据能使用的资源和优化使用的原则,对未来生产力目标进行测定。"[3]主体功能区规划中提出了六个开发理念,其中最重要的三个(根据自然条件适宜性开发的理念、根据资源环境承载能力开发的理念、控制开发强度的理念)都是"反规划"理念的体现。

---

① 武廷海:《中国近现代区域规划》,清华大学出版社,2006 年,第 121 页。

② 《中华人民共和国国务院发展改革委员会地区经济司具体职责》,中华人民共和国国家发展改革委员会地区经济司,http://dqs.ndrc.gov.cn/jgsz/default.html。

③ 《"反规划"优化国土空间开发格局的利器——聚焦我国全国国土规划制定之路》,《国土资源》,2012 年第 12 期。

主体功能区规划作为一个重要的空间规划,"是我国在充分考虑区域协调发展实际并广泛借鉴国外空间规划经验后进行的创新,……在规划目标、任务、内容以及实施等方面都与国土规划存在一定的交叉和重复"①,实际上在我国国土规划缺位的情况下,一定程度上扮演了国土规划的角色,是我国目前承担国土开发与整治职能的规划。

(三)作为战略的主体功能区

2011年3月,"十二五"规划纲要中继续强调了主体功能区问题,并且上升到了"战略"高度,这主要是与区域发展总体战略协调的需要。在"十二五"规划中,我国区域发展格局的目标变为,"实施区域发展总体战略和主体功能区战略,构筑区域经济优势互补、主体功能定位清晰、国土空间高效利用、人与自然和谐相处"②。这一提升主要是针对主体功能区规划与现行其他区域政策之间的关系而作出的调整。

"战略"这一概念首先作为一个学术概念被用于军事研究领域,经济社会上的"发展战略"则是二战之后世界各国社会、政治、经济发展历史的产物。1958年发展经济学家赫希曼发表的同名著作中首先提出了"经济发展战略"(The Strategy of Economic Development),赫希曼首次从"战略"意义上正面研究了发展中国家的经济发展问题,使"经济发展战略"一时间成为专指发展中国家由落后经济过渡到现代经济的战略部署的专用名词,进而成为发展经济学研究的重要内容之一。1981年,我国经济学家于光远结合我国政策研究实际提出"经济和社会发展战略一般是根据全局性质的具体情况,在一个较长时期内所采取的发展道路或发展方向"③。根据学者研究,发展战略应该具有全局性、长期性、统帅性等特征。④

"主体功能区战略"这一提法表明我国政府赋予了其发展战略的定位,表明主体功能区在我国的区域政策体系中应该具有以下三个特征。首先,主体功能区战略具有全局性。主体功能区战略是关于区域发展的总方向、大趋势和若干重大方面的总体部署,它把一定区域内的社会经济活动作为一个整体进行通盘考虑,以协调全局利益关系,维护公共和长远利益为出发点和落脚点的。其次,

---

①　刘新卫:《开展国土规划促进主体功能区形成》,《国土资源情报》,2008年第6期。

②　《"十二五"规划》(全文),中国网,http://www.china.com.cn/policy/txt/2011 - 03/16/content_22156007_3.htm。

③　于光远:《战略学与地区战略》,陕西人民出版社,1984年,第13页。

④　陶春、张勇:《经济社会发展战略:概念的分析与界定》,《北京行政学院学报》,2011年第1期。

主体功能区战略具有长期性。主体功能区战略是关于我国区域发展的最高层次的预期选择和带有根本性的部署安排,具有长远的指导意义,是制定中长期规划的指导原则和基本依据,因而具有长期性的特征。最后,主体功能区战略具有统帅性。主体功能区战略是我国政府根据当前形势选择的重要政策方向,需要其他各部门、各级政府共同努力实现,对相关企业、个人行为也具有引导作用,具有综合统帅作用。

我国现行其他区域政策可以分为几个重要部分,首先位阶最高的具有指导意义的是区域发展总体战略,其他还有支持老少边穷地区的政策、自然保护区政策、区域规划等。主体功能区规划作为战略性、基础性、约束性的规划,是其他区域政策制定的依据,可以对具体的区域政策构成约束,但是与区域发展总体战略的关系却难以处理。两者都是覆盖全部国土的长期性区域发展安排,前者是对区域发展的约束,而后者是对区域发展的促进,如果不能有效衔接,可能造成地方对区域政策的选择,从而使调控目标落空。[①]

2010年的《全国主体功能区规划》提到了主体功能区规划与区域发展总体战略的关系,"推进形成主体功能区是为了落实好区域发展总体战略,深化细化区域政策,更有力地支持区域协调发展。把环渤海、长江三角洲、珠江三角洲地区确定为优化开发区域,就是要促进这类人口密集、开发强度高、资源环境负荷过重的区域,率先转变经济发展方式,促进产业转移,从而也可以为中西部地区腾出更多发展空间。把中西部地区一些资源环境承载能力较强、集聚人口和经济条件较好的区域确定为重点开发区域,是为了引导生产要素向这类区域集中,促进工业化城镇化,加快经济发展"[②]。但是,规划中明确表述并不意味着主体功能区规划与区域发展总体战略的关系就可以处理好。究其原因就是主体功能区规划本身编制的本意就是为区域开发确立"红线",但是在实践中其位阶难以与区域发展总体战略相比,就无法对区域发展总体战略指导下的各种开发行为构成约束,最终将使主体功能区规划无法起到原来的限制区域开发,建构开发秩序的作用。

而"十二五"规划中把主体功能区战略提升为与区域发展总体战略并列的两大战略,就使得主体功能区规划能够对区域发展战略起到规范作用,从而实现其他空间规划、开发行为都起到约束性。实际上,目前区域发展战略中已经

---

① 国务院发展研究中心课题组:《主体功能区形成机制和分类管理政策研究》,中国发展出版社,2008年,第146页。

② 国家发展和改革委员会编:《全国及各地区主体功能区规划》(上),人民出版社,2015年,第9页。

大量吸收了主体功能区规划的内容,比如全国范围内重要城市圈的确定,东、中、西、东北四大板块部分细化政策等,从而使两大战略间的关系更趋于协调。

（四）作为制度的主体功能区

2013年,党的十八届三中全会报告在"加快生态文明制度建设"中提出:"划定生态保护红线。坚定不移实施主体功能区制度,建立国土空间开发保护制度,严格按照主体功能区定位推动发展,建立国家公园体制。"主体功能区已经从区划、规划、战略更进一步上升到了"制度"的高度。主体功能区制度有以下三个方面意义。

首先,主体功能区制度的提法表明主体功能区地位进一步提高。关于制度,邓小平曾经指出,"制度问题更带有根本性、全局性、稳定性、长期性"①。把主体功能区规划提高到制度的层次,实际上表明我国政府把主体功能区放在了一个更加重要的地位,是对主体功能区地位的又一次提升。

其次,增强制度刚性、赋予相应法律地位是主体功能区规划推进的新要求。"规划规划,墙上挂挂,纸上画画,不如市长一句话"是对我国各种规划尴尬境地的反映。主体功能区规划应当制度化就意味着规划必须"落地",这样才能起到"生态保护红线"的作用。从现在的发展趋势来看,主体功能区规划应当具有相应的法律地位,通过代议机关的权威来保障各部门及地方政府都能够在实际工作中受到约束。

最后,主体功能区规划的编制和推进将实现常态化。主体功能区规划是我国政府吸取国内外空间治理的经验教训,独创的一个规划形式。刚刚制订时,就有很多专家持怀疑态度,还有更多的部门和省份持"观望"态度。这些态度都不利于主体功能区的推动和落实,而把主体功能区作为制度来抓,就意味着这一工作将实现常态化,不但会在规划期内加大推动力度,而且很有可能要在规划期满后继续编制。这一提法有利于地方政府放弃机会主义行为,认真贯彻落实主体功能区规划要求。

（五）主体功能区的生态文明转向

"生态文明建设"(Ecological Civilization)是党的"十七大"报告中提出的重要概念。党的十七大报告指出:"建设生态文明,基本形成节约能源资源和保护生态环境的产业结构、增长方式、消费模式。循环经济形成较大规模,可再生能源比重显著上升。主要污染物排放得到控制,生态环境质量明显改善。生态文

---

① 《邓小平文选》(第二卷),人民出版社,1994年,第333页。

明观念在全社会牢固树立。"①由此,国内区域学者认为生态文明的概念与国外"生态现代化"的概念十分类似,主要内涵应该是"环境生产率与劳动生产率和资本生产率一样成为增长和发展的源泉,基于文明的利己主义,经济和生态可以有机地结合起来"②。但是当时无论从领导人、各研究机构、党的文件中都是从区域经济的角度来认识主体功能区问题的。较早从生态文明视角分析主体功能区的学者认为:"主体功能区规划与生态文明建设有着共同的基础,即实现科学发展并促进社会和谐。主体功能区规划是实现生态文明的工具,而生态文明是主体功能区所要实现的目标。"③

2012年11月,党的十八大报告将生态文明建设与经济建设、政治建设、文化建设、社会建设并列,首次提出了"五位一体"地建设中国特色社会主义,把生态文明提高到了前所未有的地位,表明"执政党将生态环境保护上升到国家意志的战略高度"④,并将生态环境保护融入经济社会发展的全局中。与此同时,主体功能区"首次把'国土'作为生态文明建设的空间载体,把'优化国土空间开发格局'作为生态文明建设的首要任务"⑤。

实际上,保护生态环境,协调资源、环境与发展的关系是区域规划、国土规划的应有之意。长期以来,我国在国土规划、区域规划问题上都将经济增长作为首要目标。这对促进资源开发和人民生活水平的提高起到了积极作用,但是也造成了严重的生态问题。主体功能区的形成可以有效协调资源、环境、人口和经济之间的关系。主要体现在以下三个方面:第一,主体功能区划分的根据不再是行政或者经济的需要,而是根据不同区域的资源环境承载能力、现有开发密度和发展潜力。通过这些因素转化的指标来统筹谋划未来经济布局、人口分布、国土利用和城镇化格局,从而将国土空间划分为四类主体功能区(优化、重点、限制和禁止),逐步形成资源、环境、人口、经济相协调的空间开发格局。第二,主体功能区通过各类区域的分工协作、资源流动,促进符合生态文明要求的空间开发格局的形成。优化开发区向重点开发区转移产业,减轻了优化开发区的人口、资源大规模跨区域流动和生态环境压力;重点开发区促进产业集群

①　胡锦涛:《在中国共产党第十七次全国代表大会上的报告》,新华网,http://news.xinhuanet.com/newscenter/2007-10/24/content_6938568.htm。

②　杨开忠:《改革开放以来中国区域发展的理论与实践》,科学出版社,2010年,第14页。

③　张可云:《主体功能区与生态文明》,《人民论坛》,2008年第2期。

④　《"五位一体"进入十八大报告 生态文明建设受重视》,搜狐网,http://news.sohu.com/20121112/n357296703.shtml。

⑤　樊杰:《主体功能区战略与优化国土空间开发格局》,《中国科学院院刊》,2013年第2期。

发展,增强承接限制开发和禁止开发区域超载人口的能力;限制开发、禁止开发区域通过生态建设和环境保护,提高生态环境承载能力,逐步成为全国或区域性的生态屏障和自然文化保护区域。第三,各主体功能区实际上都有一定的生态功能。优化和重点开发区域的主体功能是集聚经济和人口,但其中也有生态空间、农业空间等;限制开发区域、禁止开发区在生态和资源环境可承受的范围内,也可以发展特色农业,适度开发矿产资源,但是主体功能是保护生态环境。

## 第二节    主体功能区规划的主要内容

### 一、主体功能区的基本内涵

"主体功能区"这一概念是我国政府的独创,在官方文件中没有给予定义,而学者对于主体功能区的研究也没有形成权威的论述。根据国家文件和学者的相关研究,主体功能区是根据区域发展基础、资源环境承载能力和在不同层次区域中的战略地位等,对区域发展理念、方向和模式加以确定的类型区。主体功能区的类型、边界和范围在较长时期内应保持稳定,随着区域发展基础、资源环境承载能力和在不同层次区域中的战略地位等因素可以发生变化而调整。理解主体功能区的基本内涵和特点,需要注意以下两个方面。

(一)主体功能区是类型区

从学术研究的角度讲,功能区是一个区域经济学的概念,在实践中常常被用在城市规划上。区域通常可以分成两种不同的类型:一是同质区,也叫类型区。二是极化区,也叫集聚区、结节区、功能区。同质区是根据区内某些重要因素特征上的一致性或相似性进行划分的。例如我国划分的四大板块,就是根据经济技术水平的相似性来划分的。一般认为:"这种方法所强调的是某种要素的静态的一致性或相似性,反映的是均质的平面状态,而不是一种结构状态,因而它不能反映出区内经济活动的联系性和内聚力。正因为这样,它忽略或不予考虑组织区内经济活动和区际间经济联系的核心的存在以及核心的不可缺少和不可替代的作用。"①极化区则是由若干异质部分构成的、在功能上联系很紧密的区域。这种区域是以基于某种区域的共同利益和集团意识所形成的内聚力为基础而形成,这种区域的划分依据主要是组成极化区各部分(或部门)之间

---

① 郝寿义、安虎森:《区域经济学(第二版)》,经济科学出版社,2004年,第6页。

在经济上的相互依存程度,因此它强调的是区域内事物的相互联系性和内聚力,它反映的是一种结构。最典型的例子就是由中心城市、卫星城市、乡村地区共同构成的城市圈。

很明显,官方提出的主体功能区与学术上讲的功能区内涵差别很大。两者的区别如表3-5所示。张可云[1]、陈耀[2]、魏后凯[3]等区域经济学家都在不同的场合指出,主体功能区不是"功能区",而是"类型区"。参与规划起草的专家为了能够保留功能区的提法,又避免与学术概念相矛盾,在概念表述上把两者结合了起来。"主体功能区不同于一般功能区,如工业区、农业区、商业区等,也不同于一些特殊功能区,如自然保护区、防洪泄洪区、各类开发区等,是超越一般功能和特殊功能基础之上的功能定位,但又不排斥一般功能和特殊功能的存在和发挥。"[4]

表3-5 主体功能区与一般意义功能区的区别[5]

| | 功能区 | 主体功能区 |
|---|---|---|
| 划分依据 | 一定时期内,经济、社会、环境发展中的某些临时性需求 | 资源环境承载能力、开发密度、开发潜力 |
| 划分目标 | 解决特定问题,实现特定目标 | 实现经济社会发展和资源环境承载力的协调 |
| 承担的功能 | 承担某一项功能,或者某几项功能 | 承担某类主体功能 |
| 实现功能的政策保障 | 需要的手段相对较单一,该功能是部分区域政策的焦点 | 需要综合运用经济发展、人口转移、财政转移支付等手段,该主体功能是所有区域政策的焦点 |
| 实现功能所涉及的区域 | 功能的实现主要依靠单独的区域 | 主体功能的实现有赖于各主体功能区通力合作 |
| 特点 | 缺乏对国民经济社会进行的前瞻性、系统性思考 | 要求对国民经济社会进行前瞻性、系统性思考 |

---

① 张可云、刘琼:《主体功能区规划实施面临的挑战与政策问题探讨》,《现代城市研究》,2012年第6期。

② 陈耀:《"无序开发"的终结者——关于主体功能区的答问》,《人民论坛》,2008年第2期。

③ 魏后凯:《中国国家区域政策的调整与展望》,《西南民族大学学报》(人文社科版),2008年第10期。

④ 高国力:《我国主体功能区划分与政策研究》,中国计划出版社,2008年,第2页。

⑤ 马海霞:《新疆主体功能区划与建设研究》,中国经济出版社,2012年,第5页。

（二）主体功能区的"主体"

主体功能区的概念最独特的地方除了"功能区"概念,还在"功能区"前面加了"主体"这一修饰语。根据主体功能区这一提法的首倡者,时任国家发改委发展规划司司长杨伟民介绍,主体功能区的"主体"本意是"强调在一个较大的空间单元中不是唯一的功能,主体功能不排斥其他功能或辅助功能,如农产品主产区也可以适当发展农产品加工等产业,重点生态功能区也可以适当开采矿产资源,禁止开发区域的非核心区也可以适当放牧或旅游;也就是说,并不排斥特定的'点'的其他主体功能的开发,如环渤海地区作为整体要优化,但其中的滨海新区可以重点开发"①。《全国主体功能区规划》中对此作出了解释,"主体功能不等于唯一功能。明确一定区域的主体功能及其开发的主体内容和发展的主要任务,并不排斥该区域发挥其他功能"②。

这一提法的意义在于三个方面。第一,主体功能区的"功能"是指整个区域对全局来说发挥的功能,所以为了区域能够发挥其功能,可以出现一些点状分布的实行其他政策的情况。比如在城市化开发区,肯定要有一些绿色地带,作为城市生态环境的保障。第二,限制开发并不是指限制一切人类活动,或是一切经济活动,而是限制"大规模高强度的工业化、城镇化开发"。这样,限制开发区实际上只要能够保障农产品和生态产品的实现,是可以实现经济发展的。"将一些区域确定为限制开发区域,并不是限制发展,而是为了更好地保护这类区域的农业生产力和生态产品生产力,实现科学发展"。第三,只要主体功能可以实现,在划定范围内实行不同的政策也是可以的。以《珠海市主体功能区规划》为例,"珠海市在国家、省级层面的主体功能是优化开发,相应执行优化开发区对应的政策与绩效考核"。但是"具体到珠海市层面,全市陆域与海域面积共7653平方千米,开发条件千差万别,空间开发绝非一种功能(优化开发)所能涵盖"。

## 二、主体功能区规划下的国土空间布局

在一系列理念的主导下,主体功能区的分类及其功能逐步清晰。按照开发方式,主体功能区可以分为优化开发、重点开发、限制开发、禁止开发四种类别;按照开发内容,主体功能区可以分为城市化地区、农产品主产区、重点生态功能区,分别承担提供工业品和服务产品、农产品、生态产品等主体功能,其中优化

①　杨伟民:《解读全国主体功能区规划》,《中国投资》,2011年第4期。
②　国家发展和改革委员会编:《全国及各地区主体功能区规划》(上),人民出版社,2015年,第8页。

开发区和重点开发区构成了城市化地区。如图3-1所示。由于各种客观条件所限,中央政府不可能对全部国土进行直接规划,需要通过国家和省级两级规划的方式实现国土全覆盖规划。由此,在主体功能区规划下,我国的国土空间布局形成了优化、重点、限制、禁止四大类别,城市化、农业、生态安全三大战略格局,国家级与省级两级划分的态势。

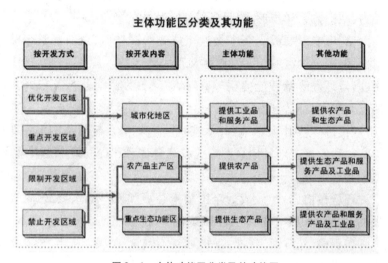

图3-1　主体功能区分类及其功能图

（一）优化、重点、限制、禁止开发区四大类别

优化、重点、限制、禁止开发区四大类别是主体功能区最先形成的内容。早在"十一五"规划中,就已经有了相关表述。在2010年《全国主体功能区规划》出台发布之后,四种主体功能区的特征、发展方向更进一步明确了。简单情况如表3-6所示。

优化开发区域是指综合实力较强,能够体现国家竞争力;经济规模较大,能支撑并带动全国经济发展;城镇体系比较健全,有条件形成具有全球影响力的特大城市群;内在经济联系紧密,区域一体化基础较好;科学技术创新实力较强,能引领并带动全国自主创新和结构升级的区域。这些区域往往开发密度较高,资源环境承载能力减弱。其主要特征有以下四点。第一,是我国经济和人口高度密集的区域。第二,资源环境承载能力开始减弱。第三,产业结构亟须优化升级。第四,我国加快转变经济增长方式的推动地区。其主体功能定位及发展方向是改变经济增长模式,把提高增长质量和效益放在首位,提升参与全球分工与竞争的层次。优化开发区的主体功能定位和未来发展方向应该是依靠技术进步和制度创新,通过着力优化升级产业结构,促进形成集约型经济增长方式,缓解经济社会发展和资源环境之间存在的矛盾,建设成为提升国家竞争力的重要区域,全国重要的人口和经济密集区域,带动全国经济社会发展的龙头区域。我国划定的优化开发区有珠三角、长三角和环渤海地区三个都市圈。

重点开发区域是指具备较强的经济基础,具有一定的科技创新能力和较好的发展潜力;城镇体系初步形成,具备经济一体化的条件,中心城市有一定的辐射带动能力,有可能发展成为新的大城市群或区域性城市群;能够带动周边地区发展,且对促进全国区域协调发展意义重大的区域。其拥有一定的工业基础和开发密度,但是资源承载能力也较高,所以其开发潜力也较高。其主要特征有以下四点。第一,经济开发潜力较大。第二,基础设施和创业环境亟待改善。第三,经济规模进一步壮大。第四,承接我国产业与人口转移的重要载体。其主体功能定位和发展方向是依靠发挥区域综合优势和提高资源配置效率,通过促进人口和要素聚集,进一步壮大经济规模,促进产业结构合理化,实现人口、经济和资源环境相协调,建设成为全国集聚经济和人口的重要区域,支撑全国经济发展的重要增长极。主体功能区规划中划定的重点开发区有冀中南、太原、哈长、呼包鄂榆、东陇海、江淮、海峡西岸、中原等十八个城市群,几乎包括了除三大都市圈之外的所有城市群。

限制开发区域(农产品主产区)是指具备较好的农业生产条件,以提供农产品为主体功能,以提供生态产品、服务产品和工业品为其他功能,需要在国土空间开发中限制进行大规模高强度工业化城镇化开发,以保持并提高农产品生产能力的区域。这些区域是保障农产品供给安全的重要区域,农村居民安居乐业的美好家园,社会主义新农村建设的示范区,如东北平原、黄淮海平原、长江流域等。

限制开发区域(重点生态功能区)是指生态系统十分重要,关系全国或较大范围区域的生态安全,目前生态系统有所退化,需要在国土空间开发中限制进行大规模高强度工业化城镇化开发,以保持并提高生态产品供给能力的区域。这些区域由于不适于大规模高强度工业化、城镇化开发,开发密度较低,资源承载能力较低,生态环境脆弱,容易受到破坏,所以总体来看开发潜力较低。其主体功能定位和发展方向是依靠政策支持和加大保护力度,通过促进超载人口有序外迁和适度开发,加强生态修复保护与扶贫开发,建设成为保障国家生态安全的重要区域。主要包括大小兴安岭森林生态功能区等25个地区。

禁止开发区是指有代表性的自然生态系统、珍稀濒危野生动植物物种的天然集中分布地、有特殊价值的自然遗迹所在地和文化遗址等,需要在国土空间开发中禁止进行工业化城镇化开发的重点生态功能区。这些区域目前开发密度较低,开发潜力也很低。主要功能定位和发展方向是依靠完善相关法规、政策和加强管理,通过严格禁止人为活动对自然文化遗产的负面影响和实施强制性保护,优先发展与禁止开发区功能相容的相关产业,切实保护自然文化遗产的原真性、完整性,建设成为保护自然文化遗产的重要区域。与前几种主体功能区不同,禁止开发区域的设立、划定和管理体系相对成熟,法律法规已经相对健全,所以基本不需要出台新的政策。

表 3-6　国家层面主体功能区规划方案汇总表①

| 控制指标 | 国土开发强度(%) | 2008 年:3.48 | 2020 年:3.91 | 其中:城市空间增加到 10.65 万平方千米 |
|---|---|---|---|---|
| 主体功能区类型 | 优化开发区域 | | 3 个 | 珠三角、长三角等三大都市圈 | 面积和人口数待定 |
| | 重点开发区域 | | 18 个 | 冀中南、太原、呼包鄂、哈长、东陇海等 | 面积和人口数待定 |
| | 限制开发区域 | 重点生态功能区 | 25 个 | 大小兴安岭森林生态功能区、阿尔泰山地森林草原生态功能区、三江源草原草甸湿地生态功能区等 | 386 万平方千米,1.1 亿人 |
| | | 农产品主产区 | 7 区 23 带 | 东北平原、黄淮海平原、长江流域、汾渭平原、河套灌区、华南、甘肃新疆主产区 | 面积和人口数待定 |
| | 禁止开发区域 | | 1443 处 | 319 个自然保护区、40 个世界文化自然遗产、208 个风景名胜区、738 个森林公园 138 个地质公园 | 120 万平方千米 |

（二）国家级与省级两级划分

通常中央政府组织编制的《全国主体功能区规划》可以被称为国家规划,省级政府组织编制的各省主体功能区规划称为地方规划,统称全国规划。2010 年编制完成的《全国主体功能区规划》划定了全国国土面积大约三分之一的陆地

①　樊杰:《主体功能区战略与优化国土空间开发格局》,《中国科学院院刊》,2013 年第 2 期。

国土,剩下的三分之二需要由省级规划来完成。省级规划完成后,将实现国土面积的全覆盖。

按照国家要求,省级规划必须按照国家发改委《省级主体功能区划分技术规程》编制,把省内全部国土按照四类或者三类(有的省份没有优化开发区)进行划分。其中国家规划省级政府在编制规划时,对于国家规划已经划定的部分,必须按照国家要求划分。对此,国家规划有明确要求。"对辖区内国家层面的优化开发、重点开发、限制开发和禁止开发四类主体功能区,必须确定为相同类型的区域。省级主体功能区规划中要明确国家优化开发和重点开发区域的范围和面积,并报全国主体功能区规划编制工作领导小组办公室确认。"①

由于这种划分方法,在划定后的主体功能区呈现出国家级主体功能区和省级主体功能区两个级别。以陕西为例,陕西主体功能区规划完成后,区内形成了国家级重点开发区、省级重点开发区、国家级限制开发区(农产品区)、国家级限制开发区(重点生态功能区)、省级限制开发区(重点生态功能区)、国家级禁止开发区、省级禁止开发区等形态。陕西省全部国土都纳入主体功能区规划,分为国家级和省级两个级别,有重点开发区、限制开发区、禁止开发区三种类型。所以在省级可能出现的类型就包括国家层面优化开发区、国家层面重点开发区、省级层面重点开发区、国家层面重点生态功能区、省级层面重点生态功能区、国家级农产品主产区等类型。

由于主体功能区规划具有基础性、战略性和约束性,国家其他区域规划都有可能以此为基础制定,所以国家级主体功能区在省(市)区的布局情况,关系到一个省(市)区在国家区域发展总体战略中的地位,对于一个省(市)区的长远发展具有重大战略意义。正因为如此,各省都争取进入到国家级的重点开发区,"几乎每个省份都希望在全国主体功能区规划中的重点开发区上能把自己纳入在内,至少能有一块'国字招牌'"②。如果不能进入重点开发区,就希望能够进入国家级限制开发区,以期能够得到国家的财政倾斜。

### 三、主体功能区规划的保障与推进

#### (一)政策保障

根据《全国主体功能区规划》,主体功能区需要各部门进行政策配套,以保

---

① 国家发展和改革委员会编:《全国及各地区主体功能区规划》(上),人民出版社,2015年,第54页。

② 童海华:《主体功能区规划遭地方政府"冷对"》,《中国经营报》,2011年2月14日。

障规划的落实。形成的配套政策包括财政政策、投资政策、产业政策、土地政策、农业政策、人口政策、民族政策、环境政策、应对气候变化政策和绩效考核评价，也就是"9＋1"的政策体系。在本书中涉及的区域政策主要有财政政策、投资政策、产业政策三个，其他区域政策由于专业性较强本研究较少涉及。

财政政策作为区域政策对区域发展具有重要作用，尤其对相对落后地区、生态补偿制度都有重要意义。主体功能区推进需要的中央相关财政政策支持，主要体现在以下三个方面。第一，从层级的角度，主体功能区规划中要求加大对基层政府的财政支持，引导并帮助地方建立基层政府基本财力保障制度。第二，从用途的角度，主体功能区规划要求中央财政在均衡性转移支付标准财政支出测算中，加大对重点生态功能区特别是中西部重点生态功能区的均衡性转移支付力度。2011年7月，财政部专门发布了《国家重点生态功能区转移支付办法》，对此项要求进行了落实。第三，从体制的角度，主体功能区规划要求完善财政转移制度，要求省级政府建立对省以下转移支付体制。探索建立地区间横向援助机制的方式，要求生态环境受益地区通过资金补助、定向援助、对口支援等多种形式，对重点生态功能区因加强生态环境保护造成的利益损失进行补偿。

投资政策也是引导区域发展的重要手段。主体功能区规划中的投资政策重点强调了生态工程投资、落后地区基础设施投资两个方面。主体功能区规划要求，中央投资主要用于支持国家重点生态功能区和农产品主产区特别是中西部国家重点生态功能区和农产品主产区的发展，包括生态修复和环境保护、农业综合生产能力建设、公共服务设施建设、生态移民、促进就业、基础设施建设以及支持适宜产业发展等。特别是要优先启动西部地区国家重点生态功能区保护修复工程。而生态环境保护投资，要重点用于加强国家重点生态功能区特别是中西部国家重点生态功能区生态产品生产能力的建设。

产业政策是对优化开发区和重点开发区的形成具有重要意义，在《全国主体功能区规划》和2013年出台的《国家发展改革委贯彻落实主体功能区战略推进主体功能区建设若干政策的意见》（发改规划〔2013〕1154号）两个文件中也多次强调了这一部分。首先，两个文件要求编制专项规划、布局重大项目，必须符合各区域的主体功能定位。重大制造业项目原则上应布局在优化开发和重点开发区域。其次，两个文件要求产业发展和项目布局要区分情况优先在中西部国家重点开发区域布局。在资源环境承载能力和市场允许的情况下，依托能源和矿产资源的资源加工业项目，优先在中西部国家重点开发区域布局。再次,两个文件要求应该通过产业的跨区域转移或关闭,促进相关产业向主体功能区的布局方向发展。其中,特别强调了优化开发区要合理引导劳动密集型产业向中西部和东北地区重点开发区域转移,加快产业升级步伐。同时鼓励和支持国家优化开发区域和重点开发区域开展产业转移对接,鼓励在中西部和东北地区重点开发区域共同建设承接产业转移示范区,遏制低水平产业扩张。

除了财政、投资和产业政策之外,主体功能区规划中还包括了其他政策,这些政策都强调了对于优化开发、重点开发、限制开发和禁止开发不同区域的不同政策,贯彻了"分类管理"的思路,可以从不同的侧面推动主体功能区的形成。

（二）部门职能

为了加强规划的落实,切实实现规划的约束性,在《全国主体功能区规划》中专门规定了国务院各有关部门的职责。这些部门包括国家发展改革部门、科技部门、工业和信息化部门、监察部门、财政部门、国土资源部门、环境保护部门、住房城乡建设部门、水利部门、农业部门、人口计生部门、林业部门、国务院法制机构、地震、气象部门、海洋部门,同时规定其他各有关部门要依据《全国主体功能区规划》,根据需要组织修订能源、交通等专项规划和主要城市的建设规划。规划涉及部门广泛,包括了国务院的 11 个部委,还有 3 个国家局,1 个办事机构,如果再把涉及相关业务的部门加进来,几乎涵盖了所有国务院主管经济工作的部门。要组织这样一个复杂的规划推进,各个部门之间的协调就成为一个十分重要的问题。2013 年 6 月发布的《国家发展改革委贯彻落实主体功能区战略推进主体功能区建设若干政策的意见》中提出了"政策合力"和"政策组合"的问题,指出"推进主体功能区建设是一项系统工程,需要有关部门多方协作、相互配合、统筹推进"[①]。

在这些部门中,发展改革部门应该是主要牵头部门。发改委在国务院经济工作中占据突出地位,被称为"小国务院"[②],由其作为规划的牵头部门,有利于全面推动主体功能区规划的落实,有利于妥善处理主体功能区规划中发展改革部门与其他部门的关系问题。在《全国主体功能区规划》中,就赋予了国家发展改革部门综合协调、组织督促的重要职责,主要包括国家规划的组织协调,与各

① 《国家发展改革委贯彻落实主体功能区战略推进主体功能区建设若干政策的意见》(发改规划〔2013〕1154 号),中华人民共和国国家发展和改革委员会发展规划司,http://ghs.ndrc.gov.cn/zcfg/t20130625_546883.htm。

② 《发改委被指因大部制改革扩权成"小国务院"》,凤凰网,http://finance.ifeng.com/news/special/2013lianghui/20130311/7754682.shtml。

区域规划以及土地、环保、水利、农业、能源等部门专项规划的有机衔接;指导并衔接省级主体功能区规划的编制;组织各部门落实相关政策与指标;负责规划实施的监督检查、中期评估和规划修订等。

在主体功能区规划推进工作中,发展改革部门与国土部门业务范围相近,需要特别理清。根据国务院办公厅1998年6月16日印发的[1998]47号文件,规定国土资源部的主要职责第2项有"组织编制和实施国土规划、土地利用总体规划和其他专项规划"。在国土资源部内部机构的职责和分工上,规划司的职能包含了"组织研究全国和重点地区国土综合开发整治的政策措施,起草编制全国性及区域性的国土规划、土地利用总体规划"①。而且,目前国土资源部编制的《全国国土规划纲要2011—2030年》初稿已经完成,正在推动国务院通过。② 发展改革部门编制的主体功能区规划与国土部门负责编制的国土规划"在规划目标、任务、内容以及实施等方面都与国土规划存在一定交叉和重复",在别的国家同属于区域规划。这种情况下,两部门之间、两个规划之间的部门需要厘清,才能共同促进和推动国土空间有序开发和区域协调发展。

(三)主体功能区战略下地方政府的作用

地方政府在主体功能区战略的制定、推动和落实中都起到重要作用。在我国的地方政府体系中,省级政府处于承上启下的地位,同时也是规划政策落实的依据;中国有2000多个县级行政单位,同时也是主体功能区规划的基本政策单元,主体功能区战略把县级行政单位作为基本政策单元,就意味着政策最后落实主体是县级地方政府。通过对主体功能区战略的全过程进行分析,地方政府的作用体现在战略制定、战略推动、战略落实等以下三个方面。

1. 战略的制定

我们把2010年12月印发的《全国主体功能区规划》称作国家规划,而把各省出台的主体功能区规划称作省级规划,两者相加称作全国规划。省级政府在国家规划和省级规划的编制中都起到了重要作用。

(1)国家规划的编制

国家级主体功能区在各省区市的布局情况,关系到一个省区市在国家区域发展总体战略中的地位,对于一个省区市的长远发展具有重大战略意义。以后的各种区域规划或者区域政策有可能就以主体功能区作为重要参考,所以各省

---

① 《国土资源部规划司主要职责》,http://www.mlr.gov.cn/bbgk/jgsz/bnss/ghs/。

② 《"反规划",优化国土空间开发格局的利器——聚焦我国全国国土规划制定之路》,《国土资源》,2012年第11期。

区市都希望能够在国家层面的功能区方面多占一点优势。

国家规划应该是从全局高度来划分和确定开发秩序,但是规划精神一提出,实际上各方面都意识到"主体功能区政策将引发各级政府之间发展权的激烈博弈。每个地区都希望进入重点开发行列,从而获得发展的机会"①。由于主体功能区规划需要各省执行,为了减少执行阻力,同时基于中央政府信息缺乏等各方面的考虑,在编制过程中,尽量吸纳各省的意愿。

国家规划中各区域的划定需要兼顾各省的利益。"确立重点开发区域就比较踊跃,大家都想争重点,所以现在基本上变成一个省一个重点开发区域,数量增加了很多。"②而当不能被划为国家重点开发区域后,西部自然条件不太好的地区就希望尽量进入国家层面的限制开发区。

(2)省级规划的编制

省级政府实际上主持了省级规划的编制工作,并在解释、省级功能区划定、标准制定等方面起到相当重要的作用。

①解释。国家规划中规定:"省级主体功能区规划中要明确国家优化开发和重点开发区域的范围和面积,并报全国主体功能区规划编制工作领导小组办公室确认。"国家规划中对国家级重点开发区的表述是原则性的,而省级规划在规定中可以对其进行最大化的解释,以扩大本省的重点开发区范围。

②省级功能区划定。省级政府在全省功能区划定方面可以通过"游说"的方式影响省内功能区的划定比例。如"经过数轮的争取汇报协调,国家同意将我省(山东省)的优化重点划分比例扩大至34.8%,该比例在全国各省(市、区)位居前列"③。当一个区域没有纳入国家级重点开发区,也没有划定为其他国家级功能区的时候,地方往往倾向于把其划定为省级重点开发区。如湖南省主体功能区规划中,规定湖南省重点开发区"主要包括环长株潭城市群、其他市州中心城市以及城市周边开发强度相对较高、工业化城镇化较发达的地区……此外,还包括点状分布的国家级、省级产业园区及划为农产品主产区和重点生态功能区的有关县城关镇和重点建制镇"。其中,作为国家级重点开发区的环长株潭城市群包括了长沙、株洲、湘潭三市的"30个县市区,以及与这些区域紧密相邻的县城关镇和重点建制镇,其他区域为省级重点开发区域"。

---

① 王红等:《政府间博弈背后的"经济账"》,《人民论坛》,2008年第3期。

② 杨伟民:《解读全国主体功能区规划》,《中国投资》,2011年第4期。

③ 解读《山东省人民政府关于印发山东省主体功能区规划的通知》,中国枣庄,http://www.zaozhuang.gov.cn/art/2013/5/23/art_2351_569818.html。

③标准制定。2007 年下半年国家正式启动主体功能区规划编制工作,江苏、浙江、河南、湖北、云南、重庆、新疆、辽宁八个省区市试点。《省级主体功能区划分技术规程》(初稿)。2007 年 12 月国家发展改革委采用新的《省级主体功能区划分技术规程》(第二稿)。

2008 年 4 月中旬,国家发展和改革委员会召开全国主体功能区规划编制工作会议,参加会议的有来自全国各省、自治区直辖市发改委分管主任、规划处处长和技术专家等一百多人。讨论和修改《省级主体功能区域划分技术规程》,具体布置和安排省级主体功能区规划编制工作。各地发改委"提出了很多好的建议,概括起来为三增一减。三增:一是增加重点开发区域;二是增加本地区开发强度;三是增加国家层面的限制开发区。一减:减少限制开发区中的有关市县,拿出来不要作为国家层面的限制开发区域。"①最终修订完成。

在此基础上制定的《省级主体功能区域划分技术规程》,用于指导各省主体功能区划工作的具体开展。按照规程,不同省市的区划评价具体操作在部分指标的计算参数和部分辅助指标上具有一定的弹性范围。通过选择最能代表本省资源环境特点的因子作为部分指标的计算参数,使得计算结果最大限度地反映区域特点,如自然灾害危险性指标参数的选择。通过增加代表区域显著特点的指标来弥补基础指标在某一方面对不同省之间差异性反映的不足,如增加基本农田保护指标、生态修复指标等。②

2. 战略的推动

国家规划根据国土类型原则上制定了各种区域对应的政策,但是由于各省情况不同,而国家只能对某些区域负责,所以大部分需要交由省级政府根据本省的情况在各个方面制定实施细则。根据本省实际情况推进,因地制宜制定更加具体化的区域政策。

(1)政策的具体化

第一,根据规划确定的各项政策制定实施细则。目前国家出台的国家规划和《国家发展改革委贯彻落实主体功能区战略推进主体功能区建设若干政策的意见》(2013 年)(以下简称《意见》),都是针对全国一般情况的原则性规定,对某些区域而言缺乏适用性。大部分省内没有优化开发区,有的重点开发区是在

---

① 《国家发改委召开全国主体功能区规划编制工作会议》,合肥市发展和改革委员会,http://www.hfdpc.gov.cn/DocHtml/1/2008/4/22/145699852212.html。

② 董文等:《我省省级主体功能区划的资源环境承载力指标体系与评价方法》,《地球信息科学学报》,2011 年第 2 期。

省会城市周围,有的是与其他省份连片分布,有的是已经开发程度较高的,有的则是新兴增长极。而且由于各地支柱产业、特色经济的差异,应当有不同的政策,必须由各省区市根据自身情况制定更有针对性的可以落实的实施细则。

第二,建立相应的机制。例如省内的生态补偿机制。大部分省级规划都规定了建立省内生态补偿机制的任务。

第三,可以重点推进一部分,实行试点。在省级规划中,情况较为简单,可以推动某些地区试点。并在试点中积累经验,上升为实施细则的内容。尤其是限制开发区转型发展试点,是以前没有遇到过的新课题。

(2)指导、监督、反馈市县政府的规划落实情况

市县政府相对来说对各方面政策了解较少,实施困难较大,而与此形成鲜明对照的是主体功能区规划越到基层影响越大。尤其是对限制开发区、禁止开发区所涉及面积较大的市县政府,更可能造成财政减收、经济萎缩等结果。这种情况下需要省级政府的指导、监督和反馈,帮助基层政府贯彻落实。

①对市县政府落实规划进行指导。主体功能区规划划定后,各市县情况千差万别,政策的适用、执行需要省级政府的指导。省级政府可以通过举办培训班的形式使基层干部深入了解主体功能区规划精神,帮助各市县实现选择符合主体功能区规划要求的发展战略,争取相关政策支持,尤其是为划为限制开发区的产业发展、产业转移等提供政策指导。

②省级政府要做好监督中央财政转移支付、投资项目的使用等主体功能区规划相关政策的落实情况。国家规划要求中央的重点生态功能工程等资金以县为单位投放,但是从目前的使用情况来看效果参差不齐。2012年8月财政部公布的《2012年国家重点生态功能区转移支付奖惩情况》中,有32个生态环境质量明显改善的县、26个生态环境质量轻微改善的县、12个生态环境质量轻微变差的县、2个生态环境质量明显变差的县,也就是说仍有接近20%的县财政转移支付使用情况较差。这就需要省级政府对类似项目和资金使用进行监督、检查,保证国家财政资金的有效利用。

③反馈市县信息。由于市县都不参与战略的制定,很多市县发展的意愿和具体工作中遇到的问题都没有途径反映到决策过程中来。而在战略推动过程中,省级政府吸收市县执行过程中发现的问题,并总结经验教训对此后的规划完善大有裨益。

3.战略的落实

主体功能区战略的落实一方面从财政和政府投资方面由省级政府负责,另

一方面在管理方面主要由市县政府负责。

（1）完成相应的财政转移支付和政府投资

主体功能区规划要求限制开发区和禁止开发区逐渐减少工业开发行为，都需要国家大量的财政收入。国家规划规定，省级财政负责落实对限制开发和禁止开发区域的财政转移支付和政府投资。而影响省级财政能否完成财政转移支付的至少有两个因素。第一个是自身财政投资能力。在我国目前的分税制制度下，经济发达地区省份财政相对充足，大部分分布在东部地区。而经济落后地区省份财政难以自足，大部分分布在中西部地区。第二个是本省负担大小。本省的限制开发区、禁止开发区面积较大，则本省需要负担的财政转移支付就很大，相反则较少。与财政能力正好相反，往往是中西部地区限制开发区、禁止开发区面积较大，而东部地区面积较小。所以，中西部地区省份可能会陷于难以为继的境地，而东部省区则可以自给。

正是从这个角度上说，中央多次强调，中央的重点生态功能区工程、退耕还林工程等，都以中西部省份为重点。中西部省份财政能力较弱，而境内限制开发区、禁止开发区面积较大，完全依靠本省区力量难以保障资金投入，必须由国家财政重点支持。而东部省区则财政能力较强，同时由于靠近城市化地区，可以采取旅游经济等方式进行补充，完全可以依靠本省完成投资。如广东云浮作为广东省的水源保护区和生态屏障地区，也是国家级农产品区。但是作为广东省主体功能区规划试点之后，2010年，全县地区生产总值增幅达16.3%，高于全省平均水平，比上年提升4.1个百分点；财政综合增长率达40.01%，位居全省第10位，比上年提升46位；地方财政一般预算收入增长33.92%，税收收入增长27%，多项经济指标持续高位运行。①

（2）负责落实主体功能区规划在辖区内的功能定位

省级规划应该结合本省发展战略。改革开放之前，省级政府只是中央经济政策的执行者。但是改革开放以后，"在中央与地方的关系上，地方已经由单一的国家权力'客体'、'导体'的地位，成为了国家权力体系中的一种与中央相互作用的'主体'"②。各省逐渐都形成了自身的"区域发展战略"。这些区域发展战略是在总结本省区域经济发展历程的基础上，认真分析区域发展现状和趋势，提出的对未来一个时期区域发展的总体性布局安排。在省域范围内实施主

---

① 邹锡兰：《广东云浮主体功能区改革试验》，《中国经济周刊》，2011年第25期。

② 朱光磊：《当代中国政府过程（修订本）》，天津人民出版社，2002年，第327页。

体功能区战略,将通过对政策单元的进一步细化,优化调整各类主体功能区的开发模式,构建分类管理的区域政策和绩效评价办法,将为区域发展总体布局的市县提供现实的途径。

(四)省级政府的职责

国家规划根据国土类型原则上制定了各种区域对应的政策,但是由于各省情况不同,而国家只能对某些区域负责,所以大部分需要交由省级政府根据本省的情况在各个方面制定实施细则。根据本省实际情况推进,因地制宜制定更加具体化的区域政策。

第一,省级政府要根据规划确定的各项政策制定实施细则。目前国家出台的《全国主体功能区规划》和《国家发展改革委贯彻落实主体功能区战略推进主体功能区建设若干政策的意见》,都是针对全国一般情况的原则性规定,对某些区域而言缺乏适用性。大部分省内没有优化开发区,有的重点开发区是在省会城市周围,有的是与其他省份连片分布,有的是已经开发程度较高的,有的则是新兴增长极。而且由于各地支柱产业、特色经济的差异,应当有不同的政策,必须由各省区市根据自身情况制定更有针对性的可以落实的实施细则。

第二,省级政府要完成相应的财政转移支付和政府投资,并建立相应的机制。主体功能区规划要求限制开发区和禁止开发区逐渐减少工业开发行为,都需要国家大量财政收入。国家规划规定,省级财政负责落实对限制开发和禁止开发区域的财政转移支付和政府投资。例如省内的生态补偿机制。目前大部分省级规划都规定了建立省内生态补偿机制的任务。

第三,省级政府要指导、监督、反馈市县政府的规划落实情况。市县政府相对来说对各方面政策了解较少,推进困难较大,而与此形成鲜明对照的是主体功能区规划越到基层影响越大。尤其是对限制开发区、禁止开发区所涉及面积较大的市县政府,更可能造成财政减收、经济萎缩等结果。这种情况下需要省级政府的指导、监督和反馈,帮助基层政府贯彻落实。

第四,市县级政府在本辖区内负责落实规划。根据全国或自治区主体功能区规划对本市县的主体功能定位,对本市县国土空间进行功能分区,明确"四至"范围,功能区的具体类型可根据本市县的实际情况确定。尤其是在规划编制、项目审批、土地管理、人口管理、生态环境保护等方面根据主体功能区规划要求执行政策,约束开发行为。同时在本市县国民经济和社会发展总体规划及相关专项规划,要与全国和各省主体功能区规划相衔接,在各功能区的开发方向、时序和管制原则等方面保持一致,严格项目审批。

## 第三节　推进中的主体功能区规划

### 一、主体功能区战略下地方政府的困境

在主体功能区战略的推进过程中地方政府处于十分重要的角色,怎样推进主体功能区战略是摆在地方政府面前的一个新课题,面临着种种困境。

（一）政策载体

之前,地方政府从中央政府接受的是以行政区为政策单元的任务。由于是以行政区为单位的,所以通过地方政府自身就可以完成,基本不与其他行政区内的政府发生横向关系,面对的问题都局限于辖区范围之内,对其政绩考核也局限于辖区范围之内。但是主体功能区战略的布局以县级行政区为基本政策单元,在省级和市级两个层面上都出现了一个行政区内存在多个功能区的现象,以前的行政方式不能适应现在的要求。

第一,同一行政区内的区域功能不同、级别不同。由于主体功能区规划根据各地不同的资源承载力和经济发展状况规定开发方式,这样同一个行政区就拥有不同的功能区,要执行不同的政策的现象。而且,在同一行政区内可能同时存在国家级和省级功能区的现象,两者之间政策上必然存在一定差别,需要理顺之间的关系。

第二,存在与其他行政区之间的功能性合作关系。一个功能区往往是涉及多个行政区,有的涉及几个省,如某些重点生态功能区;有的横跨几个市,如大多数的优化开发区和重点开发区。这种情况下,为了完成功能区的功能,就需要几个行政区的地方政府之间进行合作。而且国家规划中还规定了,有些投资是需要通过主体功能区的方式投资的,使位于同一功能区的地方政府之间关系更加密切。

第三,政绩考核难题。国家规划中用专门的章节对政绩考核的指标进行了规定,同时 2006 年之后政绩考核已经开始转变,但是在操作上仍然存在诸多问题。作为主体功能区的基本政策单元的县级单位容易转变,但是由于市级以上政府涉及多种功能区,各个行政区之间发展的背景各不相同,难以用同一指标去横向比较。使市级以上政府之间政绩考核的实绩比较成为难题。

（二）利益补偿

"十二五"规划中关于主体功能区规划部分提出,"十二五"期间要"基本形

成适应主体功能区要求的法律法规和政策,完善利益补偿机制"。在目前出台的国家规划和《意见》中,涉及的地区间利益补偿的有生态补偿、农业补偿和产业转移补偿三类。

生态补偿目前已经得到国家的重视。生态补偿主要是针对重点生态功能区和禁止开发区提供农产品和生态产品的补偿。根据国家规划,财政部启动了重点生态功能区工程,中央直接拨付经费对重点生态功能区的县进行补偿。2008年财政部发布《国家重点生态功能区转移支付试点办法》,2011年正式发布《国家重点生态功能区转移支付办法》,对财政转移支付办法进行了详细的规定。此次出台的新规定,结合此前2010年底出台的《全国主体功能区规划》,在原来《试点办法》的基础上进一步规范划定了生态转移支付的地区范围。新《办法》规定,接受生态转移支付的地区主要为《主体功能区规划》中的限制开发区域重点生态功能区和禁止开发区域、生态环境保护较好的省区,及青海三江源自然保护区等重点生态功能区。同时在跨省生态补偿方面,新安江流域安徽省和浙江省已经形成了合作关系。省内的合作也已经出现,如福建。同时,东部地区的生态转移支付可以由东部省份通过市场化的方式自己解决,国家应该集中力量帮助西部、中部、东北地区的重点生态功能区。

农产品区补偿是为了遏制城市化对农产品区的冲击。由于大部分农产品区同样可以搞工业化、城市化开发,其经济效益要比农业生产高。但是为了国家的粮食安全问题,这些区域被划定为农产品区,对其作出的补偿。2004年5个中央1号文件相继出台对种粮农民的"三免三补贴"政策①。这些支出成为产粮区地方政府沉重的财政包袱。2007年,粮食主产区人均财政收入仅有1408.57元,比全国平均人均财政收入少374.9元,仅为全国平均水平的78.98%。再加上中央规定地方政府对种粮农民的补贴,粮食主产区陷入了"产粮越多则财政负担越重"的怪圈。而这个问题还没有得到国家的重视。造成了地方政府的城市化冲动,在主体功能区规划中的表现是很少有省区自己划省级产粮区。以前的政策加强的是对于农民的补贴,同时也应该利用主体功能区规划政策加强对于当地政府的补贴,以保障基层政府的基本财力。

产业转移补偿是为了弥补产业转出地的利益损失而进行的补偿。在国家规划中,提出优化开发区要进行产业升级,淘汰落后产能,在《意见》中强调了优

---

① 减免农业税、取消除烟叶以外的农业特产税、全部免征牧业税,对种粮农民实行直接补贴、对部分地区农民实行良种补贴和农机具购置补贴。

化开发区和重点开发区产业对接的发展方式。但是,由于迁出地往往是较为发达地区,而转入地是相对不发达地区,由相对不发达地区对相对发达地区进行补偿是不可行的。而国家规划中要求限制开发区和禁止开发区把境内工业化开发产业迁移至重点开发区,可以由重点开发区向迁出地进行补偿,但是限制开发区和禁止开发区企业的效益决定了转入地愿意接受的补偿标准,需要两地针对具体问题进行协商。

（三）开发秩序

主体功能区既是一个国土空间规划,同时又具有强烈的区域经济政策色彩,可以说是通过国土空间规划的方式来实现区域经济协调发展的目的。但是这种双重角色同样也使规划本身陷于自身的困境。如果从区域政策的角度来分析,目前主体功能区规划并不完全适合当地的经济发展的要求,尤其是对于大部分问题区域来说,其政策过于笼统。"除大都市膨胀病外,其他问题区域的发展问题并非是依靠主体功能区就能够解决的,因为主体功能区主要是强调空间管治,明确空间开发的红线或蓝线,而不是从帮助和扶持问题区域发展的角度出发的。"①其所确立的开发秩序在执行角度来看,并不能直接作为政策适用的依据。

第一,主体功能区战略不够细化,不能直接作为政策适用的依据。以我国的衰退地区为例,中部和东北等地区都属于衰退地区。我国出台了《关于中部六省比照实施振兴东北地区等老工业基地和西部大开发有关政策范围的通知》（国办函[2007]2号）决定对包括陕西、安徽、江西、河南、湖北、湖南中部六省的26个城市的实施政策。东北地区、内蒙古东部地区等适用2007年8月的《东北地区振兴规划》。这些都是适用衰退地区的政策。东北老工业基地、资源型城市大部分都划入了重点开发区,但是却与其他新兴城市有巨大的区别。这些政策无法直接以主体功能区规划内容为基础。同种类型的功能区发展基础不同,重点开发区中的新增长点缺乏支持措施。

第二,主体功能区战略与其他区域战略、规划、政策的关系制约了其作用的发挥。主体功能区战略推出过程中,我国同样出台了大量其他区域政策,其政策着眼点不同,规划政府部门不同,形成了我国特色的区域政策体系。其中最突出的有区域发展总体战略、主体功能区规划、战略区域规划、政策性区域规划、问题区域规划。前两个政策属于全覆盖,前三个政策原则性较强,后两个政

---

① 魏后凯著:《中国区域政策——评价与展望》,经济管理出版社,2010年,第378页。

策较为具体。一般来讲，只有主体功能区规划是约束性规划。由于主体功能区规划是约束性规划，符合其他区域政策规划而不符合主体功能区规划要求的，不应当开发。由于主体功能区规划是全国覆盖的规划，所以有可能其他规划不涉及的，主体功能区涉及，那就应该以主体功能区为准。但是主体功能区又是战略性规划，所以其他区域规划规定更为准确的，应该以其他规划为准，尤其是区域规划。区域发展总体战略，推进新一轮西部大开发，全面振兴东北地区等老工业基地，大力促进中部地区崛起，积极支持东部地区率先发展。两者一致性，重点开发区在西部、东北、中部分布相对较多，尤其是城市群的分布，是对总体战略的支撑。三大优化开发区分布于东部，定位较高，符合总体战略率先的要求；西部的重点生态功能区分布较广；东北、中部省份农产品区域较广，都属于限制开发区。推动是对于限制开发区的生态补偿。限制开发区面积过大，短期内不利于中部崛起。农产品区、重点生态功能区补偿问题的解决程度制约了中部崛起战略成功与否。

　　第三，区域划分标准存在过程和结果的冲突。这一问题在限制开发区和禁止开发区问题上表现并不突出，但是在优化开发区和重点开发区划分问题上非常重要。目前城市化开发地区可以分为优化开发和重点开发两种区域。优化开发实际上是从结果意义上来选择的，城市化水平最高的区域，主要包括环渤海、长三角和珠三角三大城市圈。重点开发区是指城市化过程中的，是从过程意义上来讲的。但是，有的区域在两者之间都不算典型。比如东北地区从问题区域的角度来看，实际上是城市衰退地区。从结果角度来看，肯定不属于优化开发区，从过程的角度看，实际上已经完成了城市化，需要转型发展政策。而大量中西部地区都类似于东北老工业基地的衰退地区，在主体功能区规划中处于这样一个尴尬的地位。

　　第四，同一区域的空间规划类型不应该实行同样的政策。制定政策的依据不应该是区域的环境承载力，而是区域面对的成长空间。区域成长空间的上限是空间规划的定位，但是基础应该是当前的发展状况。当地实行的区域政策应该是促进区域从当地发展状况向空间规划定位的推动力。同种类型的区域虽然可能空间规划定位是一致的，但是有可能发展基础完全不一样，所以区域政策也应该完全不一样。目前主体功能区战略直接把空间定位作为区域政策的依据，同种类型的区域采用同种区域政策缺乏针对性，是不恰当的。比如，同为优化开发区和国家中心城市，天津市和上海市的区域政策不应该一样。根据胡佛—费希尔的区域经济增长阶段理论，天津市实际上正处于工业化上升阶段，而上海市则处于服务业输出阶段,需要不同的区域政策。

## 二、推进中的变通:地方政府的自主空间问题

《全国主体功能区规划》中对于区域之间的差异给予了充分的重视,并不追求对于国家规划毫无"弹性"地执行,而是允许地方政府有自己的自主空间。根据国家规划,国家层面功能区在国家规划中只是做了原则性规定,其范围和面积必须在省级规划中明确。从目前的阶段来看,主体功能区的推进相当大程度上就是指省级主体功能区规划的编制问题。对目前已经发布的省级主体功能区规划分析可以发现,省级主体功能区规划实际上在区划范围、影响力、政策准确性三个方面都有一定幅度的"变通"空间。

第一,区划范围。国家规划中对于重点生态功能区和禁止开发区的区划范围表述比较明确,各省市区并没有太大的自主空间。但是由于国家规划中对于城市化地区和农产品区的范围没有具体表述,实际上给予了各省区市较大的发挥空间。各省区市往往最大程度上扩展城市化地区面积,而尽量缩小农产品区面积。

最大化扩展城市化地区的途径主要有三种方式。一是解释。国家规划中规定,"省级主体功能区规划中要明确国家优化开发和重点开发区域的范围和面积,并报全国主体功能区规划编制工作领导小组办公室确认"。国家规划中对国家级重点开发区的表述是原则性的,而省级规划在规定中可以对其进行最大化的解释,以扩大本省的重点开发区范围。二是以省级重点开发区作为补充。当一个区域没有纳入国家级重点开发区,也没有划定为其他国家级功能区的时候,地方往往倾向于把其划定为省级重点开发区。如湖南省主体功能区规划中,规定湖南省重点开发区"主要包括环长株潭城市群、其他市州中心城市以及城市周边开发强度相对较高、工业化城镇化较发达的地区……此外,还包括点状分布的国家级、省级产业园区及划为农产品主产区和重点生态功能区的有关县城关镇和重点建制镇"。其中,作为国家级重点开发区的环长株潭城市群包括了长沙、株洲、湘潭三市的"30个县市区,以及与这些区域紧密相邻的县城关镇和重点建制镇,其他区域为省级重点开发区域"。同时,还有第三种方式,就是利用点状开发的方式,在限制开发区设立重点开发镇。如四川省规划规定,"与重点开发区相连的农产品主产区以及省级重点生态功能区50个县的县城镇及重点镇纳入重点开发区域范围(点状开发城镇面积共0.22万平方千米)"。

第二,影响力。影响力分为两个方面:一个是辐射范围,如东北亚、全国、黄

河中下游、东北地区等;另一个是重要性程度,如区域性、重要的、超大、特大、世界级、国际化、最、中心、核心等。由于全国规划中规定比较模糊,所以在省级规划中需要进一步具体化。比如青岛在全国规划中的整体定位是"区域性经济中心",而在山东省的规划中表述为"我国东部沿海地区重要经济增长极"。但是很多时候省级规划为了实现自身战略对影响力定位会发生变化,如青岛的航运地位,在全国规划中表述为"强化青岛航运中心功能",但是在山东规划中提升为"东北亚国际航运中心",而这一定位实际上与全国规划对大连的定位完全相同,是对青岛航运地位的拔高。有时候还会降低全国规划中的地位,如山东省的东营市、滨州市定位,在全国规划中为"环渤海地区重要的增长点",而在山东省规划中却没有得到反映。

第三,政策准确性。在国家规划中,各种类型的功能区施行怎样的政策有比较明确的规定。以优化开发区和重点开发区的产业结构为例子。国家规划规定,优化开发区要"推动产业结构向高端、高效、高附加值转变,增强高新技术产业、现代服务业、先进制造业对竞技增长的带动作用",重点开发区要"推进新型工业化进程,提高自主创新能力,聚集创新要素、增强产业集聚能力,积极承接国际及国内优化开发区域产业转移,形成分工协作的现代产业体系"。各省市自治区有可能会出现虽然标明是某种功能区,但是内容却是另一种功能区的政策的情况。如内蒙古呼和浩特市自身定位为重点开发区,但是却提出"突出发展金融、商务、物流、会展、信息、旅游等产业,建设现代服务业中心",而这些产业更类似于优化开发区的重点发展方向。

### 三、绩效考核:主体功能区战略推进中的应有之义

1998 年中央出台的《党政领导干部考核工作暂行规定》是较早对地方政府绩效考核进行规范的文件,但是这一文件过度强调了经济工作指标、经济发展速度、财政收入增长幅度等内容,助长了地方政府"GDP 主义"。后来中央又出台了《体现科学发展观要求的地方党政领导班子和领导干部综合考核评价试行办法》(2006 年)、《地方党政领导班子和领导干部综合考核评价办法(试行)》(2009 年)等文件,对地方政府绩效考核问题进行了完善。2013 年 12 月中组部印发了《关于改进地方党政领导班子和领导干部政绩考核工作的通知》,作为中央关于地方政府绩效考核的最新指导性文件,在以下四个方面明显受到了主体功能区战略的影响:

第一,主体功能区理念进入了地方政府绩效考核工作的指导思想。首先体

现在分类指导的理念上。不同地方政府因为区域不同,指标设计应该不同,但是在之前的文件里面都没有明确体现。而《通知》中就明确指出,要"根据不同地区、不同层级领导班子和领导干部的职责要求,设置各有侧重、各有特色的考核指标,把有质量、有效益、可持续的经济发展和民生改善、社会和谐进步、文化建设、生态文明建设、党的建设等作为考核评价的重要内容"。尤其是针对限制开发区地方政府考核提出"强化约束性指标考核,加大资源消耗、环境保护、消化产能过剩、安全生产等指标的权重"。其次,明确要求打破"GDP 主义"。"GDP 主义"是地方政府绩效考核的痼疾,也是造成区域开发秩序混乱和主体功能区战略不落实的重要原因。针对这种现象,《通知》提出:"选人用人不能简单以地区生产总值及增长率论英雄"。"不能仅仅把地区生产总值及增长率作为考核评价政绩的主要指标,不能搞地区生产总值及增长率排名。中央有关部门不能单纯以地区生产总值及增长率来衡量各省(自治区、直辖市)发展成效。地方各级党委政府不能简单以地区生产总值及增长率排名评定下一级领导班子和领导干部的政绩和考核等次。"

第二,针对不同主体功能区设计不同的考核指标,确立了开发红线。对限制开发区和禁止开发区不适当地提出地区生产总值、财政收入等经济指标要求,是某些地方政府过度开发行为的重要原因,也是确立开发红线的重要制度障碍。针对这种情况,《通知》要求:"对限制开发区域不再考核地区生产总值。对限制开发的农产品主产区和重点生态功能区,分别实行农业优先和生态保护优先的绩效评价,不考核地区生产总值、工业等指标。对禁止开发的重点生态功能区,全面评价自然文化资源原真性和完整性保护情况。对生态脆弱的国家扶贫开发工作重点县取消地区生产总值考核,重点考核扶贫开发成效。"

第三,硬化考核指标,明确考核结果后的追究责任问题。考核结果得不到落实,尤其是责任事件难以追究,是地方政府绩效考核存在的重要难点。《通知》要求:"制定违背科学发展行为责任追究办法,强化离任责任审计,对拍脑袋决策、拍胸脯蛮干,给国家利益造成重大损失的,损害群众利益造成恶劣影响的,造成资源严重浪费的,造成生态严重破坏的,盲目举债留下一摊子烂账的,要记录在案,视情节轻重,给予组织处理或党纪政纪处分,已经离任的也要追究责任"。这些举措强化了考核结果的适用,有力纠正了考核指标软约束问题,也增强了主体功能区的制度性。

第四,提出了绩效考核的体系化、系统化问题。当前基层政府面临的考核、检查过多,"上面千根线,下面一根针",造成了基层负担过重。对于上级政府的工作部门来说，简单通过考核基层政府的方式来推动工作，某种意义上成了推卸责任和维护部门利益的手段，但是却造成了整个政府管理体系的不合理。为此，《通知》要求"规范和简化各类工作考核。加强对考核的统筹整合，切实解决多头考核、重复考核、繁琐考核等问题，简化考核程序，提高考核效率。精简各类专项业务工作考核，取消名目繁多、导向不正确的考核，防止考核过多过滥、'一票否决'泛化和基层迎考迎评负担沉重的现象"。通过这些做法，可以从绩效考核的角度有效抵制对限制开发区、禁止开发区的地方政府在经济指标方面的过度要求，从而使区域发展的功能定位更加清晰，地方政府职能更加明确而集中。

整体来看，《通知》通过地方政府绩效考核方面的改革，触及了地方政府与市场界限不清晰问题，约束了政府过度干预地方经济的行为，促使优化开发区地方政府职能向公共服务和经济管制转变，有助于破除部门利益，避免部门通过考核等方式给地方造成过大压力，从一定程度上削弱了地方保护主义行为，为限制开发区等生态地区经济转型创造条件。

### 四、目前地方政府绩效考核的局限与改进空间

虽然，《通知》在地方政府绩效考核问题上取得了可喜的突破，但是事实上还只能说是从操作层面上对原来的做法进行有限的改进，其缺陷在于没有从绩效考核层面上触及行政体制改革问题，一定程度上还会在某些方面制约主体功能区战略的实施，在实践中仍然有改进空间。

第一，《通知》在地方政府绩效考核模式问题上缺乏突破。与我国政府管理上的压力型体制相配套，我国地方政府绩效考核基本上采取的是自上而下的模式，改革后的考核基本上仍然没有跳出这一模式，在带有新公共管理色彩的自下而上考核模式上缺乏探索。主体功能区战略要求政府管理体制和过程中都要体现出生态文明的要求，就是要实现与工业文明相适应的官僚制度的单向评价方式向适应生态文明要求的民主化的双向评价模式转变。地方政府绩效自上而下的考核基本上是上级政府对下级政府的"内部"考核，这种"内循环"的方式缺乏外部压力，在考核公信力、"信息不对称"等问题上都有天然的缺陷。自下而上的考核则表现为社会评价、群众公认等方式，这些方式一方面体现了在地方政府绩效考核问题上的民主化，另一方面也可以弥补自上而下考核中难以体现非经济指标(尤其是一些生态指标)的问题，体现了地方政府绩效考核工作的科学化水平。但是在本次改革中考核方式的变革没有充分体现，这就制约

了整个地方政府绩效考核工作的民主化和科学化的程度,也难以保障主体功能区战略的最终落实。

第二,《通知》没有根本上解决"数字出官"的问题。"数字出官"是指在地方政府绩效考核中过度依赖数字等量化指标来衡量地方政府绩效的现象,其导致的"GDP主义"也是推进主体功能区战略过程中在政府绩效考核上存在的最大问题。事实上,政府工作具有高度的复杂性,其提供的公共产品是难以通过量化的方式进行测量的。但是,目前在地方政府绩效考核中存在简单通过国内生产总值等量化指标进行考核的现象,一定程度上造成了地方政府为了追求某些量化指标而盲目追求经济发展高速度的问题。"在谋求政绩合法性的大环境下,上级政府和部门为了取得较好的政绩,稳定自身执政的合法性基础,不断提高对下级政府和部门的政绩要求,下级政府和部门再将任务下达给其下级,层层下放、层层分解、层层加码,最终分解到基层政府时,指标完成额的要求往往已经是当初的几倍甚至十几倍。"[1]而目前的改革方案虽然触及了反对"GDP主义"的问题,但是采取的方式仍然没有跳出量化指标的模式,实际上是用新的数字来取代老的数字,这样没有办法根本上解决"数字崇拜"的问题。

第三,地方政府绩效考核法治化导向缺失。党的十八届三中全会报告中"主体功能区制度"的提法体现在地方政府绩效考核问题上就是要求党政领导班子与领导干部的绩效考核设计政府管理和公共服务的方方面面,都需要出台明确、完整和权威的制度来加以规范。从这个角度来看,法治化是主体功能区战略推进的必然要求,也是地方政府绩效考核改革的重要方向,是依法治国的执政方略在政府政策执行问题上深化的重要体现。20世纪90年代以来,通过法治化和制度化的手段来保障地方政府绩效考核工作,也是英国、美国、荷兰等当代世界先进国家的通行做法。[2]当前,各地陆续通过党的政策、政府或部门文件等方式对政府绩效考核的某些问题进行了规定,但是在考核的标准和原则、组织主体、流程方法等问题上都还存在一定的随意性和盲目性。法治化要求对当前各部门对地方政府尤其是基层政府的考核项目进行整合、梳理,减轻基层负担,减少一票否决项目,改变目前地方政府绩效考核问题上的无序现状,同时突出考核重点,一定程度上减少"以文件落实文件"的现象,有助于督促地方政府落实上级政府政策。

---

① 倪星著:《中国地方政府绩效评估创新研究》,人民出版社,2013年,第75页。
② 包国宪、鲍静著:《政府绩效评价与行政管理体制改革》,中国社会科学出版社,2008年,第6页。

第四,地方政府绩效考核的责任问题没有解决。地方政府绩效考核的责任性是指地方政府绩效考核结果的运用程度。在绩效考核的运用上,虽然地方政府各地规定要与干部使用、评优评先、物质奖励等相挂钩,但是事实上除了物质奖励能够较好体现外,其他方面得不到体现。当然,一个重要原因是地方政府绩效考核现在主要是对当地党政领导班子整体的考核,而没有落实到干部个人,尤其是对一把手的考核,制约了考核结果的运用问题。这种考核方式是与党委的集体领导制和行政上实行的集体负责制相适应的,这种方式是民主集中制的体现,但是却在某些方面难以适应现代社会的治理要求。

## 五、关于地方政府绩效考核的对策与建议

### (一)树立法治思维,加强主体功能区制度下的地方政府绩效考核体制机制建设

主体功能区制度的构建要融入当地各项工作中去,不应该仅仅由政府来负责,应该强化人大作为地方权力机构在推进主体功能区战略方面的作用。首先,当前各地的主体功能区规划都是政府部门的行为,可以尝试通过地方人大通过的规划方式,在条件成熟之后,然后在通过地方条例等方式,提高主体功能区的制度化水平。其次,党委的组织部门、纪检部门,政府督查部门、审计部门、监察部门、统计部门等部门应该相结合,建立地方政府绩效考核领导小组机制,由党政主要负责人及各部门负责人担任总负责人。这一领导小组应该相对独立于任何政府职能部门,可以尝试直接向地方权力机关负责。通过这一领导小组对各部门对下级政府的考核依照主体功能区战略的要求进行整理,在此领导小组之外,一般不允许其他职能部门再向基层政府下达考核任务。以此可以加强地方政府绩效考核的严肃性,提高主体功能区战略红线的权威性。

### (二)杜绝数字腐败,树立多元评价的导向

短期来看,地方政府绩效考核还难以完全摆脱数字的方式,而数字腐败问题的危害性就十分突出。我国各省市国内生产总值之和高于国内生产总值统计数字几十万亿元,重要的原因就是地方经济数据事实上存在相当程度的虚报现象。"下级多出数字、多出政绩对上级只有好处没有坏处,上级即使知道报上来的数字有水分也会睁一只眼闭一只眼,有的还授意、指示虚报统计数据,甚至直接篡改基层上报的统计数据,共同从'掺水'数字里受益。"① 从根本上解决这

---

① 朱海滔:《"数字出政绩"导致统计腐败》,《中国商报》,2012年4月13日。

一问题的途径就是打破"数字垄断",不能仅仅通过数字来评价政府,数字也不能仅仅来自于政府自身。首先,尝试建立新的定性指标作为考核辅助。应该在指标设计上坚持定量考核与定性考核相结合的原则,设计能够体现当地的实际情况和主体功能区的功能定位的定性指标,作为对当地政府绩效考核的重要方面。如优化开发区可以尝试"公共服务满意度""生活幸福指数"等指标,限制开发区、禁止开发区可以尝试建立生态产品保护程度等环境类指标。其次,建立政府绩效考核数字来源的社会评价渠道。可以根据主体功能区要求建立政府绩效考核评估员队伍,包括基层对口职能部门工作人员,党代表、人大代表、政协委员,大众传媒,专家,基层党员和群众代表,网民等。在优化开发区可以重点突出基层党员和群众代表直接参与评议的方式,推动政府更快地向服务型政府转变,在重点开发区则可以重点突出企业的诉求。

(三)加强地方政府绩效考核结果的运用

可以在干部队伍建设中运用的三个方面。第一,考核结果可以作为干部的选任依据。可以尝试根据主体功能区提拔任用干部,例如各个优化开发区之间党政主要负责人流动,各个重点开发区之间党政主要负责人流动,各个限制开发区和禁止开发区之间党政主要负责人流动。这样的好处是功能定位一致,对干部的能力要求比较一致,为干部任用提供了较为可靠的能力依据。第二,把考核结果作为政府阶段工作的评估,引导政府工作努力的方向。在各个地区由于功能要求的不同,不同地区基层政府的主要工作应该有所不同。通过对优化开发区政府为公众提供公共服务能力的考核,可以引导当地政府积极转变职能,提高公共服务能力。通过对重点开发区政府促进经济发展的绩效考核,可以促进当地政府把更多精力放在工业化、城镇化开发上。第三,考核结果公开发布,可以对政府工作构成监督和督促。由于主体功能区战略具有开发红线的性质,某些地方政府为了短期利益有可能突破红线,或者主要工作偏离主体功能区功能定位。考核结果向社会公开发布,可以使更多的当地群众知悉当地政府的发展方向和政策是否符合当地长远利益,避免当地政府的机会主义行为。

六、产业转移和生态补偿:主体功能区推进中的区际关系问题

主体功能区规划中多次提到了主体功能区之间的产业转移和生态补偿问题。《全国主体功能区规划》认为推进形成主体功能区"有利于引导人口分布、经济布局与资源环境承载能力相适应,促进人口、经济、资源环境的空间均衡",实际上就是促进人口和经济要素按照资源环境承载能力格局的要求流动,产业

转移和生态补偿就是这种流动的表现。在国家发改委发布的《国家发展改革委贯彻落实主体功能区战略推进主体功能区建设若干政策的意见》（发改规划[2013]1154号）中进一步强化了这一思想，多次明确强调了产业转移问题。优化开发区要"合理引导劳动密集型产业向中西部和东北地区重点开发区域转移，加快产业升级步伐"，"支持国家优化开发区域和重点开发区域开展产业转移对接，鼓励在中西部和东北地区重点开发区域共同建设承接产业转移示范区"，"对不符合主体功能定位的现有产业，通过设备折旧补贴、设备贷款担保、迁移补贴、土地置换、关停补偿等手段，进行跨区域转移或实施关闭"。

产业转移和生态补偿对于主体功能区规划的其他要求实现具有重要意义。根据国家规划的要求，主体功能区规划的四种区域类型的现状、目标、途径如下表3－7所示。为了能够实现优化开发区、重点开发区、限制开发区、禁止开发区的目标要求，优化开发区目前存在的传统产业应当适当向重点开发区转移，从而缓解本区域环境、资源压力，为发展高端产业腾出发展空间，进而实现自身区域经济的升级、发展高端产业的目标。限制开发区不得进行大规模工业化开发（约束开发），目前已经存在的产业和环境超载人口积极向城市化地区（优化、重点开发区）转移；限制开发区目标是向城市化地区（优化、重点开发）提供生态产品，应当通过纵向和横向的生态补偿制度得到生态补偿。重点开发区应当通过利用自身发展条件，并集聚限制、禁止开发区劳动力等生产要素，承接优化开发区产业转移实现增长，作为区域经济发展的新增长点。

表3－7　各种主体功能区的现状、目标和实现途径①

| 区域类型 | 现状 | 目标 | 实现途径 |
|---|---|---|---|
| 优化开发区 | 依靠大量占用土地、大量消耗资源和大量排放污染实现经济增长 | 高端、高效、高附加值产业，高新技术产业、现代服务业、先进制造业，以服务经济为主的产业结构 | 优化升级产业结构，劳动密集型产业向中西部和东北地区重点开发区域转移 |
| 重点开发区 | 较强经济基础，具有一定发展能力和较好的发展潜力 | 现代产业体系，促进产业集群发展 | 承接优化开发区产业转移，增强产业集聚能力 |

————————

　　① 注：以上表述分别来自于《全国主体功能区规划》《国家发展改革委贯彻落实主体功能区战略推进主体功能区建设若干政策的意见》及《主体功能区形成机制和分类管理政策研究》（国务院发展研究中心课题组著，中国发展出版社，2008年）。

续表

| 区域类型 | 现状 | 目标 | 实现途径 |
| --- | --- | --- | --- |
| 限制、禁止开发区 | 不适宜开发,但目前有一些过度开发行为 | 提供生态产品、农产品 | 人口逐渐转移,建立生态补偿机制 |

　　从上述分析出发,主体功能区规划对于地方发展方向的引导、对于地方的开发限制和对于国土开发秩序的布局和限制,实际上依赖于四类区域之间的关系构建。如下图3-2所示。

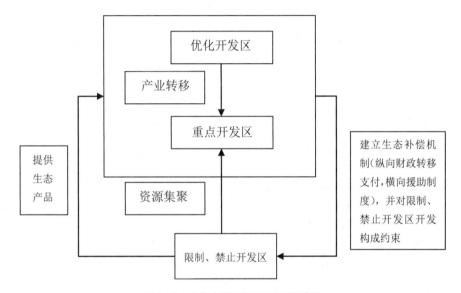

图 3-2　主体功能区的区际关系示意图

　　由此可见,主体功能区的建设依赖于上述关系(包括产业转移、生态补偿)的构建,但是这些关系恰恰都不能够实现地方间互利,而是有利于一方的,所以不能依靠地方间平等协商而建立,而必须由中央政府通过提高主体功能区规划地位,不断灌输主体功能区理念(如生态文明),改变绩效评估、财政等相关制度(制度引导)等各种手段来促成。

## 第四节　主体功能区规划推进的三种模式

　　由于我国区域间差异较大,在不同省份的实践中会有所不同。根据目前所发布的省级主体功能区规划文本,结合当地经济社会发展状况分析发现,不同省份根据其自身特征、主体功能区规划下的发展格局,呈现出地方自主、府际协调、中央主导三种模式。如表3-8所示。

表3-8　主体功能区推进中的三种模式

| 模式名称 | | 地方自主 | 府际协调 | 中央主导 |
|---|---|---|---|---|
| 案例 | | 广东 | 安徽 | 内蒙古 |
| 其他省份 | | 辽宁、山东、江苏、浙江等 | 湖南、江西、河南、四川、重庆、广西等 | 陕西、甘肃、新疆、青海等 |
| 主要参与者 | | 当地地方政府 | 两个及以上相邻地方政府 | 中央与当地地方政府 |
| 起主导作用的府际关系 | | 基于地方主义的中央与地方关系 | 横向府际关系 | 基于国家主义的中央与地方关系 |
| 主要分布 | | 东部沿海省份 | 中西部省份,与东部经济联系强 | 中西部省份,与东部经济联系弱 |
| 主要特征 | | 境内经济较为发达的区域面临优化空间开发的要求,境内存在部分经济低谷地区有待开发,生态补偿以地方投入为主 | 来自发达省份的产业转移对本省经济发展具有重要作用,生态补偿制度的建立依赖于发达省份 | 重点开发区开发以中央主导型资源型产业为主,生态补偿以国家投入为主 |
| 实现形式 | 优化开发区 | 地方自主的产业升级 | 无 | 无 |
| | 重点开发区 | 省内的产业转移 | 跨省的产业转移 | 国家帮助下的地方发展 |
| | 限制开发区 | 省内补偿 | 省际补偿 | 国家补偿 |

## 一、地方自主模式省份的主要特征

我国地势西高东低,大江大河从东部沿海地区入海,而我国东部沿海地区经济明显比中西部地区发达,这些自然地理、经济发展条件决定了我国大江大河的下游地区、沿海地区的省份开发条件比较相似。而主体功能区的划分依据正是自然地理和经济发展条件,所以在主体功能区的形成上,下游省份和沿海省份的模式也极为相似。

(一)省内经济较为发达的区域面临优化空间开发的要求

沿海发达省份境内经济较为发达的区域即我国的三大城市圈地区。在三大城市圈内部普遍存在着产业结构趋同、基础设施建设重复、城市发展定位模糊、城市群内部竞争等问题。从主体功能区的角度分析,这些问题的根源是区域空间开发秩序混乱,区域整体主体功能不明确,进而没有能够建立优化开发区(三大城市圈)的区域治理体系造成的。

第一,优化开发区治理体系缺乏造成了产业结构趋同严重。我国三大城市圈(环渤海、长三角、珠三角三个优化开发区)普遍都存在工业和交通行业(第二产业)比重过大、服务行业(第三产业)比重过小的现象。在工业尤其是制造业方面,上海地区、江苏南部、浙江北部三个地区是各自为政,缺乏有效的协调机制,重复建设现象非常严重。多年来,京津冀城市圈北京、天津及周边河北省各城市自成体系,发展目标雷同,产业结构相似,生态环境系统被严重破坏,导致环渤海地区资源浪费严重,整体发展水平受到束缚。

第二,优化开发区治理体系缺乏造成了基础设施重复建设现象严重。长三角地区由以上海市为龙头,包括浙江省杭州、宁波、绍兴和江苏省南京、无锡、苏州等16个城市所构成的经济区域内,如不算军用机场和即将兴建的苏中机场,整个长三角地区有17个民用飞机场。长三角地区每万平方千米的机场密度为0.9个,已经成为国际上机场密度最大的地区之一。尽管长三角属于我国经济发展最具活力的三大区域之一,该地区机场的经营状况也不是很乐观,除浦东、虹桥、萧山和禄口等少数几个机场能够依靠自身良好经营外,其他大多数机场由于业务量太少都处于亏损状态,因此长三角各城市并不缺少机场,缺少的是对机场资源的整合和合理利用。但即使是这样,该地区内的各个城市仍在不断建设新机场。此外,很多城市圈在信息、通信、交通等基础设施建设上也缺乏必要的协调和规划,在旅游、环保等方面也缺乏整体设计。由此必然造成结构趋同、重复建设等现象在城市圈内蔓延,不能形成区域经济的整体效应,不能发挥区域经济的优势互补作用及区域内不同区域和部门间的比较优势。由于缺乏规模化效应,必然对区域内增长极的发展和培育造成不良影响,并最终影响“虹吸”效应和“涓滴”效应的发挥。

第三,优化开发区治理体系缺乏造成了城市发展定位不明,发展不相协调。衡量城市圈发展的一个重要指标是推进一体化的程度,其中一个核心要素是分工合作问题。而城市圈最难协调的问题恰恰就是产业分工和合作问题,尤其是工业的分工问题。以长三角为例,长江三角洲区域内各个城市在对外招商引资的时候,各城市间在发展战略上缺乏协调,区域内城市间的分工合作和协调发展滞后,甚至在职能分工上也没有通盘计划。进而造成了各城市在发展规划上没有进行战略上的协调与分工,缺乏整体观念,部分城市没有分清自己的定位,区域整体发展受到束缚,各个城市的发展缺乏特色。

第四,优化开发区治理体系缺乏造成中心城市首位度不高,未能形成城市等级体系,城市群内容易出现利益纷争。地方政府之间各自为政是中国城市圈的通病,也是各种都市病的根源。按照城市圈发展的规律,一个城市圈中一般有一个或几个核心城市。但从全国来看,在三大城市圈都不同程度地存在城市政府间协调问题,除了长三角地区上海的首位度较高之外,珠三角和京津冀都存在两个以上中心城市。中心城市首位度不足,对周边城市的辐射、集聚功能不能充分发挥,造成区域内部凝聚力很有限。

(二)区内存在部分经济低谷地区有待开发

我国是世界上地区经济发展差异最大的大国之一,不但存在着东西和南北之间的大尺度地区差异,而且存在着省际之间中尺度和省内小尺度的地区差异。东部沿海省份总体是我国经济最发达的地区,尤其是改革开放以来,这些省份利用经济特区、沿海开放城市、经济技术开发区和开放地带等国家赋予的特殊优惠政策,经济迅速发展,社会经济面貌发生了巨大变化。但是,由于自然、历史、政治与政策等因素影响,东部省份内部存在的地区差异日趋扩大,有部分地区由于政策、交通基础设施等种种原因,开发水平仍然偏低,经济上处于低谷。东部沿海省份内部过大的地区发展差距,不但有悖于共同富裕与社会公平的基本目标,而且也不利于东部地区和全国经济的发展。目前,比较突出的发达省份欠发达地区主要分布在鲁南、鲁西南、苏北、浙江省的衢州丽水地区,广东省的北部山区等。

发达省份里的欠发达地区蕴含着巨大的经济潜力,面临着重要的发展机遇。第一,沿海地区经济三十多年的高速增长,强化了自身作为全国经济中心的地位,经济辐射作用逐渐显现。随着经济沿海省份发达地区经济步入工业化的中后期,对于周围区域的经济辐射作用开始出现,而这些省份的欠发达地区由于地理上与发达地区较为接近,更容易得到发达地区的帮助。第二,资源优势是沿海经济低谷地区加快发展的基础。从全国来说,沿海地区自然资源优势度排序处于最后的几位,同广大中西部地区相比,自然资源不占优势;但是,从沿海省区内部比较,经济低谷地区资源比较优势相对明显。第三,目前发达地区正在进行产业结构战略性调整,加快产业结构调整和升级,也给沿海经济低谷地区的崛起提供了极好的机遇。发达地区的资源加工型和劳动密集型以及劳动、技术密集产业大量向沿海经济低谷地区转移,包括产品、市场、技术、设备。例如,江苏苏南地区向苏北转移,广东珠江三角洲向粤东、粤北山区转移,山东胶东半岛向鲁南和鲁西南转移等。

在此基础之上,东部沿海经济发达省份积极推动相关区域协调发展战略,促进了这些地区的开发。经济总量位居全国前4位的广东、江苏、山东、浙江,分别提出了针对本省内欠发达地区加快发展的战略部署。这些战略部署推动了重点开发区的开发,有利于主体功能区规划的实现。如表3-9所示。

表3-9 沿海部分省份扶持省内欠发达地区战略汇总表

| 省份 | 欠发达地区 | 主体功能区规划中的地位 | 省内采取的战略 |
|---|---|---|---|
| 山东 | 日照、临沂、枣庄 | 东陇海国家级重点开发区域(鲁南部分) | 加快建设鲁南经济带 |
| | 济宁、菏泽 | 鲁南经济带省级重点开发区域 | |
| 江苏 | 连云港、徐州 | 东陇海地区江苏省东北部 | 苏北振兴,南北共建开发园区 |
| 浙江 | 温州 | 海峡西岸经济区国家重点开发区域温州部分 | 实施"山海协作"和结对帮扶工程 |
| | 金华、义乌 | 浙西丘陵盆地地区(省级重点开发区) | |
| 广东 | 汕头市、汕尾市、潮州市、揭阳市 | 海峡西岸经济区粤东部分(国家重点开发区域) | "双转移"战略 |
| | 湛江 | 北部湾地区湛江部分(国家重点开发区域) | |
| | 阳江市、茂名市 | 粤西沿海片区(省级重点开发区域) | |
| | 惠州市、江门市、肇庆市 | 珠三角外围片区(省级重点开发区域) | |
| | 韶关市、河源市、梅州市、清远市、云浮市 | 粤北山区点状片区(省级重点开发区域) | |

注:依据《山东、浙江、广东省主体功能区规划》,因江苏省主体功能区规划尚未发布,所以江苏省东陇海部分资料来自于《全国主体功能区规划》。

(三)生态补偿以地方投入为主

生态产品是一种典型的区域公共产品,可以被称为"生态公共产品"[1]。公共产品往往都具有超越本辖区的外部性,而沿海发达省份的限制开发区提供的公共产品通过省级生态补偿机制的方式,而实现了"内部化"。也就是说,沿海发达省份的生态补偿机制的建立是以本省为主的,而不是依靠国家或者其他省份建立。

---

[1] 陈静:《找准生态公共产品有效供给的着力点》,《人民日报》,2013年11月6日。

首先,由于自然地理原因,这些省份的限制开发区只为本省提供生态产品。以生态补偿最典型的流域治理为例。由于我国大多数河流都是从西向东流入大海,所以沿海省份发源的河流基本上都只流经本省,为本省提供水源。这种情况下,生态补偿机制往往就是本省发达地区为欠发达地区提供补偿,由省级政府对流域上下游进行统筹,完全可以满足实践的需要。其他类型的生态功能区也基本上只为本省提供生态产品,具有国家意义的很少,所以以省为单位建立生态补偿机制较为合适。

其次,省内生态补偿机制是沿海省份的限制开发区最有效的方式,中央政府没有必要干预。根据奥茨分权定理,如果下级政府能够和上级政府提供同样的公共品,那么由下级政府提供则效率会更高。这些省份的限制开发区所涉及的问题大部分局限于省内,涉及的政府间关系也只是省内的市之间的关系,所以无论是从体制机制上,还是从地方财力上,都可以通过省级政府协调完成。这种情况下,中央政府完全没有干预的必要。

## 二、府际协调模式省区市的主要特征

府际协调模式涉及省区主要表现出两个关键性特征,一个是发达省份的产业转移对本省重点开发区的开发起到重要作用,另一个是限制开发区的生态补偿依赖于发达省份而建立。前者促使这些省份为了促进本省经济的发展而积极倾向于与发达省份的地方政府合作,而后者决定了本省要建立生态补偿机制必须积极促成与发达省份的合作关系。这些省份主要包括中部地区的江西、安徽、湖南、河南,西部地区的广西、重庆、四川,东北地区的吉林省等省份。

(一)来自发达省份的产业转移对本省重点开发区的开发具有重要作用

"十一五"以来,中国产业发展的空间格局出现了明显的"西进北上"[①]的新态势。所谓"西进",就是沿海企业向中西部地区迁移;所谓"北上",就是外商投资和国内资本由珠三角和长三角,继而向环渤海和东北地区转移。这种趋势表明目前中国的区域发展已经进入一个"转折"时期,其根本性的标志就是中国的经济布局正在由过去的各种要素和产业活动高度向东南沿海地区集中,逐步转变为由东南沿海向中西部和东北地区部分地区转移扩散。沿海企业向中西部地区迁移主要集中在江西、安徽、广西、湖南、河南、重庆、四川等少数条件较

---

① 魏后凯著:《中国区域经济的微观透析——企业迁移的视角》,经济管理出版社,2010 年,第16 页。

好的地区。根据相关统计，"安徽、江西、湖南、湖北、河南、四川、重庆等省（市）'十一五'期间利用境内省外资金最多，内蒙古、山西、新疆、宁夏、贵州等省（区）利用境内省外资金相对较少"[①]。

首先，这些省份的重点开发区具有"靠近东部发达地区的地理优势"，便于"加强与东部地区合作，充分发挥东西部之间的桥梁作用"[②]。由于地理上位于"环渤海""泛长三角""泛珠三角"的腹地，按照区域经济发展的市场经济规律，最先得到我国发达地区，尤其是长三角和珠三角的经济辐射。目前这些省份的重要经济发展战略均指向对接"长三角"和"珠三角"。江西省以"昌九工业走廊"为核心，对接长珠闽，深化与毗邻浙江、福建、广东等省的合作。安徽省以皖江城市带为核心，积极融入长三角，推动合肥和马鞍山市加入长三角城市协调会。湖北加快与沿长江地区的经济合作和交流。湖南省按照巩固珠三角、拓展长三角、积极对接环渤海和海峡西岸经济区的总体思路，加强与省外重点区域的合作。

其次，这些省份的重点开发区经济发展水平与发达地区形成经济发展的梯度差异和产业互补关系。截至 2010 年，广西桂东、皖江经济带、重庆沿江、湘南地区、黄河金三角地区、湖北荆州示范区等承接产业转移较多的区域已经进入工业化中期阶段或者处于工业化初期向中期迈进阶段。[③] 而由于发达省份"产业转移的对象以产业链低端环节为主，体现产业链的垂直分工。目前中国东部沿海地区的大多数外向型企业仍主要属于劳动密集度较高的产业，参与的多是加工装配环节，处于产业价值链的低端"[④]，所以这些省份的重点开发区恰好成为承接产业转移的重要地区。

最后，中西部条件较好的省份重点开发区承接沿海发达省份产业转移，是国家经济布局的一部分。我国区域经济的发展受到中央政府的区域政策影响很大，改革开放以来"倾斜性的区域政策是导致东部与中西部差距扩大的重要

---

① 工业和信息化部产业政策司、中国社会科学院工业经济研究所：《中国产业发展和产业政策报告（2012）——产业转移》，经济管理出版社，2012 年，第 156 页。

② 《中东部合作应注重流域经济》，《中国改革报》，2007 年 3 月 1 日。

③ 《六大国家级承接产业转移示范区比较分析》，桂经网，http://www.gxi.gov.cn/gjbg/gjzb/201301/t20130106_466496.htm。

④ 胡艳等：《后危机时代中国产业转移的新特点与安徽的承接基础、经验和进一步发展建议》，选自张欣等编：《中国沿海地区产业转移浪潮——问题和对策》，上海财经大学出版社，2012 年，第 83 页。

因素之一"①。随着东部沿海与内地区域差距的拉大,我国逐渐推出了西部大开发、中部崛起、东北振兴等战略,希望通过东部地区对内地的带动作用来促进内地经济的发展。其中,府际协调模式的省份大多数位于中部地区,加强与东部沿海发达地区的区域合作是我国中部崛起战略的重要部署。如表 3 - 10 所示。

表 3 - 10　国务院及各部委下发有关产业转移的政策意见和指导目录②

| 时间 | 政策文件 | 主要内容 |
|---|---|---|
| 2007 年 10 月 | 《商务部、国家开发银行关于支持中西部地区承接加工贸易梯度转移工作的意见》(商产发[2007]428 号) | 一是在中西部建设一批加工贸易梯度转移承接地。二是对承接地和实施梯度转移企业的重点加工贸易项目给予金融支持。 |
| 2008 年 12 月 | 国家发展改革委和商务部发布的《中西部地区外商投资优势产业目录(2008 年修订)》 | 结合中西部发展优势,提出我国鼓励外商在中西部地区投资的产业、产品和工艺。 |
| 2010 年 7 月 | 工业和信息化部出台《关于推进纺织产业转移的指导意见》(工信部发[2010]258 号) | 提出纺织产业转移和区域发展重点,并提出相关政策保障措施。 |
| 2010 年 8 月 | 《国务院关于中西部地区承接产业转移的指导意见》(国发[2010]28 号) | 要求中西部地区加强规划统筹,优化产业布局,引导转移产业向园区集中。完善基础设施保障,改善承接产业转移环境。加强资源节约和环境保护,完善承接产业转移体制机制,强化人力资源支撑和就业保障。并从财税、金融、土地等方面给予政策支持和引导。 |
| 2011 年 12 月 | 商务部、人力资源社会保障部、海关总署《关于促进加工贸易梯度转移重点承接地发展的指导意见》(商产发[2011]473 号) | 三部门共同认定和培育加工贸易梯度转移重点承接地。同时从改善承接转移环境等方面提出了指导意见。 |
| 2012 年 6 月 | 工业和信息化部发布的《产业转移指导目录》 | 提出四大经济板块的工业发展导向和各省市优先承接转移发展的产业。 |

### (二)生态补偿制度的建立依赖于发达省份

生态补偿包括对水源地、森林、草场等各种重点生态功能区。根据主体功能区规划,限制开发区中的重点生态功能区主要分为四类,水源涵养型、水土保

---

① 王梦奎编:《中国中长期发展的重要问题 2006—2020》,中国发展出版社,2005 年,第 220 ~ 222 页。

② 陈雪琴:《我国推进产业转移的主要做法及其效果分析》,中国产业转移网,http://cyzy.miit.gov.cn/node/2786。

持型、防风固沙型、生物多样性维护型,府际协调型涉及的省份境内的重点生态功能区主要包括水源涵养型和水土保持型两类,而其重要河流的下游往往是东部沿海发达省份。所以其跨省生态补偿主要表现为跨省江河湖泊的流域治理问题,其他对于森林、草场等方面的补偿较少。我国跨省河流众多,如新安江、东江、淮河等中小流域,其中上游省份大多位于我国中部地区,在生态补偿制度的建立问题上依赖于下游东部发达省份的支持,如表3-11所示。在跨省界的流域上下游之间开展生态补偿工作时,主要涉及地方政府与地方政府之间的关系问题,也即流域上下游的区域政府之间的关系问题。

表3-11 跨省府际协调省份涉及流域

| 流域名称 | 中上游省区 | 下游省份 |
|---|---|---|
| 新安江 | 安徽 | 浙江 |
| 东江 | 江西、湖南 | 广东 |
| 淮河 | 河南、湖北、安徽 | 江苏、山东 |
| 海滦河水系 | 河北省 | 北京、天津 |
| 辽河 | 吉林(东辽河)、河北、内蒙古(西辽河) | 辽宁 |

注:根据相关地理资料搜集。

首先,上游省区为下游省份提供了生态产品,但是由于跨越行政区划难以得到生态补偿,应该建立相应的制度实现下游对上游的跨省生态补偿。根据主体功能区规划所提出的生态产品理念,这些流域的生态补偿都面临生态产品无法通过经济利益体现的问题,上游省份为了保护良好的流域生态环境,往往付出了巨大的成本,耗费了大量的人力、物力,牺牲了他们发展自身经济的权利,给下游的经济发展提供了良好的生态环境保障。而由于行政区划上跨越省界,下游省份没有相关机制为上游提供生态补偿,致使上游保护生态环境的动力不足,甚至放弃对生态环境的保护,造成上下游区域利益的纠纷。

其次,下游省份普遍比上游省区发达,应该在流域生态保护上承担更多的责任。一般来讲,上游省区由于开发行为受到限制,开发环境较差,经济发展水平较低,政府财政收入不足以独立担负生态环境保护的重任。下游省份则由于发展条件较好,经济相对发达。如果上游地区单纯追求经济利益会影响下游地区的经济开发行为,造成下游的经济损失。而破坏后进行二次恢复的成本显然要比保护环境的成本高得多。所以,下游地区对上游的生态补偿重心应该由破坏后的恢复性补偿向事前保护性补偿转移,更符合流域的整体经济利益。

最后,这些流域不可能得到中央财政的支持,主要应该依靠地方完成。按照现行的分税制财政体制,中央财政收入占到全部财政收入的一半以上,造成了地方财力普遍不足以保障跨省流域生态补偿的稳定实施。为此,发达省份认为中央政府应该担负起从中央层面对上游省份进行生态补偿的责任。[①] 但是,从中央的角度来看,大多数生态补偿应该向经济更为落后、生态保护地位更为重要的西部省份倾斜。这种情况下,唯一可行的就是由流域内的上下游省区通过协商、沟通的方式,实现上下游之间的生态补偿制度,以解决此类问题。当然,这并不意味着中央政府在这个问题上可以完全放弃自己的责任,"当各区域横向之间出现利益矛盾和关系冲突的时候,上级政府的调节、调控非常重要"[②]。

### 三、中央主导模式省区的主要特征

中央主导模式省区在重点开发区和限制开发区建设中,有各自的典型特征。在重点开发区开发中表现为境内的重点开发区主要依靠中央主导下的资源型产业推动经济发展。在限制开发区建设中表现为生态补偿制度以国家投入为主。两者共同决定了中央主导模式省份的主体功能区建设必然以中央主导为主要形式。这些省区主要包括内蒙古、陕西、甘肃、新疆、青海等西部省区。

(一)重点开发区开发以中央主导型资源型产业为主

2000 年以来,中央政府为了推动西部大开发战略,在西部地区加强了资金投入和政策支持,形成了一批资源特色产业,部分区域形成了引领和带动西部大开发的战略高地。而这些省区的重点开发区开发方式是以资源型产业为主的,而这决定了这些省区的重点开发区开发要以中央主导为主。

首先,地理位置远离我国的经济中心,难以由先进地区直接带动是中央主导模式形成的经济地理基础。内蒙古、陕西、新疆、甘肃等省区位置较为闭塞,远离太平洋市场和我国的经济中心,十分不利于经济发展。地理上较为闭塞使这些省区在我国改革开放初期难以得到来自国外的投资和产业转移。由于天然地形地貌,这些省区存在对外通道建设不足或对外通道不顺的问题,尤其是通往东部发达地区的铁路、公路数量不足,通行、运输能力较差,在一定程度上影响了西部地区与发达地区的经济联系,难以受到沿海地区的辐射。虽然国家推动

---

① 张明波:《跨省流域生态补偿机制研究》,西北农林科技大学 2013 届硕士论文,第 27 页。

② 丁四保:《主体功能区的生态补偿研究》,科学出版社,2009 年,第 196 页。

向西部地区产业转移,但是效果没有中部地区明显。目前我国批准的六个产业转移示范区位于安徽、湖南、湖北、广西、重庆等中部地区和近西部,而这些地区接受产业转移的优势也远远强于西部省区。根据相关研究,"安徽、江西、湖南、湖北、河南、四川、重庆等省市'十一五'期间利用境内省外资金最多,内蒙古、山西、新疆、宁夏、贵州等省自治区利用境内省外资金相对较少"[1]。

根据 2001 年 3 月,九届全国人大四次会议通过的《中华人民共和国国民经济和社会发展第十个五年计划纲要》对实施西部大开发战略进行的具体部署。西部大开发总体规划可按 50 年划分为奠定基础、加速发展和全面推进现代化三个阶段。目前正处于加速发展期,在这期间中央政府投入仍然要占主导地位,而只有到了 2030 年之后,全面推进现代化阶段,西部地区的自我发展能力才正式提上日程。根据学者的研究,在中央政府投入支持下,一段时间内"对中央支持政策依赖性极强,自我发展能力弱"[2]仍然是西部省区重点开发区发展的重要特色。

其次,这些省区的重点开发区经济发展是以丰富的自然资源分布为前提的。自然资源中的生态资源丰富,西部地区的内蒙古、西藏、新疆、青海和甘肃等省区的牧区,天然草场面积 2.48 亿公顷,占全国天然草地总面积的 94.48%。[3]除此之外更为重要的是一些矿产资源和能源资源。这些省区水能、石油、天然气、煤炭、稀土、有色金属等能源矿产资源储量大,可再生能源开发利用潜力很大,自然资源多种多样。在主体功能区涉及西部的重点开发区中,西部地区大部分都是与资源开采产业或者在此基础上的加工业、制造业为支柱产业的。比如在《西部大开发"十二五"规划》中,明确了我国西部能源资源富集地区,这些资源富集地区为重点开发区的相关产业的发展提供了资源基础。如表 3 - 12 所示。

表 3 - 12　西部重点开发区资源、产业情况表

| 重点开发区(主体功能区) | 能源资源富集区 | 主要能源资源类型 | 相关产业 |
|---|---|---|---|
| 呼包鄂榆地区 | 鄂尔多斯盆地 | 煤炭、石油、天然气、煤层气、页岩气等资源。 | 石油化工和煤化工产业。 |

①　《中国产业发展和产业政策报告(2012)——产业转移》,经济管理出版社,2012 年,第 156 页。

②　安树伟:《"十二五"时期的中国区域经济》,经济科学出版社,2011 年,第 86 页。

③　李元著:《中国土地资源》,中国大地出版社,2000 年,第 224 页。

| 重点开发区(主体功能区) | 能源资源富集区 | 主要能源资源类型 | 相关产业 |
|---|---|---|---|
| 黔中地区 | | 煤炭、磷等资源。 | 煤制天然气、煤制液体燃料和煤基产业等煤炭开发与转化。贵州大型磷化工基地。 |
| 宁夏沿黄经济区 | | 钽铌铍等有色金属。 | 宁夏钽铌铍深加工基地建设。宁夏银川生态纺织园项目。 |
| 兰州—西宁地区(青海部分) | 柴达木盆地 | 盐湖资源综合开发利用。 | 扩大钾肥生产能力,发展氯碱化工、金属镁及锂、硼产品,构建循环经济产业链,建设柴达木资源综合开发利用基地。 |
| 天山北坡地区 | 天山北部及东部地区,塔里木盆地 | 油气资源勘探开发,加快石油和天然气产能建设,阿尔泰山铜镍及铅锌等资源开发,有色金属加工生产基地。 | 煤电基地建设,石油天然气化工规模,库尔勒石油天然气化工基地。 |

注:《全国主体功能区规划》结合《西部大开发区"十二五"规划》整理而成。

最后,当地经济的发展需要中央政府支持。目前这些省区产业结构仍然处于工业化发展的初期阶段,相当多的产业属于资源开发型产业,结构单一、经营粗放、产业链短、浪费和污染严重,大量初级能源、原材料产品进入市场。根据经济发展规律,随着经济的发展,地区产业结构应该不断升级,总体上呈现出从第一产业、第二产业向第三产业发展的过程,从第二产业发展来看也应该是产业加工的深度不断提高,加工工业的比重和技术比重不断增加。但是,由于主要依靠资源性产业支撑发展,加上近年来能源资源和矿产资源价格走高,促使采掘和原料工业的比重提高,导致一些地区产业结构出现了逆向调整,产业结构低端化趋势强化。根据相关研究,"2007年在规模以上工业企业中,西部地区采掘和原料工业增加值所占比重达到55.7%,比2000年提高了10.75个百分点。比东部地区要高出25.14%。而西部高技术产业增加值却比2000年下降了3个百分点,比东部地区低了7.8个百分点"[1]。造成这种格局的主要原因是缺乏接续产业,而这就需要产业配套、降低物流成本等基础设施建设,而市场和地方政府都难以提供,这就需要国家的大量投入,从而才能实现区域经济的

---

[1] 刘铮著:《生态文明与区域发展》,中国财政经济出版社,2011年,第189页。

升级。

（二）生态补偿以国家投入为主

根据内蒙古、陕西、甘肃、新疆、贵州等省自治区的主体功能区规划,这些省区境内大量国土属于生态脆弱地区,内蒙古（84.8%）、陕西（79.8%）、甘肃（88.8%）、新疆（76.9%）、贵州（75.07%）等省自治区,限制开发区面积都达到了境内国土面积的75%以上,可以说这些省区国土大部分都是生态脆弱地区。根据学者的研究:"在无外部干预的条件下,生态脆弱地区要么牺牲环境利益而获取经济利益,要么牺牲自身的经济利益而获取环境利益。"[1]上述矛盾会使一个经济区域面临是否要开发的两难选择,不开发会使区域经济利益受损,选择开发则会使区域自身的生态环境遭受破坏。对于那些相对落后地区,通常会更加看重区域经济利益,而选择对地下资源的开发。对于生态环境脆弱的落后地区,地下资源的开发会使其承受更大的环境利益损失,即更多的直接成本。

第一,这些省区大部分区域属于贫困地区,而且贫困程度较深,需要的生态补偿力度更大。西部省区的限制开发区由于其自然条件和区位等因素的影响,往往经济发展较为落后。相关研究表明:"最贫困的人口生活在世界上恢复能力最低、环境破坏最严重的地区,由于穷人比富人更加依赖于自然资源,如果他们没有可能得到其他资源的话,他们或许会更快地消耗自然资源。"[2]由于人类经济活动的影响,这些地区的自然环境不断恶化,各种生态问题严重,反过来由生态问题引发了更多的经济问题和社会问题。并且长期以来,西部在经济分工中主要是以提供原材料为主的初级产品生产为主,与东部地区之间不利的分工体系加大了西部深化开发的难度,很多地方由于贫困落后,更加加剧了对自然资源的开发利用,从而陷入了"生态环境恶化—经济运行低效—经济发展水平低下—生态环境更加恶化"的恶性循环。如表3-13所示。

表3-13　相关省区地质灾害类型与人为原因[3]

| 地区 | 地质灾害类型 | 人为原因 |
|------|-------------|----------|
| 内蒙古 | 地面滑坡、地面塌陷、地裂、震灾、泥石流、煤自燃 | 过牧、垦荒、矿产资源开发、地下水超采 |
| 陕西 | 泥石流、崩塌、滑坡 | 坡地开荒、森林砍伐、地下水超采 |

①　丁四保著:《主体功能区划与区域生态补偿问题》,科学出版社,2012年,第52~53页。
②　丁任重著:《西部资源开发与生态补偿机制研究》,西南财经大学出版社,2009年,第79页。
③　刘铮著:《生态文明与区域发展》,中国财政经济出版社,2011年,第285页。

续表

| 地区 | 地质灾害类型 | 人为原因 |
|------|------------|----------|
| 青海 | 崩塌、泥石流、塌陷、地震 | 草场退化 |
| 云南 | 地震、崩塌、滑坡、泥石流、岩溶塌 | 坡地种植、矿产资源开发、公路建设 |
| 贵州 | 滑坡、崩塌、泥石流、塌陷 | 坡地种植、矿产资源开发、公路建设 |
| 新疆 | 滑坡、崩塌、泥石流、煤自燃 | 过牧、垦荒、矿产资源开发 |

第二,强烈的开发冲动促使地方政府不愿意推动限制开发政策。出于对富裕的强烈追求和脱贫致富的巨大压力,这些省区往往无视生态环境承载能力,不计后果地大量引进在发达地区的淘汰落后企业,毁灭性地开发当地的自然资源,使得原本脆弱的生态环境遭到进一步破坏。仍以内蒙古自治区为例,"在2002—2003年财政年度里,固定资产投资和工业经济增长所形成的地方税收(主要税种)增加38亿元,占当年自治区财政增收的67.2%,2004—2005年这两个增长因素形成的税收收入增加到118.8亿元,占自治区财政增收的比重也提高到73%"[①]。在这种情况下,地方政府积极推动区域内资源开发是理性的选择,而地方政府的愿望往往能够通过各种渠道得到国家各部委的认可。在《东北振兴计划》中,"建设呼伦贝尔、霍平白、胜利等煤电化基地"、发展"锡林浩特、霍林河、呼伦贝尔等煤化工基地"等都写进了规划;在《东北地区电力工业中长期规划(2004—2020)》里,提出"西电东送"的战略安排,并"优先发展蒙东(包括锡林郭勒盟)煤电基地";《西部大开发"十二五"规划》则提出"在重要的资源富集地区建设一批优势资源开发及加工基地"。重点建设的"煤电一体化基地"和"煤化工基地"都包括内蒙古的很多限制开发地区。在经济发展的压力下,单纯依靠地方政府对经济开发行为进行约束难以奏效。

第三,地方筹集生态补偿资金能力低下,难以依靠自身力量实现生态补偿。受国家与地方财政体制等方面的限制和经济发展水平的制约,这些省区地方政府的财政能力普遍很弱,大多属于"吃饭财政",提供生态补偿的能力严重不足,不可能拿出更多的资金来支持生态补偿。此外,通过市场运作形成的银行贷款和民间融资以及地方积累形成的资金非常少,"由于资金市场发育不足,资金周转缓慢,资金运营效率差,融资体系不健全,致使资本边际效率差而投资风险强,使得生态环境脆弱地区的资本市场具有强烈的外在依赖性,即单纯依靠国

---

① 丁四保著:《主体功能区划与区域生态补偿问题研究》,科学出版社,2012年,第179页。

家投资主体"①。

第四，境内的重点生态功能区生态环境脆弱，但是生态意义重大，为全国提供了生态产品，理应由中央政府负担其生态补偿责任。这些省区处于中国的江河源头及其上游地区，是我国三大江河的发源地，也是西北季风的发源地或上风口，对中国其他地区的生态环境有着极大的跨区域影响，是维持中国整体生态环境稳定的重要地区。但是每年"长江、黄河上游地区水土流失造成二十多亿吨的泥沙进入长江、黄河，加剧了中下游地区的水患"②。长江、黄河、珠江地区涉及二十余个省区，这里的生态环境状况直接关系中华民族生存与发展，其上游生态环境一旦被破坏，就很难治理甚至是不可逆转的，这不仅使当地无法持续发展，而且直接影响全国的经济发展。所以中央政府负担了对这些地区的生态补偿责任。

---

① 丁四保著：《主体功能区划与区域生态补偿问题研究》，科学出版社，2012 年，第 38 页。
② 刘铮著：《生态文明与区域发展》，中国财政经济出版社，2011 年，第 272 页。

# 第四章

# 主体功能区规划推进的地方自主模式
## ——以广东省为例

地方自主模式是指在一省境内的主体功能区发挥功能基本局限在省的范围之内、并且本省经济较为发达的情况下,本省主体功能区的推进可以基本依靠地方力量实现,而不依靠国家或者其他省份的做法。这些省份以东部沿海较发达的省份为主,如辽宁、山东、江苏、浙江、广东等。这些省份地方政府自主权较大,同时也几乎承担了境内主体功能区构建的所有责任。既难以得到中央政府的倾斜和帮助,也不可能得到其他地方政府的协助,只能由当地政府主导形成。

## 第一节　广东主体功能区布局分析

### 一、广东省情介绍

广东省是典型的东部发达省份,从省内区域经济格局来看,珠三角地区工业化、城镇化程度较高,而粤北山区、粤西、粤东则比较落后,为了减轻珠三角地区资源环境压力,广东省政府因势利导,推动了珠三角地区与广东省内其他地区的区域协调发展。

首先,改革开放以来,广东省经济各项重要指标增长的总量和质量都一直居于全国前列。1978—2011 年,广东经济保持着全国 31 个省(区、市)中平均最高的发展速度,多项经济指标雄居全国各省首位,经济总量已经连续 25 年居全国各省市区首位。2013 年广东实现地区生产总值 62163.97 亿元,全年地区生产总值达 10038 亿美元,是我国首个突破 1 万亿美元的省份,已超过新加坡、我国的香港和台湾。同时广东省产业结构也在全国最为合理,从 1984 年开始,广东第三产业增加值已连续 28 年稳居全国第一。经计算,2011 年,广东产业结构层次系数达到 2.40,居全国第四位,仅次于京津沪三个直辖市,说明广东产业结构升级步伐在全国处于领先地位。财政收入也多年以来位居全国前列,"2012 年,来源于广东财政收入完成 14724 亿元,同比增长 7.72%。全省地方公共财政预算收入累计完成 6228 亿元,同比增长 12.96%,略高于全国的 12.8%。财税收入累计增幅连续 8 个月平稳回升,地方财政收入总量继续位居全国各省市第一"①。

其次,广东省省内区域间经济布局不协调,但是区域经济的扩散效应初步显现,区域差距正在逐步缩小。广东省经济发展高度聚集在珠三角,粤东、粤西、粤北地区发展相对滞后。2010 年,广东省人均可支配收入最高地区(指地级以上市)与最低地区间的差距,"城镇居民人均可支配收入为 2.7 倍,农村居民人均纯收入为 3.6 倍,人均地方一般财政支出为 8.5 倍"②。在珠三角九市中,广州、深圳、佛山、惠州、中山、江门、肇庆经济增长速度快于全省平均速度,"广州、佛山、深圳的第三产业比重均超过了 50.0%,分别是 61.0% 和 52.7%"③,在现代服务业和先进制造业"双轮驱动"下,珠三角工业设计、软件信息服务、现代物流和电子商务等生产性服务业加快发展,产业高级化趋势明显,现代化产业体系正在形成。与此形成鲜明对照的是粤西、粤东、粤北地区仍然存在相当数量的贫困县、农业县。在市场经济和政府推动双重作用下,近年来粤东、粤西、粤北地区经济保持了快速增长的势头,依托资源优势,培育和壮大产业集群,立足资源要素禀赋与现有产业,实现了较快增长,与珠三角地区的发展差距正在逐步缩小。

再次,资源环境约束作用正在凸显。由于长期只重视国土空间的经济增长作用,忽视其生活服务与生态支撑功能,导致缺乏对全省生活空间和生态空间的合理布局。目前广东省某些地区不顾资源环境承载能力过度开发,带来了森林破坏、湿地萎缩等各种生态环境问题。粤东、粤西、粤北山区等地区作为全省生态屏障,原本承担着全省生态保护、水源保护、生物多样性保护等重要功能,

---

① 《去年地方财政总收入广东连续 22 年第一》,南方都市报,http://epaper.oeeee.com/A/html/2013-01/05/content_1787491.htm。

② 国家发展和改革委员会编:《全国及各地区主体功能区规划》(中),人民出版社,2015 年,第480 页。

③ 余云州著:《广东省区域经济发展报告 2010》,暨南大学出版社,2011 年,第 15 页。

但局部地区盲目发展工业,出现了生态环境恶化的趋势,可能危及全省的生态安全。从全省范围来看,未来可供开发利用的建设用地非常有限,资源环境对经济发展的约束作用逐渐显现。

最后,经济发展速度日益趋缓。通过对比改革开放以来广东省经济发展速度,可以比较明显看到近年来广东经济发展速度明显放缓。如图4-1所示。其中的一个重要表现就是固定投资减弱。从1989—2002年,广东固定资产投资一直居于全国首位,为广东经济较快发展奠定基础。但从2003年开始,广东固定资产投资增长乏力,目前广东固定资产投资额仅居全国第五位。①

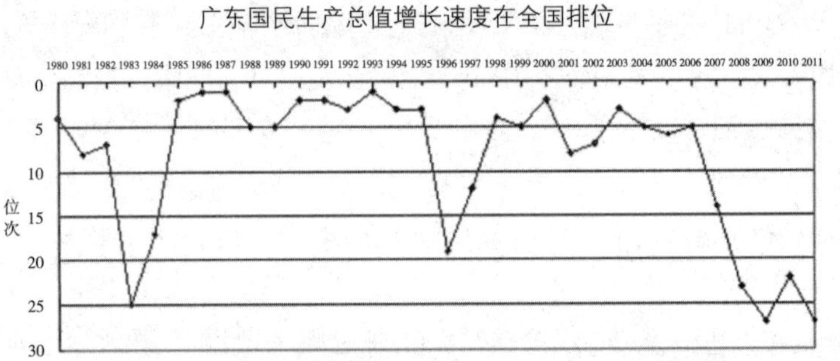

广东国民生产总值增长速度在全国排位

图4-1 广东国民生产总值增长速度在全国排位示意图②

为了能够在新的时期进一步促进广东经济的发展,广东省政府围绕国务院2008年底批复的《珠三角地区改革发展规划纲要(2008—2020年)》,出台了《实施〈珠江三角训地区改革发展规划纲要(2008—2020年)〉实现"四年大发展"工作方案》(2009年8月)、《(广东省)关于加快经济发展方式转变的若干意见》(2010年5月)、《(广东省)关于进一步推进产业转移工作的若干意见》(2010年11月)等一系列文件,加快珠三角经济一体化和粤东、粤西、粤北地区跨越式发展,推动经济进入创新驱动、内生增长的发展轨道,促进了广东省经济的健康发展。

---

① 《广东经济发展与全国对比分析》,广东统计信息网,http://www.gdstats.gov.cn/tjzl/tjfx/201306/t20130617_122574.html。

② 注:图转引自:广东省统计局综合统计处,广东经济发展与全国对比分析,http://www.gdstats.gov.cn/tjzl/tjfx/201306/t20130617_122574.html

## 二、广东主体功能区规划布局

根据《广东省主体功能区规划》的划分,广东省形成的国土规划格局是"核心优化、双轴拓展、多极增长、绿屏保护"。"核心优化"中的"核心"是指珠三角核心区,该区域在《全国主体功能区规划》中就被划为国家层面的优化开发区域。"双轴拓展"规定了珠三角地区向外辐射的两条主通道,是沿海拓展轴与南北拓展轴(深穗、珠穗—穗韶拓展轴),这意味着广东省经济新的增长点必须涵盖粤北、粤西和粤东三个部分。而"多极增长"中的"多极"包括了由重点开发区域——珠三角外围片区、粤东沿海片区、粤西沿海片区和北部山区点状片区构成的广东省经济新的增长极。"绿屏保护"中"绿屏",是指以广东省北部环形生态屏障、珠三角外围生态屏障以及蓝色海岸带为主体构成的区域绿地系统,是维护广东省生态环境与水源安全的"绿色屏障"。表4-1所示。

表4-1　广东省域范围主体功能区划分总表

| 功能区分类<br>(面积及占全省比例,平方千米) | | 范　围 | |
|---|---|---|---|
| 优化开发区域<br>(24379.1,13.55%) | 国家级优化开发区域<br>(24379.1,13.55%) | 珠三角核心区<br>(24379.1,13.55%) | 共包括6个地级以上市全部和7个市辖区 |
| 重点开发区域<br>(37437.6,20.81%) | 国家级重点开发区域<br>(13985.3,7.77%) | 海峡西岸经济区粤东部分(8564.2,4.76%) | 共14个县(市、区) |
| | | 北部湾地区湛江部分<br>(5421.1,3.01%) | 共6个县级市(区) |
| | 省级重点开发区域<br>(23452.3,13.04%) | 粤西沿海片区<br>(5168.3,2.87%) | 共包括5个县(市、区) |
| | | 珠三角外围片区<br>(8991.0,5.00%) | 共5个县(市) |
| | | 粤北山区点状片区<br>(9293.1,5.17%) | 共10个县(区) |

| 功能区分类<br>（面积及占全省比例，平方千米） | | 范　围 | |
|---|---|---|---|
| 生态发展区域<br>（118085.5,65.64%） | 国家级重点生态功能区（23515.0,13.07%） | 南岭山地森林及生物多样性生态功能区粤北部分<br>（23515.0,13.07%） | 共11个县（市） |
| | 省级重点生态功能区（37631,20.92%） | 北江上游片区<br>（15902.5,8.84%） | 共7个县（市） |
| | | 东江上游片区<br>（1967.4,1.09%） | 共1个县 |
| | | 韩江上游片区<br>（7515.6,4.18%） | 共4个县 |
| | | 西江流域片区<br>（4725.1,2.63%） | 共2个县 |
| | | 鉴江上游片区<br>（3083.1,1.71%） | 共1个县（市） |
| | | 分布在重点开发区域的山区县生态镇<br>（4437.6,2.47%） | 共29个镇 |
| | 国家级农产品主产区（56939.5,31.65%） | 粮食主产区<br>（47242.4,26.26%） | 共16个县（市） |
| | | 甘蔗主产区<br>（6450.5,3.59%） | 共3个县 |
| | | 水产品主产区<br>（3246.7,1.80%） | 共3个县 |
| 分布在优化、重点、生态发展三类区域的各类禁止开发区域共25646.2平方千米，占全省的14.25% | | 依法设立的各级自然保护区、风景名胜区、森林公园、地质公园、世界文化自然遗产、湿地公园及重要湿地等区域（911个） | |

注：资料来自《广东省主体功能区规划》。

　　珠三角地区是我国经济社会最为发达的地区之一，同时是全国城镇连绵程度最高、城市化水平最高和经济要素最密集的都市连绵区之一，同时也是面临着各种各样的"城市病"，是典型的大都市膨胀区。当前，环境资源承载力有限、生态环境差等问题已经成为制约珠三角地区可持续发展的瓶颈，同时受到由于劳动力成本、土地资源紧张等因素的影响,出现大量产业向外转移的现象,尤其是 2008 年金融危机以来,珠三角地区更是出现大量企业迁出或倒闭的现象。由此,该地区的产业升级和国土资源整合发展就成为珠三角地区下一步发展的迫切要求。为了能够对该地区空间进行有效协调,广东省政府多次通过《珠江三角洲经济区城市群规划》(1995 年)、《珠江三角洲城镇群协调发展规划(2004—2020)》(2003 年)等空间规划的方式进行发展布局,2008 年底更推动出台了《珠三角地区改革发展规划纲要(2008—2020 年)》,以促进该地区的空间优化和产业升级。

珠三角地区的优化开发必然引起大量的产业转移,而由于广东省进行转移的相关产业以劳动力密集型产业为主,所以伴随着产业转移必然出现大规模的人口扩散。根据主体功能区规划的要求,粤西、粤东和部分粤北地区作为国家级和省级的重点开发区,就自然成为产业转移和人口扩散的承接地。在"双转移"战略中,广东省为这些地区的发展制定了优惠政策,并通过园区对接、区域合作等多种方式,实现了珠三角地区对这些地区的带动发展作用。

省内生态补偿制度也是广东省主体功能区布局的重要组成部分。粤北山区是广东省重要的农业生产空间,同时是重要的生态屏障和水源保护地,为广东省提供了生态产品。主体功能区规划中把粤北山区大部分划为限制开发区,不允许进行大规模工业化、城镇化开发,必然要建立相应的生态补偿机制。广东省生态补偿机制的特点在于以省内纵向转移支付为主。由于生态补偿以省内为主,而省内对于这部分地区限制开发政策不足,同时又受到"双转移"政策的影响,总体上来看,对限制开发区的工业开发制约不足,约束效果并不理想。所以,粤北山区既是广东生态补偿机制的重点对象,同时还有大量的承接产业转移园区不断建立。

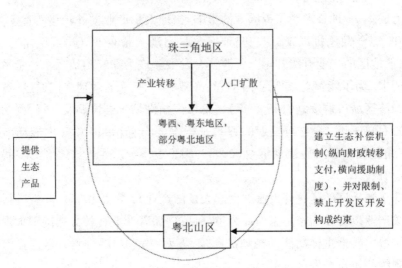

**图4-2 广东省主体功能区区际关系示意图**

综上所述,主体功能区规划在广东的布局是把珠三角地区划为优化开发区、粤西、粤东和粤北部分地区划为重点开发区,粤北山区划为重点生态功能区。这一布局下的区际关系如图4-2所示。在主体功能区布局下,广东省出现的区际关系基本局限于省内完成。主要包括三个部分:珠三角地区实现对自身的空间优化和产业升级;珠三角地区部分产业和人口向粤西、粤东和部分粤北地区扩散;粤北山区工业开发受到限制,同时广东省省内通过生态补偿机制对粤北山区进行生态补偿。

## 第二节 广东主体功能区规划的实现

从以上分析可以得出,广东主体功能区规划布局的实现与其他省份的关系不大,在主要的主体功能区功能实现和影响上都局限于省内。在此基础上,广东省主体功能区规划(包括优化开发区、重点开发区、限制开发区)的实现形式也大体依靠本省力量实现。从三种主体功能区的情况来看,在广东省优化开发区的形成问题上,中央政府与广东省政府的目标基本是一致的,中央政府基本上放权于省,没有过多干预;在广东省重点开发的形成问题上,广东省政府实际上是采取了"拦坝蓄水"的方式,与中央政府目标并不完全一致,但是也能够实现国家布局与地方利益的结合,基本上也是以地方为主导的;在限制开发区的形成问题上,由于广东省限制开发基本上只为本省提供生态产品,也以省内生态补偿制度为主。

## 一、放权于省：广东优化开发区空间整合

广东省域范围的优化开发区域指的是国家级优化开发区域——珠三角核心区。珠三角地区面临的主要问题是开发强度过大，生态环境恶化，是典型的大都市膨胀地区。其原因在于城市群内部治理机制不能满足发展需要，"在区域功能、规划建设、环境保护以及社会治理等方面存在突出的协同性问题，城市群内部合作与协调发展不足，区域治理模式受到行政区经济影响较大"①。为此，必须构建与完善政府间协调机制，推动城市群各城市政府间的相互协调与磋商，更好地打破行政壁垒，促进城市群一体化形成。为此，规划编制过程中《全国主体功能区规划》把珠三角地区作为三个国家级优化开发区之一，《广东省主体功能区规划》进一步提出必须要对珠三角进行空间布局，应该以广州、深圳、珠海为核心，以广州、佛山同城化为示范，积极推动广佛肇（广州、佛山、肇庆）、深莞惠（深圳、东莞、惠州）、珠中江（珠海、中山、江门）三个城市组团的建设，构建珠江三角洲一体化发展格局。在推进过程中，对珠三角的优化开发基本上由广东省政府负责，中央政府没有过多干预。广东省政府对珠三角地区空间进行了优化整合的方式主要有以下四种。

（一）通过地方行政权力对珠三角空间优化整合

省内行政权力调控可以为珠三角优化开发提供有效协调。广东省政府通过行政权力的方式对珠三角城市空间进行直接调控和整合，推动了珠三角地区空间优化开发。通过行政权力整合可以分为两种：一种是政府职能部门协调，"条条整合"。另一种是行政领导协调，"块块整合"。而无论是"条条"还是"块块"，整合都可以在省内的范围内形成。两种方式都在珠三角城市空间协调问题上起到了重要作用，从不同方面推动了优化开发区的形成。

随着市场经济的不断完善，建设部门、国土部门等专门对城市空间进行管理的"条条"部门逐步建立起来。通过这些职能部门的常规管理，对下级政府进行有效约束，从而实现区域的协调是对城市发展协调的有效方式。例如，广东省建设厅指导全省城乡规划的编制、实施和管理工作，负责省人民政府交办的城市总体规划、市域城镇体系规划的审核报批和监督实施，参与土地利用总体

---

① 《政府应设立城市群建设考核机制》，《南方日报》，2013 年 11 年 19 日。

规划等相关规划的审核。① 而国土厅同时负责相关事务,组织开展节约集约利用土地工作。拟订节约集约用地政策并组织实施,拟订建设用地使用权流转、储备、供应等政策,指导基准地价、标定地价的制定与公布,规范土地市场秩序。②

除"条条整合"之外,"块块整合"对地方利益的协调更为重要。政府职能部门的协调往往限于一般日常事务的执行,而重大事项的决定往往是由行政领导完成的。以珠三角城市政府间协调最重要的广深合作为例。2012 年底,广东省主要领导在视察时提出,广深两市应该加强分工与合作,共同承担起区域中心城市的作用。这一提议直接推进了珠三角广深两市的合作。2013 年 1 月,广州市政府首次把"加强与深圳的合作"写入政府工作报告。深圳市政府主要领导也相应提出:"实际上广州和深圳两个市紧密合作的事项特别多,未来一定会通过共同合作、优势互补,更好地发挥双中心的驱动作用。"③当年 6 月,广深两市政府签署了《战略合作框架协议》。④ 至此,广深合作为珠三角政府间新阶段的空间协调迈出了重要一步。但是,目前广州、深圳、珠海三大核心城市的合作还没有完全推动,需要进一步协调。

### (二)设立珠三角城市间协调机构

广东省政府多年以来设立的政府协调机构是珠三角优化开发的机构保证。作为我国发展程度最高的城市群之一,珠三角城市群协调机构的建立长期领先于其他城市群。1994 年,珠三角就成立了常务副省长为组长的珠江三角洲经济区规划协调领导小组,这一部门 1999 年改组称为"珠三角经济区现代化建设协调领导小组"。2003 年又提出设立"市长联席制度",2006 年成立了珠江三角洲城镇群规划管理办公室作为常设机构,及时对《珠江三角洲城镇群协调发展规划(2004—2020)》实施中产生的问题与矛盾进行协调,以保障该规划的落实。

2008 年,一个重要的纲领性文件——《珠江三角洲地区改革发展规划纲要(2008—2020 年)》正式发布。为此,广东省政府成立了《珠江三角洲地区改革发展规划纲要(2008—2020 年)》领导小组,并要求在规定的日期内开展城市间

---

① 《广东省住房和城乡建设厅机构简介》,广东省住房和城乡建设厅,http://www. gdcic. net/Gd-cicIms/front/Message/GovMessage. aspx? MessageID = 102882。

② 《广东省国土厅机构职能》,广东省国土资源厅,http://www. gdlr. gov. cn/cms/leader_intro/organ_intro. jsp。

③ 《充分发挥穗深"双引擎"作用 携领珠三角打造世界级城市群》,《广州日报》,2013 年 6 月 9 日。

④ 《珠三角建"双核"难阻"兄弟相争"》,《中华工商时报》,2013 年 6 月 19 日。

的联席会议(见表4-2所示)。这一规划重点关注了交通一体化、环境保护、基本公共服务一体化、产业协作等问题。经过这一规划的编制工作,珠三角经济社会发展的一体化水平不断提高。

表4-2　珠三角三大城市圈合作机制与合作内容[1]

| 城市圈 | 合作机制 | 协议名称 | 协议签订时间 | 合作领域 |
|---|---|---|---|---|
| 广(州)<br>佛(山)<br>肇(庆) | 党政领导小组<br>市长联席会议<br>专责小组<br>发展研讨 | 广佛肇经济圈建设合作框架协议 | 2009年6月 | 环境保护、旅游合作、科技创新、社会事务、区域合作、规划对接、交通运输、产业协作,八个领域。 |
| 深(圳)<br>(东)莞<br>惠(州) | 党政领导联席会议<br>政府工作协调机制<br>专责小组 | 推进珠江口东岸地区紧密合作框架协议 | 2009年2月 | 交通运输、发展规划、区域创新、能源保障、信息网络、水资源及城市防洪、环境生态、产业发展、社会公共事务,九个方面。 |
| 珠(海)<br>中(山)<br>江(门) | 党政领导小组<br>市长联席会议<br>专责小组 | 推进珠中江区域紧密合作框架协议 | 2009年4月 | 科技交流、交通先行、规划引领、环境共治、产业协作、对接港澳、服务粤西、应急协同,八个领域。 |

除了珠三角综合性的协调部门之外,珠三角还设立了各种与主体功能区相关的专业性区域协作机构,以实现对跨区域合作项目的具体操作、各方权责以及对实施结果监督、管理等方面的落实。专业型的区域协作机构可以集中资源解决城市群发展过程中的某个特定问题,例如"广东珠三角城际轨道有限公司统一对城际轨道进行规划、建设及运营,解决城市间快速轨道通勤的问题"[2],为了能够进一步推动优化开发区的开发,可以在诸如环境污染治理、公共交通运营等领域建立跨区域合作的机构和机制。

(三)编制实施珠三角相关规划

规划是市场经济条件下政府管制经济的重要手段,地方政府发展区域经济往往也通过对上级争取规划的方式实现,所以有些专家认为地方政府"以前习

---

　　[1]　冯邦彦、尹来盛:《城市群区域治理结构的动态演变——以珠江三角洲为例》,《城市问题》,2011年第7期。

　　[2]　黄炀、李敏胜、李建学:《面向珠三角城市群管治协调的分析与探讨——基于对美国大都市区治理的思考》,《城市时代,协同规划——2013中国城市规划年会论文集(10-区域规划与城市经济)》,2013年11月。

惯的说法是'跑步前进',现在不只是跑项目来了,也开始是跑规划"①。

广东省一贯重视规划的方式来实现区域管治,一系列省内出台的相关规划为珠三角优化开发提供了规划基础。早在 1995 年,广东就在全国率先编制了《珠江三角洲经济区城市群规划》。随后,广东省政府陆续编制了《珠江三角洲城镇群协调发展规划(2004—2020)》《珠江三角洲地区改革发展规划纲要(2008—2020 年)》《大珠江三角洲城镇群协调发展规划研究》等重要规划,专门针对珠三角城市群进行了布局。同时,广东省的相关规划,如《广东省城镇体系规划(2007—2020 年)》《广东省环境保护规划(2006—2020 年)》《广东省土地利用总体规划(2006—2020 年)》也为主体功能区规划提供了规划支撑。尤其是 2013 年 5 月刚刚经过广东省政府审议通过的《广东省国土规划(2006—2020年)》,在规划目标、规划理念、规划对象等各方面与主体功能区十分相似,对实现主体功能区有很大帮助。

但是,规划形式本身也具有很大的局限性,其作用主要体现在"对下层次规划编制的指导上",但是其对现实开发行为的约束力难以实现。规划的要求往往与区域有效管治和实际建设运行存在一定差距,实施效果远未达到规划编制的预期目的,原因是"没有落实到空间,缺乏切实的保障手段,难以起到有效地保护生态环境的作用"。"在不少工业园区,只要有项目来,尤其是大项目,所谓的开敞区、生态敏感区一般都不成为障碍。"②

## 二、省内转移:广东重点开发区的开发

与珠三角地区优化开发紧密相关的是大量相关产业向欠发达地区的迁移。对于国家来说,最符合主体功能区布局的是由内陆的重点开发区来承接珠三角的产业转移,但是这样一来并不符合广东省的地方利益,而通过省内重点开发区承接产业转移的方式则是双方都能够接受的做法。为此,《广东省主体功能区规划》中把广东省的重点开发区域定位为"珠三角核心区产业重点转移区",要求积极、有序、有选择地承接珠三角核心区的产业转移,促进全省产业升级与区域经济协调发展。广东省政府推动了省内"双转移"的战略,引导珠三角相关产业定向转移到省内欠发达地区。但是,这样一来地方政府对于市场的干预过强,实际上扭曲了地方经济,并不利于资源的优化配置,不符合主体功能区建设

① 樊杰:《对主体功能区规划价值的普遍共识正在形成》,《21 世纪经济报道》,2013 年 5 月 13 日。

② 方忠权、余国扬:《优化开发区域的空间协调机制研究——以珠江三角洲为例》,中国经济出版社,2010 年,第 120 页。

的要求。

（一）"拦坝蓄水"：广东重点开发区开发中的地方利益

近年来，珠三角地区受到产业结构升级、土地资源紧张、劳动力成本、资源环境压力等因素的影响，出现产业向外转移的现象，尤其是 2008 年金融危机以来，珠三角地区更是出现大量企业迁出现象。据调查，珠三角企业有 37.8% 选择珠三角内部迁移或规模扩张；47.8% 选择迁移到珠三角以外的其他地区，其中向广东省内的东西两翼与北部山区迁移的只占到 14.6%，迁移到泛珠三角地区的占 20.3%（以广西、福建、湖南及江西居多），向其他地区迁移的占 12.9%。①

从中央的要求出发，珠三角应该带动尽可能多的区域发展。所以，国家在全国主体功能区布局的过程中，对于江西、湖南、广西、福建等广东周边省份的重点开发区往往有承接珠三角产业转移的定位，甚至鼓励西部和东北等地区吸引珠三角地区的产业转移，并且长期以来出台了不少具体区域政策。例如自1999 年以来，中央政府先后推出了"西部大开发"战略、"东北等老工业基地振兴"战略和"中部崛起"战略，并采取了大量相关政策措施，来促进珠三角等发达地区企业进入到中西部、东北和中部地区。为了进一步推动这些战略的实施，2006 年商务部推动了"万商西进"工程的开展，这一工程旨在促进更多企业在中西部地区投资，为此商务部与当地政府合作建立了一大批承接产业转移示范园区和国家级承接产业转移基地。2007 年 12 月，财政部和国家税务总局为支持城市企业的搬迁改造，共同发布了《关于企业政策性搬迁收入有关企业所得税处理问题的通知》。这一文件中对城市企业政策性搬迁收入的企业所得税处理方式进行了减免，有利于城市企业的搬迁改造。同时，对内陆地区批复了一批区域规划，在这些规划中赋予了当地政府采取有利于承接产业转移的政策的权限。总之，从国家层面，我国采取了很多政策引导珠三角企业向内陆地区迁移。

但是珠三角企业向广东省外的迁移却恰恰是广东省利益的绝对损失。珠三角空间优化整合必然引起珠三角地区产业升级和对外的产业转移，而在目前的财税体制和政绩考核体系下，产业转移引起的暂时地区生产总值下降首先会使广东省利税减少，政绩考核中表现不佳。同时，大量企业被国家政策引向了土地资源、劳动力资源更为丰富的内地，造成了广东省内以粤东、粤西、北部山

---

①　刘力、张健：《珠三角企业迁移调查与区域产业转移效应分析》，《国际贸易探索》，2008 年第10 期。

区为主的落后地区的机会成本的丧失,增加了这些地区发展的难度。最后,实际上迁往外省的企业由于地方配套不完善、投资环境不佳等各种原因经营不善,甚至被迫迁回珠三角的案例也屡见不鲜。

综上所述,目前珠三角产业升级引起的产业转移形势不利于广东本省的经济发展。为此,广东省政府推动的省内产业转移实际上就是通过政策方式把流向外省的产业留在本省。一个方面为珠三角地区的"腾笼换鸟"置换出了发展空间,另一个方面通过"拦坝蓄水"的方式实现了地方的利益,同时也实现了对粤西、粤东、粤北山区等省内欠发达的开发。

(二)广东省内产业转移的施行

在这种情况下,广东省一方面为了实现珠三角企业的扩散,另一方面避免本省地区生产总值的下降,积极推动了省内产业转移,这一做法对粤西、粤东等广东省重点开发区的开发具有重要意义。

2005年3月,《关于广东省山区及东西两翼与珠江三角洲联手推进产业转移的意见(试行)》出台,标志着广东省政府干预产业转移行为的开始。在这一文件中,要求通过欠发达地区与珠江三角洲共建产业转移工业园等方式,实现山平(山区—平原)、上下(上游—下游)、陆海(内陆—沿海)之间产业对接,从而达到对广东省重点开发区的开发。此后,广东各地进行了省内产业转移的尝试,逐步形成了一批产业转移园区,有力地推动了粤西、粤东等地区的开发。如表4-3所示。

表4-3 珠三角与重点开发区地方政府共建产业转移工业园情况表[①]

| 编号 | 工业园区名称 | 区域 | 规划承接的主要产业 | 主体功能区 |
|---|---|---|---|---|
| 1 | 深圳盐田(梅州)产业转移工业园 | 粤北山区 | 电子信息、电气及自动化 | 省级重点开发区域 |
| 2 | 中山(河源)产业转移工业园 | 粤北山区 | 电子通讯及器材、机械模具 | 省级重点开发区域 |
| 3 | 佛山顺德(云浮新兴新成)产业转移园 | 粤北山区 | 轻工机械、电子通讯 | 省级重点开发区域 |
| 4 | 佛山禅城(云城都杨)产业转移工业园 | 粤北山区 | 机械制造、家具 | 省级重点开发区域 |

---

① 资料来源:刘铮等:《生态文明与区域发展》,中国财政经济出版社,2011年,第88页。

| 编号 | 工业园区名称 | 区域 | 规划承接的主要产业 | 主体功能区 |
|---|---|---|---|---|
| 5 | 东莞凤岗（惠东）产业转移工业园 | 粤北山区 | 鞋业、家用电器 | 省级重点开发区域 |
| 6 | 佛山（清远）产业转移工业园 | 粤北山区 | 机械制造、医药 | 省级重点开发区域 |
| 7 | 深圳南山（潮州）产业转移工业园 | 粤东 | 机械制造、新材料 | 国家级重点开发区域 |
| 8 | 佛山顺德（廉江）产业转移工业园 | 粤西 | 小家电制造和加工 | 国家级重点开发区域 |
| 9 | 深圳龙岗（吴川）产业转移工业园 | 粤西 | 电子、玩具 | 国家级重点开发区域 |
| 10 | 广州白云江高（电白）产业转移工业园 | 粤西 | 电子电器、纺织服装 | 省级重点开发区域 |
| 11 | 中山石岐（阳江）产业转移工业园 | 粤西 | 电子信息、日用电器 | 省级重点开发区域 |
| 12 | 佛山禅城（阳东万象）产业转移工业园 | 粤西 | 五金机械、家具 | 省级重点开发区域 |

2008年5月,《关于推进产业转移和劳动力转移的决定》出台,广东省政府正式提出了"双转移"战略,即"珠三角"劳动密集型产业应当向广东省东西两翼和粤北山区迁移;而广东省东西两翼、粤北山区的劳动力,一方面应当向该地区第二和第三产业迁移,同时当地的一些较高素质劳动力,应当向广东省经济更为发达的珠三角地区迁移。这一决定恰好与当前制定的《广东省主体功能区规划》要求基本一致。《关于推进产业转移和劳动力转移的决定》提出的主要目标是:力争到2012年,珠三角地区功能水平显著提高、产业结构明显优化,东西两翼和粤北山区在办好现有产业转移工业园基础上,形成一批布局合理、产业特色鲜明、集聚效应明显的产业转移集群,推动广东省产业竞争力位居全国前列。人力资源得到充分开发,劳动力素质整体提升,就业结构整体优化,广东省劳动力就业比重提高,农村劳动力在城镇就业以及向二、三产业转移成效显著。

根据《广东省主体功能区规划》要求,广东省境内的重点开发区域主要分为三个部分,各有承接的重点。海峡西岸经济区粤东部分主要承接"电子信息、玩具、陶瓷、精细化工、纺织服装、机械制造、医疗器械、音像制品、医药及食品等优势产业",北部湾地区湛江部分和粤西沿海片区主要"积极承接珠三角及国内外产业转移,重点发展临港钢铁、石化、装备制造、能源、物流等产业,建设主要利用海外资源的沿海重化工业产业带"。珠三角外围片区"地处珠三角核心区的外围,处于承内启外的重要区位,资源、环境承载力比核心区强,是核心区产业转移的就近承接地和珠三角对外辐射的门户区域。""积极推进与珠三角核心区、粤东、粤西、山区对接的放射状通道的建设。加快核心区基础设施网络向外围区域的延伸,形成完善的珠三角基础设施网络体系。"粤北山区点状片区"呈点状分布于广东省北部山区,要依托资源优势,积极承接珠三角及国内外产业转移,完善城区服务功能,增加聚集人口的能力,建设成为北部山区的增长极与服务中心,带动山区经济社会发展。"

(三)广东省重点开发区开发方式评价

"双转移"战略总体上能够推动主体功能区战略的实现,如广东省领导所说:"出台产业转型升级政策,推进了主体功能区建设"①,但是不加选择地向欠发达地区转移产业和劳动力也有不利于主体功能区建设的一面。

广东省政府推动的"双转移"战略对于广东省重点开发区开发有巨大的助推作用。第一,推动了粤西、粤东等地区发挥比较优势,扩大招商引资和加快产业建设,促进当地经济的迅速发展。第二,促进粤西、粤东地区与珠三角的产业联系,有利于优化开发区对重点开发区带动作用的发挥,避免省内经济发展的恶性竞争,实现省内区域经济协调发展。第三,因为珠三角产业基本上是依赖外省劳动力的产业类型,所以在实现了产业转移的过程中,也妥善解决了粤西、粤东地区的劳动力安置问题,推动了粤西和粤东地区城镇化的实现。

但是"双转移"战略的实施也对广东省经济发展造成了一些不利影响。"双转移"战略是政府推动下的行政手段为主导的行为,即通过政府动员相关企业把研发设计、组装和总部留在原地,而把生产环节转移出去。但是从理论上讲,区域经济的扩散和产业转移应该是一种以市场为主导的行为,其主体应该是企业。珠三角地区产业转移的过程应该是企业根据现有市场或潜在市场的实际情况,根据自身需要安排技术、设备和资金等的使用方向。社会主义市场经济下的企业应当拥有充分的自由,而"双转移"战略通过园区对接等方式,强行引导可以迁往湖南、江西和长三角地区的企业,是对市场的过度干预。

这种大规模的工业转移园区建设也不符合主体功能区建设的要求。在"双转移"过程中,大量污染严重、技术含量低的劳动密集型企业被地方政府引导、

---

① 朱小丹:《广东探索主体功能区建设新路子》,《行政管理改革》,2011 年第 4 期。

转移到了经济欠发达地区,例如珠江上游,而这些地区是为广东省全省提供饮用水的水源地区。从主体功能区的角度来看,这些地区很多都属于限制或禁止开发区域,在主体功能区规划中其主体功能定位是提供生态产品,担负着重要的生态功能,忽视粤北山区的生态基础,可能会严重影响整个广东省的生态环境。万一出现严重的恶性环境污染事件,还可能会对整个珠江流域造成恶劣影响。虽然"双转移"战略也强调必须在双转移过程中加强环境保护工作,但是实践表明,在产业发展面前环境保护很难奏效。例如广州市白云区担负着重要的景观生态功能,区内有大面积的饮用水源保护区,但由于地方政府过分追求经济增长,在发展和引进工业项目时,往往对生产技术含量低,有环境污染的工业网开一面,"一些计划的工业园区,总体规划没有出来,有污染的工业就已经进驻"[①]。据有关学者调研发现,"双转移"过程中所谓的环境评价只是走过场,"60% ~ 70%的园区和项目建设没能落实相应的环保要求"[②]。

### 三、省内生态补偿制度的建立:广东省限制开发区的形成

由于我国落后地区开发以前的思路是区域协调发展,而主体功能区的思路应该是建设生态文明,两者有着"地域的繁荣"与"人的繁荣"之间的固有矛盾,表现为实践中有些做法并不一致。这样,广东省之前的很多做法并不符合主体功能区的要求。这一转变需要地方政府通过自身理念的转变,建立省内生态补偿制度,逐渐取代以前的思路。而最为根本的仍然需要从地方财政和绩效考核两个方面入手,目前广东省在推进主体功能区试点工作中已经在这些领域进行了一些尝试。

（一）"地域的繁荣"与"人的繁荣":限制开发区发展的困境

广东省的限制开发区主要集中在粤北山区。长期以来都是广东省经济上最落后的地区,而长期以来的思维就是认为这些地区与珠三角等发达地区经济发展差距过大,应该采取区域经济协调发展的方式来解决此类问题。但是主体功能区则是另一种思维。主体功能区规划认为这些地区与发达地区发展差距过大的根源在于自然环境的限制,如果简单通过加大开发力度的方式只能破坏这些地区的生态环境,使这些地区更难于脱贫,而这些地区自然环境被破坏之后,必然会导致整个区域的环境恶化,从而使发达地区的发展也难以保证。为

---

① 方忠权、余国扬:《优化开发区域的空间协调机制研究——以珠江三角洲为例》,中国经济出版社,2010 年,第 199 页。

② 《广东区域功能规划 11 月报国家审批》,《南方都市报》,2008 年 9 月 10 日。

此,主体功能区战略创立了生态产品的概念,认为这些地区提供的是生态产品,应该得到受益地区经济上的补偿,并且应该由城市化地区通过城镇化、工业化的方式吸纳当地人口,减轻当地环境压力,实现公共服务的均衡化。有学者认为这两种视角之间的矛盾是"地域的繁荣"(区域协调发展)与"人的繁荣"(主体功能区)两种观念之间的矛盾,而这两者之间的冲突在广东省的相关政策中鲜明地表现出来。

一个方面是广东省按照以前的思路推出的一系列政策,集中表现为珠三角地区的"双转移"战略在限制开发区的实施。广东省目前推动欠发达地区的发展的一个重要手段是"双转移"战略的推行。从目前的情况来看,珠三角地区倾向于向外转移的产业主要是化学原料及化学制品制造业,有色金属冶炼及压延加工业,造纸及纸制品业,非金属矿物制品业,皮革、毛皮、羽毛(绒)及其制品业,家具制造业,食品,橡胶制品业,塑料制品业及其他低端制造业。这些产业的最大特征是"双高",即高耗费、高排放产业,也就是说在生态承载力本就十分薄弱的重点生态发展区承接这些产业可能从根本上损害其可持续发展的能力。但是由于这些项目能快速地解决地方政府的财政问题,并实现地区经济的快速发展,所以粤北山区及粤西、粤东地区的生态发展区地方政府往往会选择承接这些产业。目前在限制开发区建立的合作工业园区如表4-4所示。

表4-4 珠三角与限制开发区地方政府共建产业转移工业园情况表[①]

| 编号 | 工业园区名称 | 区域 | 规划承接的主要产业 | 主体功能区 |
|---|---|---|---|---|
| 1 | 东莞石碣(兴宁)产业转移工业园 | 粤北山区 | 汽车、五金机械 | 国家级重点生态功能区 |
| 2 | 深圳福田(和平)产业转移工业园 | 粤北山区 | 钟表制造、电子及通信设备 | 国家级重点生态功能区 |
| 3 | 东莞石龙(始兴)产业转移工业园 | 粤北山区 | 电子、精密机械装备 | 国家级重点生态功能区 |
| 4 | 中山大涌(怀集)产业转移工业园 | 粤北山区 | 家具、金属制品 | 国家级农产品主产区 |
| 5 | 顺德龙江(德庆)产业转移工业园 | 粤北山区 | 打火机(烟具)制造、家具 | 省级重点生态功能区 |

① 资料来源:刘铮等:《生态文明与区域发展》,中国财政经济出版社,2011年,第88页。

| 编号 | 工业园区名称 | 区域 | 规划承接的主要产业 | 主体功能区 |
|---|---|---|---|---|
| 6 | 东莞桥头（龙门金山）产业转移工业园 | 粤北山区 | 服装、家具 | 国家级农产品主产区 |
| 7 | 东莞大朗（海丰）产业转移工业园 | 粤东 | 电子信息、生物技术 | 国家级农产品主产区 |
| 8 | 东莞大朗（信宜）产业转移工业园 | 粤西 | 毛纺织业、农林产品深加工 | 省级重点生态功能区 |
| 9 | 中山火炬（阳西）产业转移工业园 | 粤西 | 纺织服装、食品医药 | 国家级农产品主产区 |
| 10 | 东莞长安（阳春）产业转移工业园 | 粤西 | 电子电器、服装 | 国家级农产品主产区 |

另一个方面是《广东省主体功能区规划》中关于限制开发区的定位和要求。根据主体功能区规划的要求，粤北山区等限制开发区作为水源保护区，上游地区的生态屏障义务成为具有约束力的要求，在承接和引进工业项目上受到更加严格的限制，这样通过大规模推进工业化进程和承接经济发达地区的产业转移从而摆脱"贫困化困境"的传统做法将变得不可能，给"区域的繁荣"带来了挑战。

首先，限制开发区的划分实际上剥夺了这些地区的发展权，加大了当地经济发展的难度，提高了限制开发区的经济发展的门槛。划定限制开发区之后，必然要求这些地区对污染大的产业进行限制。但是由于限制开发区当地政府财政能力和经济实力十分有限，短时间内难以有替代产业的迅速跟进，必然造成限制开发区的产业发展进程的困境。

其次，限制开发区的划分可能会进一步拉大区域经济发展的差距。虽然从生态效益视角分析，限制开发区的划分，尤其是重点生态功能区的确立将对该地区高污染产业的发展形成限制，但是在这些地区限制相关产业的发展，"对增加当地财政收入和带动区域经济增长效果又最为明显，这意味着让生态发展区牺牲了部分发展权，牺牲了区域的经济利益"[1]，最终必然延缓生态发展区的发展速度，从而使限制开发区与优化开发、重点开发区的差距越来越大。

---

[1]　赵丽、刘芳娜：《关于广东生态发展区建设若干问题的思考》，《韶关学院学报》（社会科学），2010年第4期。

最后,限制开发区的划分可能会造成当地财政的困难,要求建立相应的生态补偿机制。根据主体功能区规划对限制开发区的要求,一方面限制开发区区域利益的绝对损失,必然要求对其进行生态补偿。从人口的角度来分析,鼓励限制开发区内的人口向优化开发区和重点开发区转移,"人口迁出区域,在基础教育阶段的投入不能得到相应的回报,而迁入区域却得到现成的产出,降低了人口迁出区域公共服务的产出效率,主体功能区划的政策保障体系应包含'限制''鼓励'和'补偿'三个方面的内容,广东生态发展区(即重点生态功能区)的健康持续发展,必然需求'补偿'机制"①。另一方面,限制开发区的建设需要大量的财政,当地政府根本无法独立负担。广东限制开发区,尤其是重点生态功能区不但需禁止森林砍伐和木材加工,防止河流污染,还要为生态恢复和建设承担相应的支出。在生态方面的投入将是巨大的,由欠发达地区地方政府承担根本不可能,而且这些生态工程的投入受益者是整个广东省,应该由广东省政府对其进行生态补偿。

(二)省级生态补偿机制的建立与存在的问题

根据以上的分析,目前广东省限制开发区政策主要思路仍然是区域协调发展。这一思路虽然从主体功能区的角度来分析存在一些缺陷,但是完全放弃这一思路在目前生态补偿机制不完善的阶段是不现实的。随着符合主体功能区要求的生态补偿机制建立和完善,应该通过逐步替换的方式实现两种思路的转换。

由于我国生态功能区面积广大,目前还没有全部由国家财政提供支持。国家财政部对于我国重点生态功能区的支持集中于黑龙江、内蒙古、陕西、湖南等中西部地区,东部地区由于省级财政相对充裕,目前完全由各省根据国家相关制度推出本省的生态补偿制度。2012 年 4 月,《广东省生态保护补偿办法》正式印发各级政府,标志着广东省的生态补偿制度正式建立。但是目前这一制度尚处于不完善的状态,不能完全取代之前的相关政策,应该针对目前存在的各种问题进一步完善,从而实现对之前政策替换。

首先,广东省生态补偿金额离对于重点生态功能区的需要还有较大差距。韶关山区作为广东省最重要的生态屏障,一方面生态功能极为重要,另一方面生态系统具有脆弱性。但是根据《广东省生态保护补偿办法》,"在 2012 年 5 个

---

① 隋春花、赵丽:《广东生态发展区生态补偿机制建设探讨》,《经济地理》,2010 年第 7 期。

县获得了 3000 万生态补偿,所有金额共计仅 1.5 亿"[①]。与韶关山区在生态环境保护中的所投入的人力、资金相比相距甚远。

其次,目前广东省重点生态功能区已经有了相当的工业开发存量,按照主体功能区规划要求应该迁移到重点开发区,但是目前生态补偿机制没有对于这部分产业的补偿。由于长期以来工业开发的思路,加上近几年广东省政府推动的"双转移"战略把主体功能区重点生态功能区同样作为重要转移方向,这些地区承接了大量钢铁、有色金属、电力、烟草、机械制造、制药、电子信息等"三高"(高能耗、高污染、高毒害)产业。这些产业在当地经济发展和地方财政中扮演了重要角色,但是也对当地生态环境形成了一定威胁,长期存在不利于对当地环境的保护。根据主体功能区规划的要求,这些产业需要迁出重点开发区,但是根据目前的生态补偿机制,当地没有相关补偿,必然难以实现当地的限制开发要求。

再次,目前生态补偿只是解决了对重点生态功能区对于当前条件下的补偿,但是随着经济社会的发展,相关补偿标准应该进行动态调整,必须完善多方协商的生态补偿长效机制。根据主体功能区规划的理念,重点生态功能区为全社会提供的是生态产品,这种产品无法通过市场机制提供,必须通过政府建立生态补偿机制来提供。但是政府机制难以解决重点生态功能区的发展机会和发展权的定价问题,这一问题的解决需要广东省政府与当地政府,包括其他相关主体通过协商的方式进行动态调整,形成长效机制。

最后,不开发的发展如何实现的问题。在区域经济协调发展的思路下,发展就意味着通过工业化开发的方式促进欠发达地区的发展,在这一思路下可以充分发挥欠发达地区在经济上的比较优势。仍然以韶关市的经济发展为例。韶关市誉为"中国有色金属之乡",有色金属储量丰富,目前已探明拥有一定储量的矿产 23 种,多种有色金属居广东省第一。根据这一资源优势,目前韶关发展了多种矿产产业,例如"乳源氯碱化工、南雄精细化工、韶关钢铁厂、韶关冶炼厂、仁化有色金属循环经济、大宝山矿、凡口铅锌矿等高耗能、高污染企业"[②],这些产业的发展造成大量工业排放出的废水、废气和固体垃圾对周围的环境造成了污染,甚至影响了下游珠江三角洲地区的生产生活。但是既要淘汰目前"两高"(高污染、高耗能)产业,又要求当地发展经济,就必须推动可以替代的

①②　郭月凤:《生态文明建设背景下广东山区生态补偿问题的探索——以广东粤北韶关山区典型生态补偿为例》,《当代经济》,2013 年第 13 期。

新兴产业,促进企业的顺利转型。而目前能够替代工业化开发的新兴产业仍然没有出现,使"不开发的发展"难以实现。

(三)根本出路:财政体制和绩效考核体系改革

对于限制开发区的生态补偿和工业开发之间的矛盾,根源实际上在于我国目前的财政体制和绩效考核体系。目前我国财政体制和绩效考核体系已经开始酝酿改革,但是尚未完全发布。而广东省在本省范围内进行了改革,并出现了一些好的做法,这些做法在一定范围内能够起到部分的调和作用,但是要根本解决这类问题,还必须依靠国家财政体制和绩效考核体系的根本转变。

1. 广东财政体制改革的尝试

从主体功能区的角度分析,发展与保护之间的矛盾是限制开发区面对的主要问题。为此,广东省一些限制开发区试点的地区针对这一问题进行了局部的财政体制改革,从财政的角度较好地解决了这一问题。同时,广东省政府也通过财政转移支付倾斜的方式,制定了有利于推动主体功能区建设的财政政策。

在各试点的限制开发区中,财政的倾斜是必然采取的措施,很多财政体制改革试点取得了良好的效果。以清远市为例,清远市位于粤北山区,境内有部分县被划为生态发展区。为了建立适宜对生态发展区进行补偿的财政政策,当地政府制定了《清远市主体功能区财政政策实施办法》,在省级生态补偿基础上专门从清远市财政中划拨 5000 万元用于建立清远市生态补偿机制。这部分财政资金专门用于对低于县级人均财力的生态县和清远市境内划为生态调节区和生态保育区的 36 个乡镇的生态补偿。而且在生态补偿机制中,"坚持奖补结合,以补为主,奖励为辅,其中 3000 万元用于基本财力保障,2000 万元用于激励型补偿"①。除此之外,还配套制定了《清远市政府本级财政资金差异化配套机制试行办法》,建立市级财政资金差别化配套机制。通过以上机制,清远市依据经济发展布局和功能区定位,以人口数量作为权重因素设定财政配套机制,实现了缓解生态区和财力薄弱区的目的。经过试点后的清远市取得了良好的效果,"2010 年成为首个 GDP 突破千亿元的山区市,增速高达 21%,地方财政一般预算收入比上年增长 45.7%"②,其他多项经济发展指标都位居广东省前列。

划为限制开发区主要增加的是县市的财政压力,可是我国财政体制下县市相比较国家和省级财政恰恰是财政压力最大的,而欠发达地区的县市财政更为

---

① 《广东清远财政为区域协调发展"趟路"》,《中国财经报》,2012 年 7 月 7 日。

② 朱小丹:《广东探索主体功能区建设新路子》,《行政管理改革》,2011 年第 4 期。

严重。这种情况下,广东省通过省级财政转移支付向限制开发区县市政府倾斜的方式,扶持欠发达地区发展生态经济。2010年广东省出台了《关于调整完善激励型财政机制意见》,增加对生态发展区(限制开发区)市县级政府的一般性转移支付资金,同时由财政部门建立针对这些地区的生态激励型财政机制,确保转移支付与县域生态环境相结合,做到财政转移支付向生态发展区(限制开发区)倾斜。2011年,《广东省调整完善分税制财政管理体制实施方案》开始实施,这一方案中将广东省个人所得税、营业税、土地增值税、企业所得税地方收入部分进行调整,表现为省级财政与市县财政分享比例由"四六"调整为"五五",在该方案中也同时提出了建立规范的财政转移机制问题,通过完善激励型财政机制、实施生态激励型财政机制、建立县以下政权基本财力保障机制和推进省直管县财政体制改革等,逐步增加一般性转移支付,规范专项转移支付,增强欠发达地区的财政保障能力,缩小地区间差距。同时,"通过制定面向全省的产业发展财政政策,发挥财政资金的引导作用,推动全省产业转型升级,支持珠江三角洲地区提升产业结构,带动粤东西北地区进一步加快发展,服务和保障全省经济社会实现全面协调可持续的科学发展"[1]。

2.广东绩效考核体系改革的尝试

除了财政体制改革之外,绩效考核体系改革也是主体功能区建设的一项基础性工作。限制开发区的绩效考核应该降低经济发展权重,提高生态保护权重在各试点县市中成为共识。而近年来,广东省也在生态补偿绩效考核领域进行改革,进行了有益的尝试。

由于限制开发区经济发展的自然条件所限,与重点开发区适用同样的绩效考核标准对于限制开发区地方政府是十分不公平的,进行主体功能区建设,就必须转变"一刀切"的绩效考核评价体系。云安县作为广东省的农产品主产区,在限制开发区试点工作中取消地区生产总值的考核指标,在"区域发展"指标组中,"工业总产值"和"农业总产值"的权重设置中通过"分类设置"的方式推动了主体功能区的建设。

但是绩效考核体系从县级开始明显是不够的。早在2008年,广东省政府就根据主体功能区规划的精神出台了《广东省市厅级党政领导班子和领导干部落实科学发展观评价指标体系及考核评价办法(试行)》。根据该文件要求,

---

① 《广东省人民政府印发广东省调整完善分税制财政管理体制实施方案的通知》,中国网,http://www.china.com.cn/guoqing/gbbg/2011-11/02/content_23800209.htm。

"全省将分为都市发展区、优化发展区、重点发展区和生态发展区四个区域类型,对不同区域提出不同的发展要求和考核评价指标"①。也就是说,对列入都市发展区(城市化地区)的市,重点考核的内容是对全省经济的辐射带动作用,强化对公共服务、现代服务业、社会管理、人居环境、科技创新、社会公平和人的全面发展的评价。而对列入优化发展区的市,则重点评价其转(经济发展)方式、调(产业)结构的状况,强化对环境保护、自主创新、资源消耗、经济结构、基本公共服务覆盖面等方面的评价。对列入重点发展区的市,重点评价其工业化和城镇化优先发展的绩效,强化经济增长、吸纳人口、质量效益、产业结构、资源消耗和环境保护以及外来人口公共服务水平等评价。对列入生态发展区的市,重点评价生态保护优先发展绩效,强化水质、水土流失治理、森林覆盖率等生态环境状况评价。除此之外,"广东省环保厅等6个厅级部门联合出台了《广东省生态保护补偿机制考核办法》,加强了对有关市县保护和改善生态环境的考核评价"②。通过这个考核方法,专门针对《广东省主体功能区规划》中确定的国家级、省级重点生态功能区(县、市),国家级禁止开发区所在地级市县,将作为安排生态保护补偿资金的主要依据,用于分配激励性补偿部分资金。

## 第三节　地方自主模式的实现

广东省位于珠江的下游地区,也是沿海地区,是地方自主模式的典型案例。与广东省地理位置、经济发展水平接近的辽宁、山东、江苏、浙江等省都应该适用于地方自主模式。

根据以上分析,沿海发达省份的优化开发区由于已经出现了都市膨胀的问题,在问题驱动下即使中央政府没有对其提出优化要求,地方政府也会主动解决这些问题。虽然中央政府在主体功能区规划中对其优化开发区的地位进行了肯定,但是实际上优化开发区还主要依靠地方来推动形成,中央政府没有必要干预。而沿海发达省份的重点开发区往往就是省内的欠发达地区,这些地区在沿海发达省份主导下承接发达地区的产业转移实际上是在维护地方利益前提下的"省内扩散"行为。而沿海发达省份的限制开发区生态补偿制度在地方自主下正在逐渐完善。

---

① 《广东省市厅级党政领导班子和领导干部落实科学发展观评价指标体系及考核评价试行办法》(征求意见稿),《南方日报》,2008 年 6 月 2 日。
② 《广东出台生态补偿考核办法》,《中国环境报》,2013 年 11 月 15 日。

## 一、地方自主:优化开发区的空间协调

正如某些学者所分析,主体功能区中的优化开发区实际上就是我国的大都市膨胀区,主要通过空间管治的方式解决其存在的问题。① 都市群作为一种高效率的生产力布局与组织形式,一方面是"世界各国区域经济发展过程中的必然选择,也是现代经济发展的客观规律和趋势"②。改革开放后,我国市场经济的发展和政府力量的推动,催生了我国的大规模城镇化。经过多年的发展,我国城镇化取得了明显的成效。根据2012年全球城市竞争力排行榜显示,我国共有13座城市入选全球200强,香港(排第9位,下同)、台北(32)、上海(36)、北京(55)、深圳(67)、澳门(79)、广州(109)、高雄(117)、台中(154)、天津(157)、台南(192)、苏州(193)、新竹(197)。③ 这些城市除台湾省的5个城市之外,其他8个城市都分布于京津冀、长江三角洲、珠江三角洲三个城市圈中,而这也正是主体功能区规划中的三个优化开发区。按照主体功能区规划的要求,对于优化开发区的空间应该注意以下三点。

第一,市场机制应该是优化开发区空间协调的根本动力和基础。城市圈的发展根本上是经济的发展,而其内部的协调问题也必然应该以市场机制为基础。根据国外发达国家经验和区域经济学原理,市场经济体制应该能够自发地推动城市群的健康运行。所以,只有在完全开放的市场经济条件下才能实现各种经济资源的优化配置,从而实现城市群内各城市之间合理分工。为此,地方政府应该努力建设统一的要素和产品市场,为下一步各种生产要素的交流创造前提条件,避免地方保护主义行为和各种区域性歧视政策,从而实现在企业待遇、市场准入、税收等各个领域的一体化,创造比较公平的市场竞争环境,由此才能够促进各城市之间各种资源的优化配置,同时也能够为各种市场主体的生产活动降低交易成本。

第二,政府之间应该建立由地方政府组成的区域协调机构,从而实现区域利益之间的协调。城市群众的各城市之间分工合理化不仅仅需要市场经济的自发调节,同时也需要政府政策的调节。当区域经济体系内的"经济单元"没有政府规范和引导的时候,城市之间的协调没有人为地操纵,因此要进行城市之

---

①　魏后凯:《对推进形成主体功能区的冷思考》,《中国发展观察》,2007年第3期。

②　李传章:《缓解我国城市"膨胀病"之我见》,《经济纵横》,1986年第4期。

③　《全球城市竞争力排名中国6城市进百强 天津排157》,北方网,http://news.enorth.com.cn/system/2012/06/28/009537483.shtml。

间整合,就必然需要一个有权威的区域性协调机构作为组织保障。为此,必须尽快形成各利益主体参与的、能够发挥协调作用的多层次的全方位的协商机制,而其中起到主导作用的应该是政府之间的协调、政府政策的协调。在长三角地区,两省一市(江苏省、浙江省、上海市)共同建立了长江三角洲城市协作部门主任联席会议、长江三角洲城市经济协调会、沪苏浙经济合作与发展座谈会、长江三角洲地区城市市长论坛等区域合作组织,并签订了一系列合作协议,通过地方政府合作的方式实现城市圈空间协调。在此基础上,地方政府通过的协调合作在重大基础设施的规划建设方面进行互相协调,在具体问题如圈层之间疏密的失衡、局部地区环境的恶化、公共服务的供给与需求之间的不匹配等采取相应对策。

第三,多元主体的参与是城市圈空间协调发展的方向。城市圈空间协调中应该涉及很多的主体,这些主体形成了一个完整的治理体系,比如各个城市的相关地方政府、非政府组织、企业、行业协会等。在这一体系中,公共部门与私人部门、政府与民间的关系应该是互动合作、协商互利的,而不能够单纯来自权力的强制。在这样的协调机制构建之后,合作的内容和形式往往是十分多样的,它们既可以是中心城市地方政府与其他城市地方政府的合作,也可以是非中心城市地方政府之间的合作;既可以是企业与相关政府的合作,也可以是地方政府与非政府组织(NGO)之间的合作,甚至地方政府与个人的合作等。

## 二、地方自主下的"省内扩散":重点开发区的开发

根据区域经济学理论,在市场经济条件下经济发达地区在达到一定程度之后,会对周围落后地区的经济起到带动作用或有利影响,被称作"扩散效应"。这种效应表现为各种生产要素从增长极向周围不发达地区的扩散,从而产生一种缩小地区间经济发展差距的运动趋势。而促使企业由经济发达地区向不发达地区迁移的动力包括较低的土地、劳动力等资源的成本等,表现就是大规模的产业转移。"十一五"之后,我国的产业转移大量出现,国内企业迁移大多以向周边地区转移扩散为主。在北京、上海等大城市,城区工业一般向郊区及周边地区迁移。浙江企业有相当部分迁移到邻近的上海、江苏和江西等地,而珠三角企业更多迁移到广东省内其他地区以及临近的江西、湖南、广西等地。沿海发达省份地方政府采取各种措施,引导辖区内发达地区的产业转移到本辖区内不发达地区,通过"省内扩散"的方式来促进本省重点开发区的发展。

通过"省内扩散"的方式实现辖区内欠发达地区经济发展,普遍被沿海各发

达地区所采用。除了广东省"双转移"的做法之外,长三角也同样存在类似做法。上海市为承接市中心区的产业转移,促进郊区经济发展,在近远郊建立了9个市级工业园区和一批区县工业园区,这批工业园区的建立促进了上海市的经济协调发展,"可在苏南一些城市看来,上海市好像在边界建立了一个'反扩散圈'"①。为了防止长三角部分产业向安徽、江西、湖南等地转移,浙江和江苏长期以来都在长三角区域合作组织中排斥安徽等省的加入,目的是把产业引导向本省的苏北、浙西等欠发达地区。

为了能够推动重点开发区的开发,国家在《国家发展改革委贯彻落实主体功能区战略推进主体功能区建设若干政策的意见》中提出:"支持国家优化开发区域和重点开发区域开展产业转移对接,鼓励在中西部和东北地区重点开发区域共同建设承接产业转移示范区,遏制低水平产业扩张。"②从局部来看,地方政府的这一行为顺应了市场经济发展的要求,推动了本省重点开发区的开发。但是从国家的角度来看,并不是经济效率最好的方式。为了能够推动经济发展,承接发达地区的产业转移,不发达地区不得不提出更优惠的条件,吸引发达地区企业转移。所以就出现了各地竞相发展某一产业的现象,由此出现了对资源、市场和人才的激烈争夺,甚至造成生产能力严重过剩,结果整个区域的发展都呈现出混乱无序的状态。

综上,发达省份的"省内扩散"行为是符合国家基本要求下对地方利益的实现,或者可以说是国家利益与地方利益的妥协。这一行为可以推动本省的重点开发区的开发,但是并不利于内陆各省的发展,而且会导致沿海与内陆的竞争。同时,政府对于市场经济的强烈干预,也会造成市场经济不能按照资源最大化原则进行配置,造成市场的扭曲。

### 三、省内生态补偿机制:限制开发区的形成

近年来,地方自主模式下的沿海发达省份在生态补偿方面取得很大进展,具备良好的基础。"浙江是第一个在省域范围内,由政府提出完善生态补偿机制意见的省份,对生态补偿做出了主动的、探索性的工作。"③其他沿海发达省

---

① 魏后凯等:《中国区域经济的微观透析——企业迁移的视角》,经济管理出版社,2010年,第232页。

② 《国家发展改革委贯彻落实主体功能区战略推进主体功能区建设若干政策的意见》,中华人民共和国国家发展改革委员会发展规划司,http://ghs.ndrc.gov.cn/zcfg/t20130625_546883.htm。

③ 浙江省环保局生态处:《浙江:生态补偿机制的先行者》,《环境经济》,2006年第7期。

份,如江苏、山东、福建、广东等发达省份相继出台相应实施办法,初步建立了生态补偿机制。沿海发达省份的生态补偿制度虽然并不完全一致,但都是在地方自主的模式下建立的。主体功能区中限制开发区的生态补偿应该在此基础上进一步完善,从而实现对限制开发区的保护。在这一过程中,主体功能区要求的生态补偿机制也逐渐完善。

第一,中央政府的要求和做法为地方政府开展省内生态补偿机制建设提供了依据和指导。中央政府关于环境保护或者生态补偿的要求,有的明文规定省内要建立相关措施。例如在2007年,国家环保总局就印发《关于开展生态补偿试点工作的指导意见》,希望通过试点的方法,推动建立与主体功能区战略相适应的生态补偿标准体系,在重点领域探索多样化的生态补偿模式,在这一意见的推动下各省逐渐完善了相关制度。同时中央政府的类似做法还对于地方政府的相关工作的指导作用,财政部出台了《2012年中央对地方国家重点生态功能区转移支付办法》之后,广东等省根据这一办法的要求进行了省内重点生态功能区转移支付办法的编制。

第二,财政转移支付是省内生态补偿机制的基本保证。"我国由政府主导下的区域生态补偿,其补偿资金的来源主要是政府财政。"①江苏省内生态补偿制度中财政转移支付作用在全国各省尤为突出。江苏省要求上游地区地方政府应当按照相关标准,每吨支付给下游地区地方政府1.5万~10万元不等的补偿资金。为了能够及时收缴这一费用,补偿费将首先统一上缴至省级财政,由江苏省政府统一使用,主要用于污染治理及生态修复。江苏省财政厅有权督促相关地方政府按规定及时缴纳环境资源补偿资金,如果这部分资金逾期未缴纳,将由江苏省财政厅下拨给各地方政府的资金中直接代扣。②

第三,市场化方式是省内生态补偿机制的发展方向。沿海发达省份的市场经济相对发达,很多市场经济的方式也广泛被用于生态补偿制度建设中。2007年,浙江省嘉兴市成立了国内首个排污权交易中心,在全市范围全面实行排污权交易制度。2009年,浙江省在全省范围内推广了嘉兴市的经验,并出台了《浙江省人民政府关于开展排污权有偿使用和交易试点工作的指导意见》。"截至2009年底,浙江省11个区市中,有9个开展了排污权交易试点工作,2010年,全

---

① 王昱、丁四保、卢艳丽:《基于我国区域制度的区域生态补偿难点问题研究》,《现代城市研究》,2012年第6期。

② 《怎样把区域生态补偿落到实处》,《领导决策信息》,2007年第47期。

省开展排污权交易 882 起"。① 市场化的手段可以更为准确地反映生态产品的价值,其生态补偿的效率比财政转移支付更高,在目前是政府主导的生态补偿机制的有益补充。

除了通过生态补偿制度推动形成限制开发区之外,一些欠发达地区也试图从生态经济的角度推动本地经济发展,这些做法也是限制开发区形成的重要途径。浙江省衢州市开化县就是这样一个例子。开化县在《浙江省主体功能区规划》中被划为浙西山地丘陵重点生态功能区,属于限制开发区。与很多其他被划为限制开发区的县不同,开化县不仅没有消极应对主体功能区规划的要求,而是转变观念,"把主体功能区建设试点作为实现国家东部公园建设的途径和载体"②,在主体功能区规划的基础上提出开化新的发展思路是建立"国家东部公园",以此来推动开化县的发展。在 2012 年 11 月召开的国家主体功能区建设试点示范工作研讨会上,开化县积极推动限制开发区形成的做法得到了国家相关部门的认可。③ 目前,打造"国家东部公园"已经成为开化县落实国家主体功能区的重要载体,是地方自主下的限制开发区形成的有益探索。

---

① 谭映宇等:《浙江省生态补偿的实践与效益评价研究》,《环境科学与管理》,2012 年第 5 期。

② 《开化:追梦"国家东部公园"》,《浙江日报》,2013 年 8 月 21 日。

③ 《开化生态发展"升级版"获认可 鲍秀英赴陕西参加国家主体功能区建设试点示范工作研讨会》,开化新闻网,http://khnews.zjol.com.cn/khnews/system/2013/11/04/017247738.shtml。

# 第五章

# 主体功能区规划推进的府际协调模式
## ——以安徽省为例

府际协调模式是指在省(区)境内的主体功能区发挥功能与其他省份联系十分密切的情况下,省(区)主体功能区的推进无法独立实现,主要依赖于与其他省区的协调,同时加强与中央政府协调、非政府手段等作为补充形式的做法。这些省份以中部省份为主,如安徽、湖南、江西、河南等,同时也有西部省区市如四川、重庆、广西。这些省区市地理位置上较为靠近沿海发达省份,无论是产业转移还是生态产品提供上都与沿海发达省份关系密切,是将来开发的重点区域。由于与沿海发达省份之间密切的关系,主体功能区的形成也依赖于与沿海发达省份的合作。经济上的产业转移和来自发达省份的跨省生态补偿是这些省份境内的主体功能区形成的典型实现形式。

## 第一节 安徽主体功能区布局分析

### 一、安徽省省情介绍

安徽省位于我国中部地区,与长三角地区紧邻,处于长江下游,同时与内地接壤,在我国处于承东启西的桥梁地位。从地形上可以分为淮北平原、江淮丘陵、皖西大别山区、沿江平原和皖南山区五大自然区域。安徽省资源丰富、发展潜力巨大,但是长期以来经济发展水平与沿海省份(如上海、浙江、江苏等)相比较为落后。长江沿岸城市芜湖、马鞍山、铜陵和省会合肥较为发达,淮北平原地区是我国重要的粮食基地,皖南和皖西地区是重要的生态区域。总体来看,当前安徽省处于工业化初期阶段,发展空间广阔。

　　安徽省经济发展条件优越,具有较大的开发潜力。第一,自然资源比较丰富,工业有一定基础。安徽已发现一百多种矿藏,其中探明储量有六十多种,煤炭、铁矿、铜矿、硫铁矿、石灰石等重要工业矿藏储量在全国都名列前茅。在此基础上,计划经济时期曾经建立了一批重要的工业企业,如马鞍山钢铁总公司、安庆石油化工总厂、铜陵有色总公司等,除此之外以合肥为中心分布了大批高新技术产业,以及医药、电子、机械、纺织、造纸、服装、家用电器等加工工业。第二,农业比较发达。安徽省是全国主要农副产品生产基地,每年有大量的粮食、油料、棉花调出省外和就地加工。农副产品资源尤为丰富,是重要的农业省份,其中粮食、棉花、油料、蚕茧、水果、药材和猪、牛、羊等畜禽产品,在全国农业生产中占据重要地位。第三,交通便利,区位优势明显。阜阳、合肥两市作为我国重要的铁路交通枢纽,使安徽省成为我国中部地区重要铁路交通中心。省内公路交通发达,主要城市都有高速公路连接。沿江的芜湖、马鞍山、铜陵、安庆四市均建有国家一类口岸,内河航运里程近 6000 千米,可以通过长江水道与国外经海路运输。合肥、黄山、阜阳等城市建有现代化的航空港和机场。第四,劳动力资源及科技资源较为丰富。安徽省劳动力资源比较丰裕,整体上科技实力与其他省市相比较为雄厚,甚至在某些科学领域都享有很高的知名度,在国内外处于领先水平。中国科技大学、中科院合肥分院等一大批具有雄厚实力的国家重点科研单位都坐落在安徽,在各自领域代表着国内最高水平。第五,资源环境承载力较强。可利用土地资源、水资源较为丰富,全省生态系统基本稳定,环境超载现象与发达省份相比并不严重。

　　改革开放后,安徽省发展战略长期处于"全面开花"状态,没有一个中心城市或城市群能够起到全省的经济中心作用,合肥、芜湖、马鞍山、铜陵等城市都曾经作为区域经济中心,开发方向遍布沿江、皖北,甚至皖南、大别山区等不适宜大规模工业开发的区域都曾经作为重点区域开发。① 2000 年以后,安徽省逐渐明确了"东向发展"战略,把临近长三角地区的合肥、芜湖、马鞍山、铜陵、安庆等城市作为皖江城市带进行重点开发,以此来带动全省经济的发展。"十一五"以来,由于沿海发达省份,尤其是长三角的转型升级,大量劳动密集型产业转移到了安徽省的皖江地区。当前及今后一段时期,来自长三角地区的产业转移都将在安徽经济发展中扮演重要角色,安徽省政府也开始积极推动承接沿海发达地区,尤其是长三角的产业转移,以推动安徽省经济发展。2010 年初,国务院正

---

① 程必定:《按主体功能区思路完善我省区域发展总体战略的探讨》,《江淮论坛》,2008 年第 4 期。

式批复《皖江城市带承接产业转移示范区规划》,标志着安徽省发展战略确定为
以皖江城市带承接产业转移为重心,带动其他地区发展。

为了能够抓住发展机遇,全面推动承接产业转移,国家和安徽省政府推出
大量优惠政策,吸引长三角企业的投资。由于安徽省所承接的产业转移来自于
外省,安徽省政府本身无力干预,这样就迫使当地政府转变行为方式,积极服务
于企业和市场,而在目前政绩导向下,地方政府更加倾向于积极干预市场,通过
各种政策优惠,造成"政策洼地",以吸引外省产业。如表5-1所示。从国家、
部委,到安徽省政府及各省直机关,都有相关政策文件出台。

表5-1 皖江城市带相关政策文件汇总表

| 出台部门 | 出台时间 | 文件名称 |
| --- | --- | --- |
| 国务院 | 2010.1 | 皖江城市带承接产业转移示范区规划 |
| 工业和信息化部 | 2010.12 | 工业和信息化部与安徽省人民政府关于加快安徽省新型工业化建设战略合作框架协议 |
| 安徽省 | 2010.2 | 关于皖江城市带承接产业转移示范区规划的实施方案 |
| 安徽省 | 2010.4 | 关于推进皖江城市带承接产业转移示范区建设的决定 |
| 安徽省 | 2010.4 | 关于加快推进皖江城市带承接产业转移示范区建设的若干政策意见 |
| 安徽省 | 2010.6 | 皖江城市带承接产业转移示范区产业发展指导目录 |
| 安徽省 | 2010.9 | 皖江城市带承接产业转移示范区考核评价办法(试行) |
| 安徽省国税局、省地税局 | 2010.5 | 促进皖江城市带承接产业转移示范区发展若干税收优惠规定 |
| 安徽省国税局、省地税局 | 2010.5 | 关于明确皖江城市带承接产业转移示范区建设若干税收优惠政策规定的通知 |
| 安徽省人力资源和社会保障厅 | 2010.8 | 关于加快推进皖江城市带承接产业转移示范区建设的若干政策意见的实施细则 |
| 安徽省审计厅 | 2011.8 | 关于报送审计服务皖江城市带承接产业转移示范区建设实施意见的报告 |
| 安徽省科技厅 | 2010.7 | 关于印发推进皖江城市带承接产业转移示范区自主创新若干政策措施的通知 |
| 安徽省粮食厅 | 2010.4 | 安徽省粮食局贯彻落实省委、省政府《关于推进皖江城市带承接产业转移示范区建设的决定》的实施意见 |

续表

| 出台部门 | 出台时间 | 文件名称 |
|---|---|---|
| 安徽省政府金融办 | 2010.8 | 关于支持皖江城市带承接产业转移示范区企业上市融资实施意见的通知 |
| 安徽省人民政府办公厅 | 2010.6 | 关于印发皖江城市带承接产业转移示范区省级开发区扩区暂行办法的通知 |

　　注:根据网络(皖江战略网)资料搜集编制。

　　经过近几年的努力,安徽省承接产业转移工作起到了一定的成效。首先,产业转移已经成为安徽省经济发展的重要方面,推动了安徽省经济的快速发展。2006 年,中央政府将皖江城市带纳入了"中部崛起"战略,并作为其中的重点发展区域。2008 年,合肥、马鞍山、芜湖、铜陵、池州、安庆、巢湖、宣城、滁州 9 个皖江沿岸城市实际利用省外资金(其中大部分来自于长三角地区)达 2306 亿元,占全省的 71.7%,而这些资金中来自长三角地区的资金占一半以上(55%)。[①] 其次,随着跨省产业转移合作的增多,参与产业转移的地方政府主动寻求并加强地方政府间的多方面协作,强化了区域之间产业的合理分工与协作,减少了省际重复建设与恶性竞争,避免地区之间产业结构趋同。以江苏和安徽为例。"2001 年,苏皖省际产业转移较少,两省的工业结构相似系数高达 0.824。2010 年,苏皖发生明显的省际产业转移,两省的工业结构相似系数下降到了 0.773,地区产业结构趋同程度明显减弱。"[②]

## 二、安徽省主体功能区布局

　　根据《安徽省主体功能区规划》,安徽省的国家级重点开发区主要集中在江淮城市群,如合肥、芜湖、马鞍山、铜陵,除此之外还有池州、安庆、滁州、宣城的城市建成区。省级重点开发区主要分布在皖北的淮北、亳州、阜阳等城市的建成区。国家农产品主产区主要是指分布在淮北平原主产区、江淮丘陵主产区、沿江平原主产区的 40 个县(市、区)。国家重点生态功能区主要是指位于大别山地区的六安和安庆。省级重点生态功能区主要是指位于皖南山区的黄山和池州。如表 5-2 所示。

---

　　① 《皖江城市带承接产业转移示范区规划》,皖江战略网,http://www.wjzl.cn/html/plan/4031.html。
　　② 《中国产业发展和产业政策报告(2012)——产业转移》,经济管理出版社,2012 年,第 220 页。

表 5 - 2　安徽省域范围主体功能区划分总表

| 功能区分类<br>（面积及占全省比例,平方千米） | | 范围 | |
|---|---|---|---|
| 重点开发区域<br>(33453.44,24.99%) | 国家级重点开发区域<br>(21889.14,15.62%) | 合肥片区<br>(5107.24,3.64%) | 共 6 个县(市、区) |
| | | 芜马片区<br>(6818.64,4.87%) | 共 11 个县(市、区) |
| | | 铜池片区<br>(3598.70,2.57%) | 共 5 个县(市、区) |
| | | 安庆片区<br>(2339.50,1.67%) | 共 4 个县(市、区) |
| | | 滁州片区<br>(1404.32,1.00%) | 共 2 个县(市、区) |
| | | 宣城片区<br>(2620.75,1.87%) | 共 1 个县(市、区) |
| | 省级重点开发区域<br>(11564.30,8.25%) | 阜亳片区<br>(4092.24,2.92%) | 共 4 个县(市、区) |
| | | 淮(南)蚌片区<br>(1945.08,1.39%) | 共 9 个县(市、区) |
| | | 淮(北)宿片区<br>(3281.61,2.34%) | 共 4 个县(市、区) |
| | | 六安片区<br>(1653.33,1.18%) | 共 1 个县(市、区) |
| | | 黄山片区<br>(592.03,0.42%) | 共 2 个县(市、区) |

续表

| 功能区分类<br>（面积及占全省比例,平方千米） | | 范围 | |
|---|---|---|---|
| 限制开发区域<br>(106672.34,76.13%) | 国家级重点生态功能区(13445.35,9.60%) | 大别山<br>(13445.35,9.60%) | 共6个县 |
| | 省级重点生态功能区<br>(16772.48,11.97%) | 黄山<br>(16772.48,11.97%) | 共11个县(市) |
| | 国家级农产品主产区<br>(76454.51,54.56%) | 淮北平原主产区<br>(30544.37,21.80%) | 共16个县(市、区) |
| | | 江淮丘陵主产区<br>(22733.82,16.22%) | 共11个县(市、区) |
| | | 沿江平原主产区<br>(23176.32,16.54%) | 共13个县(市、区) |
| 分布在优化、重点、生态发展三类区域的各类禁止开发区域共17869.18平方千米,占全省的12.75% | | 依法设立的各级自然保护区、风景名胜区、森林公园、地质公园、世界文化自然遗产、湿地公园及重要湿地等区域(350个) | |

注:资料来自《安徽省主体功能区规划》。

本表中禁止开发区域面积包含在重点开发区域和限制开发区域面积中。

　　结合安徽省目前的经济状况和发展形势,安徽省主体功能区布局如图5－1所示。在主体功能区布局下,长三角部分产业转移至皖江地区(国家级承接产业转移示范区)。淮北超出环境承载能力的农村人口通过城镇化方式转移至皖江地区,从而减轻自身开发强度,并为皖江地区提供大量劳动力。国家选定新安江流域作为跨省生态补偿试点,要求浙江省对皖南重点生态功能区(黄山地区)进行生态补偿,前提是对黄山地区开发进行限制。

　　安徽省经济发展的一个重要推动力来自于由发达省份转移而来的产业转移,在这一过程中会与其他区域,如苏北、浙西、鲁南产生竞争关系。这样,皖江城市带的发展实际上就受到发达省份、其他地区等各方面的横向约束。表现为安徽省政府推出的东向战略(即积极融入长三角的合作),积极打造政策洼地,与其他地区竞争等行为。

　　淮北地区是安徽省人口密度较大的地区,但是在主体功能区规划中大部分地区被划为限制开发区,限制开发区意味着该地区不能进行大规模的工业化、城镇化开发活动。安徽的城镇化应该向皖江地区倾斜,而皖北、皖西、皖南则应该在城镇化问题上采取控制政策。从这个角度来看,主体功能区规划实际上对安徽省城镇化形成了约束。

安徽省的生态补偿主要集中在皖西(大别山区)和皖南(黄山山区)两个部分,其中已经在实践中建立生态补偿机制的是皖南(黄山山区)。目前在皖南开展的新安江跨省生态补偿试点是我国第一次在跨省范围内推行的生态补偿试点。根据试点要求,黄山地区开发将被限制,但是会得到来自浙江省的补偿,而在补偿之前浙江省可以对黄山的开发限制工作进行评价。这意味着当地的开发行为要受到来自横向(如与浙江省)关系的约束。

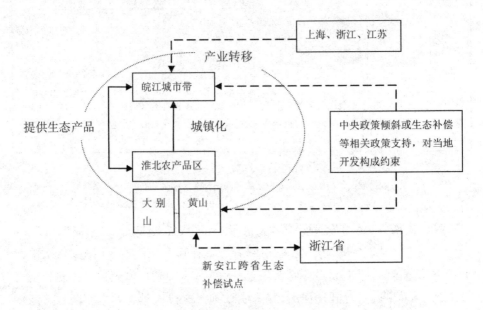

**图5－1 安徽省主体功能区区际关系示意图**

根据主体功能区规划的布局,安徽省有两个关键性的问题,一个是承接长三角等发达地区的产业转移,实现自身重点开发区的工业化开发和发展城镇化;另外一个是实现皖南地区的跨省生态补偿。这两大关键都具有跨省的特点,由于跨省之后安徽省政府不能完全依靠本省力量完成,必须与发达省份合作,而且在合作过程中还表现出一定的"依赖"特征,因而对安徽的主体功能区规划产生影响。

## 第二节　安徽省主体功能区的实现

根据对于安徽省主体功能区布局的分析,安徽省主体功能区的形成依赖于需要解决两个问题:一方面是承接长三角产业转移,实现重点开发区的开发;另一方面是新安江生态补偿机制的建立,实现对于限制开发区的生态补偿。

### 一、府际协调:安徽省重点开发区开发的机制分析

目前产业转移在安徽省重点开发区的开发中扮演着重要角色,尤其是皖江城市带承接来自长三角地区的产业转移已经成为安徽省发展战略的重要组成部分。而长三角地区对产业转移却并不积极,甚至会采取"拦坝蓄水"的方式来应对,从而使安徽省的产业转移变得困难。其原因是产业转移对转出地政府的不利后果,"一是大量建设资金外流、税源流失、财政收入减少;二是可能会出现外移产业'空心化'问题;三是短期内会影响当地的充分就业"[①]。另外,从国家层面,主体功能区规划也同样对安徽省发展构成了限制。这种情况下,需要理顺中央政府、安徽省和省内地方政府及产业转出地当地政府的关系。除此之外,由于安徽省对境外的企业没有管辖权力,招商引资效果并不好,异地商会等民间组织可以对安徽省承接产业转移起到补充作用,以协助安徽省的重点开发区开发。

（一）安徽省重点开发区开发中的协调

1.安徽省政府与长三角地方政府的协调

产业转移牵涉转出地和转入地两地政府,产业转移的实现需要双方政府的协调。随着产业转移规模的不断扩大,发达省份的产业转出对安徽省的经济发展越来越重要。在这一区域经济发展形势的推动下,皖江地区在 2010 年初作为国家级承接产业转移示范区上升为国家级战略。根据相关研究,长三角地区向安徽的产业转移,是一种典型的成本降低型的转移,即"以降低成本为目标的一种产业转移模式"[②]。近年来,由于各方面因素,长三角地区土地、劳动力、原材料和能源价格均出现不断上涨趋势,而作为周边省份的安徽、江西、苏北、浙西地区土地、劳动力成本较低,所以长三角一些劳动密集型产业,如纺织服装、

---

[①]　孙华平等:《区域产业转移中的地方政府博弈》,《贵州财经学院学报》,2008 年第 3 期。

[②]　《中国产业发展和产业政策报告（2012）——产业转移》,经济管理出版社,2012 年,第 169 页。

家具制造等加快向"泛长三角"扩散。这些产业的主要企业形式是民营企业,趋利性是其考虑投资的最重要因素。但是由于我国的"行政区经济"特征,长三角地方政府从本地利益出发可能会采取不利于产业转移的措施。这种情况下,安徽省与长三角地方政府间的协调对安徽省重点开发区的发展非常重要。

为了能够融入长三角,安徽省主要做了两方面工作。首先,安徽省制定了"东向战略"。所谓东向战略,是指"充分利用安徽毗邻东部的区位优势,积极向东发展,主动承接上海、江苏、浙江乃至山东、福建等沿海发达地区对安徽的经济辐射,充分发挥安徽作为长三角纵深腹地的优势,加速融入长江三角洲经济圈,成为安徽崛起的主轴线"①。这一发展战略指导了近些年安徽省的发展,为安徽省融入长三角确定了方向。其次,安徽省政府积极推动与长三角地方政府形成围绕产业转移而展开的合作行为。安徽省参加了诸如"南京都市圈、长三角旅游城市合作组织""南京区域经济协调会"等地方政府合作组织,希望能够通过这些政府合作组织推动自身经济尽快融入长三角。

但是,与安徽省的积极主动相比,长三角地方政府却相对消极。虽然合肥等城市多次申请加入"长三角城市经济协调会",但是直至2010年3月才加入这一组织。长期阻碍合肥等城市加入该组织的原因是长三角合作组织本身较高的限制条件。《"长江三角洲城市经济协调会"城市入会规程(建议稿)》设置了一些加入的前提评价指标,其中包括城市化水平、人口密度、人均地区生产总值相对上海比值、地区生产总值相对上海比值等。根据当时的数据指标,能够接近或达到长江三角洲城市经济协调会所有指标要求的安徽省城市,只有合肥、芜湖、马鞍山、铜陵等几个,而其他大多经济欠发达城市则与入会指标都有较大距离。即使是经过多年努力,2010年5月发布的《长三角区域规划》仍然没有能够把安徽省的一些城市纳入到规划中去。而这些行为,实际上是"行政区划在发力,而这完全可能截断上海及长三角向西的辐射"②。通过这种方式,长三角地区可以把产业转移的方向导向本省的落后地区,如苏北、浙西等。在长江三角洲地区区域规划中,江苏和浙江两省设计的产业转移路线是向本省的经济低谷地区转移。在转出企业数量一定的情况下,这些产业转移的增加必然增加安徽省承接产业转移的难度。

安徽省政府与长三角地方政府的协调需要从以下三点出发。首先,应该通

① 方云梅:《东向战略与安徽经济发展》,《价值工程》,2007年第8期。
② 《安徽20年叩问长三角》,《决策》,2008年第4期。

过地方政府合作推动区域合作的制度化建设，从而破除干扰区域经济合作的制度藩篱。由于我国存在的行政区经济现象，企业由于地方政府的导向问题而倾向于选择省内转移。安徽省政府要深度参与长三角区域合作，积极发挥安徽在长三角区域合作中的作用，重点推动交通、信息、能源、金融、环保、信用、科技、社保等重要领域的合作，建立责任共担、利益共享制度，跨区域的水环境治理、节能减排、土地指标、产业转移、利税分成等的收益分配和协调机制，推动各市县政府主动与长江三角洲地区各市县政府建立相应的联系，扩大地方政府间合作的深度和广度。其次，安徽省承接长三角产业转移要立足于本省现有产业基础和资源优势，尽量实现双赢。安徽省应该充分利用自然资源、区位和劳动力等各方面优势，把相关产业的培育和工业园区的建设作为重点，以实现对长三角地区企业的引导，使更多的企业赴皖投资高新技术产业、现代制造业和现代服务业等配套产业。最后，安徽省与长三角区域合作要充分发挥非政府组织作用。要充实省区合作中的协会力量，支持异地商会和异地安徽商会的发展，发挥其在区域合作中政府与企业之间"桥梁纽带"的作用，推进与长三角地区经济技术合作与交流的新发展。

2. 与其他承接地地方政府的恶性竞争和协调

现阶段，中西部地区的大多数地方政府，和苏北、浙西、鲁南等地方政府，都在招商引资过程中，对东部地区产业转移出来的企业实施"围追堵截"，希望能够把这些企业引导到自己的区域内。有些地方政府甚至为了扩大承接规模，纷纷采取各种优惠政策吸引产业转移，摆出更高的发展定位或者力度更大的政策优惠等，比投资环境、争各地客商、引进各种产业项目，形成了一种赶超挤压的竞争态势。这些竞争中，尤以中部六省（山西、河南、安徽、湖北、湖南和江西）的竞争最为激烈。中部晋豫皖鄂湘赣区位相近，资源禀赋相似，国家给予发展定位类似，发展基础也类似，相互之间各有所长。这些省份面对东部省份有限的产业转移资源，竞争非常激烈。安徽省与这些地区的恶性竞争是对本省经济发展不利的，必须进行相应的协调。

这样一来，为了能够搞好投资环境、降低商务成本，实现在招商引资方面的相对优势，就促使各省级政府不断竞争。一方面，各地出现了不顾当地实际条件和情况，大搞开发区建设，低水平重复建设和资源的浪费，盲目追求"大规模、高起点"，盲目引进、无序竞争的情况，造成低层次的产业同构，缺乏切合实际的可行性规划论证，"我国地区之间竞争突破了应有的'底线'，陷入了恶性竞争的泥潭"①。另一方面,低成本与优惠政策的双重优势可能催生一批"候鸟企业",这些企业致力于追逐低成本优势和政策优势,并从不断的单纯性地区转移中收获巨大利益,进而逐渐丧失技术创新的动力与能力。

针对这种情况,安徽省必须加强与其他产业转移承接地之间的协调。首先,应该加强与其他产业转移承接地之间的区域合作,利用"中部论坛""中国国际中小企业博览会"等沟通平台,增强各地方政府之间政策的协调性。其次,积极调整自身发展战略,认真分析自身区域比较优势,尽量实现"错位发展"。安徽省与其他省份在产业转移中产生恶性竞争的根源在于各省之间发展战略和思路相似,只能在地价、税收、服务等方面进行竞争,造成了地方之间的产业同构化。而只有调整自身发展思路,不与其他省份竞争才能实现经济的良性发展。

(二)非政府机制:安徽省重点开发区注重民间层次的协调

安徽省政府从各个领域有力地推动了皖江城市带承接产业转移的进程,但是政府行为过于密集可能会造成对于市场行为的过度干预,同样不利于产业转移的健康发展。主要表现在以下四个方面。首先,过于侧重经济发展的考核评价引起了安徽省部分地方政府机会主义行为,甚至违规行为。为了鼓励和推动县级政府承接产业转移,安徽省政府和我国其他地区的地方政府一样,加大县级政府的经济发展水平考核评价比例,②结果造成部分县级政府为了完成经济指标的机会主义行为。如"一些地方为了争取到工业项目尽快落地,采取土地先开发后报批、先圈地后开发、先开发后规划等不符合法定程序的办法,超常规建设工业园区,造成土地资源粗放、低效开发,大规模征地问题也容易引起民众上访。"③其次,安徽省部分地方政府为了吸引产业转移,利用土地、税收等各种优惠政策展开低水平招商引资竞争,一方面扭曲了市场价格机制,同时造成了工业项目低水平重复建设现象蔓延。再次,安徽省部分地方政府竞相提出工业强县、工业立市的口号,为了尽快做大、做强、做精当地工业,不顾自身的自然条件,片面承接化工、能源、有色等高消耗、高污染、高排放的大项目。许多项目的环境评估流于形式,一旦开工会造成生态环境灾难。最后,安徽省部分地方政府能力一时难以适应发展要求,园区配套条件滞后,造成区域经济发展的质量不高。由于时间短、任务重、历史欠账多,远离中心城市的县(区)园区建设标准

① 王梦奎著:《中国中长期发展的重要问题2006—2020》,中国发展出版社,2005年,第219页。

②③ 《安徽:打造示范区》,《中国产业发展和产业政策报告(2012)——产业转移》,经济管理出版社,2012年,第178~179页。

明显落后于主城区,政府公共服务一时赶不上,周边配套服务不足,商务成本较高,缺少通往区外的快速交通,削弱了落户企业竞争优势。总之,单纯依赖政府推动下的产业转移有着诸多的缺陷。

为此,应该更加重视民间层次的合作与交流对安徽省经济发展的重要作用,在某些领域可以对政府主导下经济的发展起到补充作用。这些民间层次的合作最明显的是学术团体和民间异地商会的作用。学术团体、学术活动为政府决策起到了重要的智囊作用。安徽省发展研究中心于2007年2月在安徽省芜湖市举办了"'泛长三角'区域统筹协调发展研讨会",此次研讨会邀请了安徽、浙江、江苏、上海等省市的三十多位知名专家学者和地方官员,针对"泛长三角"(包括安徽、浙江、江苏、上海等省市)经济区、促进长三角区域经济社会统筹协调发展等问题展开讨论,在长三角甚至全国都产生了较大的影响。①

随着我国市场经济的深化,安徽省的异地商会作用逐渐扩大,在招商引资、经济开发方面的作用越来越大。为了发挥民间组织对经济发展的推动作用,安徽省合作交流办公室专门设立了经济联络处,其职能是"负责外省驻我省(即安徽省)办事机构和安徽异地协会(联合会、商会)等组织的联络、协调和服务工作"②。截至2014年,在安徽省设立的异地商会有18家之多。安徽省浙江商会成立于2002年8月,该协会利用其民间商会的良好形象和广泛的网络优势,为安徽招商引资搭台,采取"以商引商"等各种方式,协助政府拓展皖浙经济技术合作领域,推动了安徽省的"东向发展"战略,在加强安徽省与浙江省的经济合作中发挥了十分积极的作用。③ 马鞍山江苏商会的成立,为在马鞍山的江苏籍企业家与政府之间沟通提供了良好的渠道,同时商会把在马鞍山江苏籍企业家们组织起来,有利于安徽本身经济的健康发展。④

异地商会的发展为安徽省承接产业转移提供了良好的平台,取得了巨大的成效。据安徽省浙商协会统计,在浙商协会的积极推动下,"从2007年12月8日,安徽省浙江商会年会暨五周年庆典大会后至2008年12月初,商会组织会员企业参加全国浙商大会、论坛、当地政府和有关部门的座谈及各企业自己举办的各类活动共计37次",2008年"1—10月份,浙江省到滁州投资项目193

① 王泽强:《"泛长三角"区域合作中的腹地融入机制——以安徽东向发展为例》,2009年第9期。

② 《(安徽)省合作交流办公室内设机构》,安徽合作交流网,http://www.anhuiinvest.gov.cn/info.asp? base_id=2&second_id=2004。

③ 《安徽省浙江商会》,安徽合作交流网,http://www.ahzjsh.com/。

④ 《马鞍山江苏商会成立》,皖江战略网,http://www.wjzl.cn/html/news/8841.html。

个,总投资 165.2 亿元人民币,实际到位资金 39.9 亿元;在黄山市总投资项目 137 个,签约资金 52.9 亿元,到位资金 17.4 亿元;在六安投资 62 亿元,投资额 在 300 万元以上项目为 83 个。在合肥投资的浙江企业涉及房地产开发、机械 加工、商贸等行业,累计投资额为 122.6 亿元"。据省政府发展研究中心资料表 明:"目前,安徽省一半以上的外来资本来自浙商的投资。仅在 2008 年前二个 月,安徽招商引资额的 60% 就来自浙江,其中黄山外来资本中 80% 以上来自浙 江,歙县尤甚,比重达 90%。目前转移到安徽的浙商已达五十多万人,浙企超过 1500 家,浙资近 4000 亿元。"①

## 二、省际合作:安徽省生态补偿机制建立的途径

安徽省的生态补偿主要集中在皖西(大别山区)和皖南(黄山山区)两个部 分,由于目前只有皖南地区进行了相应的生态补偿工作,本研究主要以皖南地 区为例。根据《安徽省主体功能区规划》要求皖南地区划为重点生态功能区(限 制开发区),不能进行大规模工业化、城镇化开发,相应应该建立生态补偿机制。 为了实现对皖南地区的生态补偿,在财政部和环境保护部的协调下,安徽省和 浙江省 2011 年推动了新安江生态补偿试点,这是我国第一次在跨省范围内推 行的生态补偿试点。"新安江跨省生态补偿试点"被《决策》杂志评为"2012 十 大地方公共决策试验"②。根据试点的要求,皖南地区开发将被限制,但是会得 到来自浙江省的补偿,而在补偿之前浙江省可以对黄山的开发限制工作进行评 价。通过对新安江试点工作的分析可以得出,政府合作是安徽生态补偿实现的 关键。

### (一)皖南地区限制开发现状

新安江发源于黄山市休宁县境内,干流长 373 千米,流域面积 1.1 万多平 方千米。新安江向东流经浙江省淳安县,该县的著名风景区千岛湖,即是新安 江水库。新安江在浙江省建德市与兰江汇合,再流入钱塘江,是钱塘江的正源。 新安江是安徽省内仅次于长江、淮河的第三大水系,也是浙江省最大的入境河 流,"上游地区集水面积 6440 平方千米,目前森林覆盖率达 77%,为全国平均值 (18.2%)的 4 倍以上,新安江水库周边地区的植被覆盖率更是高达 95% 以 上"③。新安江充足的水量、优良的水质,为下游浙江省经济社会的快速发展提

① 《安徽省浙江商会简介》,安徽合作交流网,http://www.ahjh.gov.cn/display.asp? id=3735。
② 《2012 十大地方公共决策试验》,《决策》,2013 年第 1 期。
③ 《新安江的双城记》,《经济》,2007 年第 8 期。

供了有力支撑。

但是,黄山因为长期坚持环境的高标准保护,付出了极大的经济代价。多年以来黄山市境内的大多数环保项目,如水土流失严重区域拦沙坝、江边护岸等工程设施,各类水库的除险加固工程,水土保持小流域综合治理等工程都产生了大量的地方配套资金,给黄山市财政增加了相当大的负担。为了支持黄山市保护良好的生态环境,安徽省把黄山市作为绩效考核的四类市,"弱化对黄山市经济发展的考核,不考核工业化率指标,重点考核资源环境类指标,兼顾结构调整,提高服务业增加值和旅游业发展、单位地区生产总值能耗降低、主要污染物减排等指标权重"①。除此之外,因为长期坚持较高水平的环境标准,黄山市还损失了大量的发展机会。"2004 年之前,黄山共关闭污染企业、厂矿 147 家,损失产值 21.06 亿元,损失就业岗位 21048 个,损失利税 2.58 亿元;否定污染项目 56 项,总投资 9.1 亿元,估计损失产值 21.36 亿元,减少就业人数 5525 个,估计损失利税 2.36 亿元。"②随着近年来安徽省承接长三角产业转移进程的加速,黄山市损失的发展机将会更多。

由于长期以来不能开发,黄山市较为贫困。仅以与黄山市紧邻的浙江省的县级市建德市为例。相对于杭州市来说,建德市位于新安江上游,浙江省为了振兴建德市的发展,进行了重点支持,为建德市的发展进行了扶持,建设了杭新景高速公路。杭新景高速公路浙江段分别于 2005 年、2006 年建成,而千岛湖至黄山段却至今尚未完工。"建德市抓住杭新景高速公路开通、都市产业转移、杭州'旅游西进'的机遇,……主动接轨杭州、上海等大都市和'义乌商圈''温台商圈'"③。目前建德市拥有的著名企业和品牌有"农夫山泉、'致中和'五加皮、海螺、三狮、红狮等,还有新安江草莓、千岛银针茶、里叶白莲等农产品取得了巨大成功"④。目前建德的发展目标是"打造杭州西部重要经济增长极、区域旅游集散中心和一流山水生态旅游城市"⑤。建德市发展受益于良好的环境。目前建德市的生态农业、湖景牧场项目、现代化原生态农场等项目推动了建德的可持续发展。2013 年,建德市引进的"外资已超额完成杭州市下达的 10500 万美

---

①　《安徽高扬科学考评指挥棒》,《人民日报》,2011 年 9 月 20 日。

②　《新安江的双城记》,《经济》,2007 年第 8 期。

③　《世界名企落户新安江项目带动是兴市之基》,《杭州日报》,2007 年 8 月 27 日。

④　《建德:"顺藤结瓜"融入大都市》,《杭州日报》,2006 年 1 月 7 日。

⑤　《建德打造一流山水生态旅游城市》,《杭州旬刊》,2010 年第 10 期。

元任务"①。而同期作为黄山市最发达的黄山区引进外资只有 3542 万美元,②只有建德市的 1/3 左右。同为新安江上游地区,皖南地区与浙江省的新安江上游地区经济差距越拉越大。

(二)新安江跨省流域水环境生态补偿试点

由于存在着"安徽(黄山)投入,浙江受益"的利益格局,两省市之间关于新安江的纠纷就一直不断。③ 2011 年 3 月,安徽和浙江两省市在财政部、环保部的积极推动下正式启动了新安江跨省流域水环境生态补偿试点工作。

根据财政部公布的《新安江流域水环境补偿试点实施方案》(下称试点方案),试点采取"地方为主,中央监管"的原则。在生态补偿试点中,安徽省和浙江省通过平等协商的方式签订协议明确各自的责任和义务。两省在财政部和环境保护部的协调下设立新安江流域水环境补偿资金,以街口断面水污染综合指数作为上下游补偿依据。补偿资金额度为每年 5 亿元人民币,其中中央财政出资 3 亿元,安徽、浙江两省分别出资 1 亿元。同时从技术角度明确纳入补偿范围的水质项目、确定上下游资金补偿办法,并对补偿资金的使用进行了规定。在协议中,如果新安江水质改善达到一定标准,浙江省 1 亿元资金拨付给安徽省;如果新安江水质改善没有达到一定标准或新安江流域安徽省界内出现重大水污染事故(以环境保护部界定为准),安徽省 1 亿元资金拨付给浙江省。不论上述何种情况,中央财政资金全部拨付给安徽省。

在试点工作中,中央政府起到了重要作用。第一,组织作用。财政部负责新安江流域水环境补偿资金的监管。环境保护部负责组织安徽和浙江两省对跨界断面水质进行监测。第二,作为协议第三方的监督作用。在新安江试点中,责任主体是安徽和浙江两省,而财政部、环境保护部作为第三方,主要责任在于共同指导新安江流域水环境补偿协议文本的编制和签订;共同监管安徽、浙江两省对协议的落实情况;协调两省关系等。第三,提供公正的技术标准。新安江试点的一个重要的问题在于,水质改善的标准由安徽还是浙江来提供。第四,两省达成的协议是"以安徽和浙江两省跨界的街口国控断面作为考核监测断面,由中国环境监测总站组织安徽和浙江两省开展联合监测。以鸿坑口国

---

① 《外资青睐新安江 6 亿打造建德"钱江新城"》,《杭州日报》,2013 年 11 月 17 日。
② 徐立秋:《2013 年政府工作报告——2012 年 12 月 12 日在黄山区第七届人民代表大会第二次会议上》,黄山市人民政府信息公开,http://zw.huangshan.gov.cn/indexcity/TitleView.aspx? Category = 3&ClassCode = 100000&Id = 208355&UnitCode = All。
③ 谢慧明:《生态经济化制度研究》,浙江大学 2012 届博士研究生毕业论文,第 82～84 页。

家水质自动监测站(与街口断面位置相同)的监测数据作为参考"①。

(三)跨省的困境:新安江生态补偿存在的问题

在《安徽省主体功能区规划》中,黄山市作为限制开发区主要定位于提供生态产品,应该得到下游优化开发区和重点开发区浙江省的生态补偿,这点使新安江生态补偿试点具有了主体功能区意义。新安江生态补偿之所以复杂,最重要的原因应该是新安江的上游位于安徽,下游位于浙江。跨省是新安江所有难题的根源,相应的,跨省合作也应该是破解这一难题的必由之路。目前新安江生态补偿仍然以下几个方面存在问题。

在生态补偿协商机制上,浙江与安徽地位事实上的不平等。首先,浙江省作为经济发展强省,是我国长三角经济区的重要组成部分,在我国经济地位较为重要,相比之下安徽省经济较为落后,前者更容易受到上级的重视。正因为如此,在1998年、2001年、2004年,浙江省与安徽省三次在全国人大和环境部门的纠纷中,在最后的结果上事实上占据了优势,②而过程中甚至都没有到安徽省调研。为此黄山市只能寄希望于安徽省通过政协的力量实现与浙江的平等协商。③ 但是政协在行政权力、政治地位等方面,与全国人大、行政部门相比对政策的影响力有限。其次,安徽省位于上游地区而浙江省位于下游地区,在生态补偿问题上浙江省居于主动地位。由于安徽省黄山市位于国家限制开发区境内,即使是浙江省不提供生态补偿,黄山市也不能进行大规模工业开发,这实际上使本来黄山市在生态补偿问题上的地位更加弱势。两地之间在这一问题上地位事实上的不平等对双方的协商非常不利。

两省生态补偿执行的水质标准存在分歧。浙江省认为,之前执行标准是国家对黄山市的要求,即使浙江省不给黄山市以生态补偿,黄山市也应该履行生态保护的义务。如果要浙江省对黄山市进行生态补偿,应该在国家标准的基础上由浙江省提出更高标准。浙江省参与谈判的官员认为:"允许千岛湖水质恶化65%的情况下,浙江省仍要补偿安徽省,这样的方案是不合理的,也对浙江不公平的。"④而黄山市则提出,如果对黄山市要求环保标准过高,那么黄山市宁愿不要生态补偿而选择进行工业开发,因为工业开发受到限制后产生的损失远远

① 《新安江流域水环境补偿试点监测方案》,财建函[2011]123号。
② 详见《新安江跨省生态补偿试点调查》,《决策》,2012年第7期。
③ 《共建共享新安江生态资源》,《江淮时报》,2011年1月21日。
④ 《皖浙协商新安江流域水环境补偿协议尚未达成共识》,和讯网,http://news.hexun.com/2012－02－10/138134156.html? from＝rss。

大于接受的生态补偿。显然,两者在执行标准上存在的分歧,仅仅通过两省之间的协商仍然完全难以解决。目前在国家相关部委的协调下,达成了暂时的协议,但是究竟双方能不能就此问题达成一致,需要就实际运行情况进行分析。

目前补偿水平尚难以满足黄山市补偿的需要。生态补偿试点中对黄山的补偿,目前能够落实的仅有4.03亿元,总投资也只有12.5亿元。但是,这与环境保护需要的资金相比还相差很远。"黄山市计划从2011年起用3～5年的时间,实施新安江流域综合治理重点项目500个以上、投资总规模突破400亿元。"①目前落实的资金只占近3～5年所需资金的1%,远远难以满足主体功能区规划对限制开发区实现公共服务均等化等要求。

(四)省际协调:新安江生态补偿的可能出路

生态补偿的规模往往非常庞大,仅皖南地区黄山市每年关于新安江的投资就需要上百亿元。仅仅通过安徽省或者浙江省任何一省的力量都难以对其进行有效补偿,也就难以对其开发进行有效限制。同时还必须从单纯的纵向财政补偿方式走向区域扶持方式,以区域政策带动的方式实现生态补偿。而不管哪一种方式,生态补偿的跨境问题是最主要的障碍,这一问题的解决必须依靠两省之间进行协调,才能真正解决。在两省的协调中,必须从以下四个方面入手。

第一,两省之间的协商地位必须平等。目前在新安江生态补偿试点中,安徽省处于事实上的不平等地位,这非常不利于协议的公正性及最后协议的履行。而只有在省际地位平等条件下达成的协议,才能够充分反映双方的利益诉求,最终有利于问题的解决。

第二,建立省际协调机制。目前新安江生态补偿过程中,只是双方就3年内的生态补偿问题达成了暂时的协议,缺乏双方之间关于信息沟通、利益共享、责任追究等各方面的机制,缺乏长效性。双方应该尽快在试点基础上进一步从机制的角度进行完善。

第三,协调范围不局限于财政方式,而加强经济上的全面合作。目前黄山市每年仅投入环境保护工程的资金就达一百多亿元,而浙江省每年的财政收入三千四百多亿元,可见,仅仅依靠横向的财政转移支付的方式,是不可能完全解决生态补偿问题的。必须打破行政区划界限,鼓励黄山市积极融入浙江省经济,才能逐步缓解这一问题。

---

① 《新安江跨省流域生态补偿开始操作》,新民网,http://news.xinmin.cn/rollnews/2012/01/31/13464063.html。

第四，中央政府在协调过程中的地位和作用要加强。由于横向财政转移支付的复杂性，中央政府在这个问题上十分慎重。在试点中，财政部、环境保护部作为第三方，对两省进行了协调，并进行了一定的财政资金的投入。但是部委的协调对两省的协调还没有约束力，应该通过国务院发布的规划或者指导意见的方式，对两者进行协调。

## 第三节　府际协调模式的实现

安徽省主体功能区的实施与沿海发达省份具有密切联系，是府际协调模式的典型案例。府际协调模式比较适用于分析与沿海发达省份联系非常密切的某些中西部省份，这些省份在经济发展和生态补偿制度的建立上都依赖于沿海发达省份，其主体功能区的形成也必然依赖于沿海发达省份的横向关系的协调，同时纵向府际关系、民间交往、市场方式也对主体功能区的形成起到重要作用。

由于府际协调模式下的各省（区市）与沿海发达省份之间密切的联系，这些省份主体功能区的形成依赖于与沿海发达省份之间的政府协调。在重点开发区的开发问题上，这些省份要积极制定有利于承接沿海发达地区产业转移的政策，协调与发达省份政府间的关系。在限制开发区生态补偿问题上，这些省份要积极与发达省份协调共同建立跨省生态补偿机制。

### 一、跨省对接：府际协调模式省区市重点开发区的实现

"十一五"期间，为了推动境内重点开发区的工业化、城镇化开发，安徽、江西、湖南、湖北等省份纷纷提出了与沿海发达省份（尤其是长三角和珠三角两个优化开发区）合作的发展战略，甚至出现了"对接"发展的现象。长三角主要是指上海市、江苏省、浙江省共 25 个地级及以上城市，同时也是合作较为紧密的一个经济区域。珠三角则是指以广东省广州市、深圳市为核心的一个经济区域。安徽和江西虽然与长三角"两省一市"在经济上有落差，但是"跟长三角地区有着千丝万缕的联系，所以它们非常希望能够融入到长三角地区一体化的进程中来"①，这就是"泛长三角"的由来。同时，广东省周围的湖南省、福建省也主动提出要融入"泛珠三角"。欠发达地区越是能够与发达地区接轨，对欠发达

---

① 毛新雅等：《区域协调发展的理论与实践》，人民出版社，2012 年，第 61 页。

地区的发展越有利,所以这些省份在制定本省发展战略时非常强调与发达省份的对接问题。安徽省明确提出了"东向战略",湖南省表示要主动接受粤港澳经济辐射,并把深圳、香港等地视为湖南第一出海口;福建省确立了"北承长三角,南接珠三角"的战略,加强福建省与两个"三角洲"相关产业的对接;江西省北接长三角,提出了"调头向东,通江达海,接轨长三角"方针,南承珠三角,提出要"打造泛珠三角后花园"战略,主动融入"泛珠三角"经济圈。如表5-3所示。

表5-3 各省部分关于推进产业转移的政策①

| 序号 | 省份 | 出台的政策和意见类型 |
|---|---|---|
| 1 | 河北、河南、江西、湖南、安徽、四川、广西 | 《关于承接产业转移促进加工贸易发展的意见》 |
| 2 | 河北、河南、广西 | 《关于加快工业聚集区发展的若干意见》 |
| 3 | 湖北 | 《关于进一步加强招商引资的意见》 |
| 4 | 河北 | 《关于加快沿海经济发展促进工业向沿海转移实施意见的通知》(冀政[2010]122号) |
| 5 | 四川 | 1.《四川省人民政府关于加强与泛珠三角区域合作承接产业转移的意见》(川府函[2005]140号)<br>2.《四川省灾后重建和承接产业转移政策汇编》 |

承接产业转移取得了巨大成效,成为这些省份重点开发区重要的经济发展推动力,成为带动本省经济发展的重要增长极,缩小了与发达省份之间的经济差距。以安徽省为例,发挥接近长三角的区位优势,迅速成为产业转移的重点地区。2011年安徽1亿元以上引进省外资金项目4517个,实际到位资金4181.2亿元。在承接长三角产业转移过程中,安徽已在汽车整车、零部件生产等方面与上海、浙江建立协作合作,以奇瑞、江淮汽车为代表的,通过自主创新等发展出来的龙头企业同时也发挥出对产业转移的"牵引力"。芜湖现在已聚集了二百多家汽车零部件配套企业,70%的企业来自浙江。通过技术创新发展起来的淮南矿业集团目前也与上海、浙江等地区多家企业形成了联合体。② 同

---

① 陈雪琴:《我国推进产业转移的主要做法及其效果分析》,中国产业转移网,http://cyzy.miit.gov.cn/node/2786。

② 工业和信息化部产业政策司、中国社会科学院工业经济研究所:《中国产业发展和产业政策报告(2012)——产业转移》,经济管理出版社,2012年,第221~222页。

时以纺织工业为例也能体现出目前各省目前的经济发展态势。如下表5-4所示，"十一五"期间我国纺织工业增长较快的地区位于中西部地区，增长速度超过200%的是位于东北的辽宁省，位于中部的安徽、江西、河南、湖北、湖南，位于西部的广西、重庆、四川等省，表明我国产业转移缩小了区域间的经济差距。如表5-4所示。

表5-4　"十一五"期间部分地区纺织工业增长速度①

单位:%

| 东部 | 112.64 | 中部 | 230.15 | 西部 | 211.56 |
|------|--------|------|--------|------|--------|
| 北京 | 16.53 | 山西 | 20.77 | 内蒙古 | 195.39 |
| 广东 | 138.34 | 吉林 | 150.41 | 广西 | 266.56 |
| 河北 | 123.32 | 黑龙江 | -14.87 | 重庆 | 307.47 |
| 辽宁 | 212.11 | 安徽 | 275.68 | 四川 | 260.34 |
| 上海 | 21.14 | 江西 | 299.17 | 贵州 | 12.86 |
| 江苏 | 111.05 | 河南 | 232.79 | 云南 | 215.97 |
| 浙江 | 86.99 | 湖北 | 229.26 | 西藏 | -77.52 |
| 福建 | 148.11 | 湖南 | 231.84 | 新疆 | 198.54 |
| 山东 | 147.15 |  |  | 甘肃 | 4.80 |

　　这些省区通过产业转移的方式实现自身经济的快速增长的原因一方面是市场机制的作用。这些省区经济潜力巨大，与发达地区相比，资源也更为丰富，企业迁移促进了资源的开发利用，产生了巨大的经济效益。另一方面是转出地政府和转入地政府的合作推动作用。从国家的角度来看，"产业转移是平衡区域发展、促进产业升级、调整产业结构、实现国家经济战略布局的重要过程和必然过程"②。为了通过产业转移的方式推动区域经济的协调发展，国家出台了《国务院关于中西部地区承接产业转移的指导意见》（国发[2010]28号）等一系列重要文件，陆续批准了安徽皖江城市带、广西桂东、重庆沿江、湖南湘南、湖北荆州、黄河金三角（跨山西、陕西、河南3省）等6个国家级承接产业转移示范区。在这一部署下，转出地政府和转入地政府为了能够实现产业转移，在土地政策、招商引资政策、税收政策、区域合作政策等各方面进行了深度合作。③

---

　　① 引自《中国产业发展和产业政策报告（2012）——产业转移》，经济管理出版社2012年出版，188页。

　　② 张欣等编：《中国沿海地区产业转移浪潮——问题和对策》，上海财经大学出版社，2012年，序言。

　　③ 同上，第3页。

### 二、府际协调型生态补偿制度

随着我国经济社会的发展,工业化和城市化进程不断加快,我国流域生态环境破坏日益严重。"十一五"期间,国家高度重视流域生态补偿,建立了从国家到省区的两级生态补偿制度。中央财政对国家重点生态功能区的补偿加大,各省区流域生态补偿试点也取得较大进展。但是跨省区流域补偿问题仍然没有形成相关的制度。有官员指出:"生态补偿在本省内实施起来比较好操作,与省际不同的是,一省之内的工作,只要省委、省政府认准了,下决心去做,协调起来比较容易。"[①]跨省流域生态补偿机制从根本上来讲就是省际间利益平衡机制,由于地方政府"自利性"及地方政策法规的效力限制,跨省流域的生态补偿问题需要省级政府之间的协调。要建立府际协调型生态补偿制度,需要注意以下五点。

第一,府际协调型生态补偿制度需要中央政府的推动作用。跨省流域生态补偿最大的难点在于上下游两个省份之间的利益冲突。由于地方政府拥有独立的区域利益,在生态补偿问题上从自身利益最大化考虑,往往采取的是地方保护主义策略,特别是下游政府一般不愿意主动给上游政府补偿,两者只有依靠共同的上级政府,即中央政府进行调整,才有可能形成长效的利益协调机制。中央政府从全国利益出发,能够超脱地方的狭隘利益,从而实现了对省级地方政府间利益关系的协调,重新调整了各省区市之间的权利义务分配关系,促使流域内其他省级政府合作的策略,共同保护流域生态环境。

第二,地方政府间关于"生态产品"的共识是府际协调型生态补偿制度建立的基础。主体功能区规划提出的"生态产品"概念针对区域间生态补偿问题的理论突破,为上游省份争取生态补偿提供了理论支撑,对于推动地方政府间形成补偿共识有重要作用。在此基础上,地方政府才有可能通过平等协商等方式对水资源的利用价值及对各方的市场价值形成共识,即下游地方政府尊重和认可上游地方政府保护水资源所做的贡献。

第三,省际协商机制是跨省生态补偿制度的关键。省际间协商补偿机制是指各方利益主体(如地方政府、企业、非政府组织等)平等参与、自愿协调和互相协商的过程,而不应仅仅是一种基于交换的市场行为或基于政府权力的强制性

---

① 陕西省环保厅厅长何发理语,转引自张明波:《跨省流域生态补偿机制研究》,西北农林科技大学 2013 届硕士研究生毕业论文,第 7 页。

过程。为此,流域内地方政府之间应该采取积极的合作态度,所涉及的利益相关者可以借助这一协商机制,从而实现兼顾和平衡流域政府各自辖区利益,达成的补偿协议的目的。为此,应该积极搭建省际协商平台,建立上下游省级政府沟通的平台,通过赋予这一平台的相关职能,促进省区之间流域生态补偿的实现,从而形成信息共享、技术互助合作的良好局面。

第四,民间自发的生态补偿是府际协调型生态补偿制度的补充。民间生态补偿机制相对于政府机制更能调动更多资源,包括当地企业和非政府组织(尤其是环保组织)参与到当地的生态补偿中,补偿主体趋向多元化,资金筹集方式更加广泛,受偿主体也能够更直接地得到补偿。这些生态补偿的主要途径有企业和民间组织(以环保组织为主)两种。流域下游省区市的当地企业往往为了发展相关工业,满足相关工业对水质和水量都有较高的要求。这些企业通过向上游政府提供生态补偿,可以对上游的水质或更好的水量提出更高的要求。这种方式既能够满足本地企业的生产要求,也实现了对上游地区(主要是居民)的生态补偿,是一种被广泛运用的市场机制。除此之外,民间环境保护组织通过各种非营利性的手段,比如向全社会募集资金、招聘志愿者等方式,向上游地区开展建设生态示范村、下游地区对口帮扶上游地区等形式,实现改善上游地区经济产业结构,增加当地居民的收入,提高上游地区的经济发展水平,也能够促使上游地区自愿保护生态环境。

第五,跨省流域生态补偿的法律支撑是生态补偿制度的保障。跨省流域生态补偿制度的实施面临着诸多的阻力和困难,其中最重要的就是缺乏明确的法律作为生态补偿制度的支撑和依据。目前,国家层面的法律体系中尚缺乏全面规定流域生态补偿机制的具有可操作性的条款,省份之间无法在共同的法律原则、法规、政策框架下实现政府间合作。当前存在的法律规定只是一个笼统的方向。例如《环境保护法》第16条规定:"地方各级人民政府,应当对本辖区的环境质量负责,采取措施改善环境质量。"该规定明确了流域内不同行政区域的政府在保证该区域内水环境质量方面必须承担相应的责任,保障水质达到国家规定标准。这一规定下,虽然上游地区地方政府为了维持本流域良好的生态环境,必须在防治水污染方面投入大量的人力、物力、财力,但是从法律上讲,并没有要求下游政府给予补偿的权利。因为这是上游政府,而不是下游政府应该履行的法定职责。为此,应当要通过《生态补偿条例》等法律,明确上下游省份流域水环境保护的权利与义务、补偿与被补偿等关系,以保障上游政府获得生态补偿的权利。

# 第六章

# 主体功能区规划推进的中央主导模式
## ——以内蒙古为例

中央主导模式是指省(区)境内的主体功能区发挥功能,仅仅依靠地方自身力量无法实现,但是又对全国具有特殊意义的情况下,省(区)主体功能区的推进必须依靠国家政策、财政倾斜支持才能完成的做法。这些省区以西部省区为主,如内蒙古、陕西、甘肃、新疆、青海等远西部省区。我们以其中最典型的内蒙古为例,来说明这种模式。

## 第一节 内蒙古主体功能区布局分析

### 一、内蒙古区情介绍

内蒙古是典型的西部省区。内蒙古生态承载能力弱,大部分地区不适合开发,是我国北方地区生态屏障。整体上经济水平较低,仍然有部分地区较为贫困,但是资源富集地区发展水平较高。以呼包鄂为主的城市化地区由于其资源型产业性质而对其他地区带动作用不强。由于西部大开发等政策的长期支持,加上资源开发力度加大,近些年发展速度较快,但是其他没有资源开发地区,经济发展水平较低。西部大开发以来,国家针对内蒙古的发展制定了一系列的政策,支持内蒙古自治区的发展,取得了良好的效果。

第一,内蒙古自治区整体上生态环境形势严峻,环境承载力较差。2000年中央政府推动西部大开发战略以来,内蒙古自治区政府不断加大生态环境保护力度,当地生态环境开始逐步出现整体遏制、局部好转的态势。不过,类似水土流失、荒漠化、大气污染、水污染、固体废弃物排放等各种环境问题制约着当地经济社会的可持续发展。从地理区位上来看，内蒙古自治区地处我国北方边疆，同时属于东北、华北、西北三大区域，又同时是嫩江、辽河、黄河等流经诸多省份的大江大河的源头或上中游，其生态地位十分重要。但是内蒙古同时也是我国土地沙漠化最严重的地区之一，区域内有腾格里、库布齐、巴丹吉林、巴音温都尔、乌兰布和五大沙漠，还有科尔沁、毛乌素、浑善达克、乌珠穆沁、呼伦贝尔五大沙地，除此之外还有位于阴山北麓的大面积严重风蚀沙化土地。[①] 严峻的生态环境不仅严重地制约了内蒙古经济社会可持续发展，更影响到了首都和周边地区的生态安全。

恶劣的生态环境不能为经济发展提供坚实的基础，环境承载力差束缚了内蒙古经济的发展。以内蒙古最缺乏的水资源为例。"内蒙古自治区水资源总量占全国的1.83%，且时空分布不平衡，时间上，降水主要集中在7、8、9三个月；空间上，水资源的分布东多西少，地表径流量的90.4%集中在东部呼伦贝尔市、兴安盟、通辽市和赤峰市四个盟市。"[②]根据衡量国家级人均水资源潜力的分级标准来分析，内蒙古自治区中西部的盟市位于内蒙古高原的内陆区和黄河流域，这些地区的大部分是半干旱或干旱地区。位于这些区域内的呼和浩特市、乌海市、包头市等大城市人口、经济、社会的发展受到严重缺水问题的制约。由此可见，内蒙古自治区过低的人均可利用水资源潜力，已经成为自治区社会进步、经济发展的最大限制性因素之一。

第二，内蒙古是我国的资源大区，各种资源非常丰富。内蒙古境内生物资源、土地资源、矿产资源等自然资源比较丰富，被誉为"东林西铁，南粮北牧，遍地矿藏"。在生物资源方面，森林面积和草场面积都居于我国各省级行政区首位，"全区人均土地面积为5.23公顷，相当于全国人均土地面积的6.5倍。其中各类土地资源的人均占有量都高于全国平均水平，人均耕地面积0.38公顷，人均林地面积0.88公顷，人均牧草地面积2.98公顷，分别为全国平均水平的4.8倍、4.2倍和12.6倍"[③]。各种动植物分布其中，很多被列为国家保护的珍稀野生动植物。

---

① 王丽著：《内蒙古自治区主体功能区划分研究》，内蒙古大学2010届硕士研究生毕业论文，第15页。

② 朱晓俊等：《推进形成主体功能区对内蒙古区域经济发展的重大意义》，《北方经济》，2009年第1期。

③ 《内蒙古自治区地域风貌与自然资源》，内蒙古自治区政府门户网站，http://www.nmg.gov.cn/main/nmg/wsbs/lstd/2005－04－14/2_39400/。

第三,整体上经济平稳较快发展,但是区域之间的发展差距较大。1978 年以来,内蒙古自治区各盟市的经济社会水平都获得了巨大程度的提高,取得了较大的进步。但是与此同时,各盟市之间的经济社会发展差距也在不断拉大。呼和浩特、鄂尔多斯(原伊克昭盟)、包头等地区,发展速度遥遥领先于蒙东、蒙西各盟市,而其他地区较为落后,尤其是蒙东的呼伦贝尔、赤峰、通辽等盟市进步较小,发展水平远远落后于全区平均水平,与中部及西部各盟市的差距逐渐拉大。内蒙古经济发展总体上呈现出中部突起、两翼滞后的局面。2002—2009 年"内蒙古经济增长速度连续 8 年在全国保持第一,地区生产总值年均增速达18.7%"①,2010 年地区生产总值跨过 1 万亿元,2012 年人均国内生产总值突破1 万美元大关,进入全国前列。2013 年全面地区生产总值完成 1.68 万亿元,在全国名列第 15 位,西部地区仅次于四川省位居第二。②

但内蒙古各区域间发展不平衡、经济增长方式粗放等问题依然突出。呼包鄂地区是内蒙古自治区的核心经济区。西部大开发十多年来,"呼包鄂"三市经过高速发展,已成为内蒙古最具活力的城市经济圈,被誉为内蒙古的"金三角"地区。2010 年,"金三角"的经济总量占全区经济总量的 59%,三市地区生产总值总量达到 5720 亿元,地方财政收入达到 810 亿元,占全区财政收入总量的58.8%,"呼包鄂"整体经济发展水平已经与沿海发达地区接近。③ 但是内蒙古同时也存在大片的贫困地区。根据《中国农村扶贫开发纲要(2011—2020年)》,兴安盟、乌兰察布市、赤峰市、通辽市、锡林郭勒盟西南部、大青山地区和三个人口较少民族自治旗是内蒙古境内有七个国家级集中连片特困地区。④这些地区自然条件比较差,特困连片地区的生产生活条件更差,生产经营方式仍然十分粗放,贫困面广,贫困程度深,发展难度大,亟须借助各方面帮助,推动当地经济发展。

第四,良好的政策环境为内蒙古发展创造了较好的发展条件。国家为内蒙古发展制定了一系列的倾斜政策。作为西部新兴的经济大区(省),2011 年国务院出台了《国务院关于进一步促进内蒙古经济社会又好又快发展的若干意

---

① 《内蒙古经济增长连续 8 年全国第 1:不求速度求转变》,搜狐网,http://news. sohu. com/20100519/n272199288. shtml。

② 《中国 2014 年各省 GDP 排行》,闽南网,http://www. mnw. cn/news/cj/715060. html。

③ 《内蒙古:未来十年中国经济新引擎》,《中国经营报》,2011 年 8 月 22 日。

④ 《2013 年自治区集中连片特困地区连片开发项目实施方案》,中国赤峰,http://www. chifeng. gov. cn/html/2013 - 06/73ddb299 - 7211 - 4297 - bd21 - 21cad69441a2. shtml。

见》(国发〔2011〕21号),以促进内蒙古自治区经济社会的发展。同时,各部委和国家金融机构也积极配合推出了一系列政策,如《国土资源部关于支持内蒙古经济社会发展有关措施的通知》(国土资发〔2011〕169号),《国家工商总局关于支持内蒙古经济社会又好又快发展的意见》(工商办字〔2012〕71号),《中国农业银行总行关于进一步支持内蒙古经济社会又好又快发展的意见》。内蒙古作为民族自治地区和西部地区,在内蒙古投资经商的企业可以同时享受少数民族地区政策、西部大开发政策、振兴东北老工业基地(内蒙古部分)政策等。一系列政策的叠加,使内蒙古自治区在国家政策方面将比其他省区市拥有更有利的地位。

在此基础上,内蒙古自治区各级政府也积极出台政策,为当地经济的发展创造有利条件。从自治区的层面,内蒙古自治区政府提出了"8337"的发展思路,即"八个建成""三个着力""三个更加注重""七个重点工作"。"八个建成"的表述明确了内蒙古的八个发展定位,其中最重要的是国家层面的清洁能源输出基地和现代煤化工生产示范基地,并在此基础上建成有色金属生产加工和现代装备制造等新型产业基地等。"三个着力""三个更加注重""七项重点工作"则从各个方面指明了对于内蒙古各项定位的实现途径。为了贯彻落实好"8337"发展思路,内蒙古自治区各相关政府部门、各旗县市地方政府都推出了相关政策。例如内蒙古自治区科技厅推出了"十百千万"工程,即"提升10个国家级科普教育培训基地,扶持和建成100个左右面向经济主战场的科技中介服务机构,组织1000名左右'草原英才'等科技人才,组团队、搭平台、下基层,吸引和帮扶10000名左右大学生在各类科技载体中就业、创业"①。此外,还有《内蒙古自治区鼓励和支持非公有制经济发展若干规定》(试行)《关于进一步加快县域经济发展的意见》等政策出台。呼和浩特市提出了"两个一流、三个建设、两个率先"发展思路(打造一流首府城市和一流首府经济,建设活力首府、美丽首府、和谐首府,在全区率先实现城乡一体化、率先全面建成小康社会)。包头、鄂尔多斯、赤峰、通辽、呼伦贝尔、锡林郭勒、乌兰察布等地方也推出了具有自己特色的发展规划、政策。②

---

① 《动员全区科技力量,为贯彻落实"8337"发展思路汇智聚力》,网易,http://news.163.com/13/0510/11/8UGTHNAV00014AED.html。

② 《内蒙古全力贯彻落实"8337"发展思路》,市县招商网,http://www.zgsxzs.com/a/20140126/584482.html。

## 二、内蒙古主体功能区规划布局

主体功能区规划中对内蒙古的布局如下:目前内蒙古的经济中心呼包鄂地区被划为国家级重点开发区,而其他地区主要是限制开发区(包括农产品主产区和重点生态功能区)。农产品主产区包括河套—土默川平原农业主产区、西辽河平原农业主产区、大兴安岭沿麓农业产业带、呼伦贝尔—锡林郭勒草原畜牧业产业带,重点生态功能区包括呼伦贝尔沙地、科尔沁沙地、乌珠穆沁沙地、浑善达克沙地、毛乌素沙地的沙地防治区,包括库布齐沙漠、巴丹吉林沙漠、腾格里沙漠、乌兰布和沙漠、巴音温都尔沙漠的沙漠防治区和黄土高原丘陵沟壑水土保持区。如表6-1所示.

**表6-1 内蒙古自治区主体功能区划分总表**

| 功能区分类<br>(面积及占全省比例,平方千米) | | 范围 | |
|---|---|---|---|
| 重点开发区域<br>(156915.76,11.93%) | 国家级重点开发区域<br>(97781.73,7.39%) | 呼和浩特市、包头市、鄂尔多斯市 | 共21个县(旗、区) |
| | 自治区级重点开发区域<br>(59134.03,4.54%) | 呼伦贝尔市、兴安盟、通辽市、赤峰市、锡林郭勒盟、乌兰察布市、巴彦淖尔市、乌海市、阿拉善盟等 | 共包括18个县(旗、区) |
| 限制开发区域<br>(920159,76.83%) | 国家级重点生态功能区(546763.45,45.65%) | 大小兴安岭森林生态功能区、呼伦贝尔草原草甸生态功能区、科尔沁草原生态功能区、浑善达克沙漠化防治生态功能区、阴山北麓草原生态功能区等 | 共35个县(旗、区) |
| | 自治区级重点生态功能区(300719.96,25.11%) | 呼伦贝尔草原草甸生态功能区、黄土高原丘陵沟壑水土保持生态功能区、阴山北麓草原生态功能区、阿拉善沙漠化防治生态功能区等 | 共41个县(市) |
| | 国家级农产品主产区(72675.59,6.07%) | 河套—土默川平原农业主产区 | 共5个县(旗) |
| | | 大兴安岭沿麓农业产业区 | 共3个县(旗) |
| | | 西辽河平原农业主产区 | 共4个县(旗、区) |

续表

| 功能区分类<br>（面积及占全省比例,平方千米） | 范围 |
| --- | --- |
| 分布在优化、重点、生态发展三类区域的各类禁止开发区域共185716.3平方千米,占全区面积的15.27% | 依法设立的各级自然保护区、风景名胜区、森林公园、地质公园、世界文化自然遗产、湿地公园及重要湿地等区域(318个) |

资料来源:《内蒙古自治区主体功能区规划》。

由于呼包鄂地区经济形态主要是资源型产业及相关的资源加工工业等,承接东部地区产业转移较少,对于农产品区和重点生态功能区的带动作用不明显,同时后者人口稀少,人口转移流动不明显。这些区域由于对国家而不仅仅是对内蒙古具有生态功能,所以环境保护和生态补偿的投资基本上都来自国家财政。内蒙古主体功能区区际关系如图6-1所示:

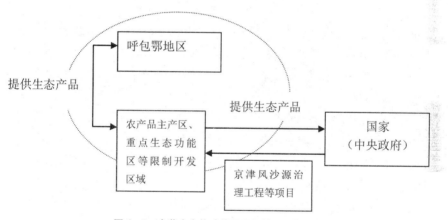

图6-1　内蒙古主体功能区区际关系示意图

内蒙古自治区重点开发区具体分为国家级和自治区级两部分,其中国家级重点开发区是指以呼包鄂地区,自治区级重点开发区包括乌兰察布市、巴彦淖尔市、乌海市、呼伦贝尔市、兴安盟、通辽市、赤峰市、锡林郭勒盟城区及部分旗县。呼包鄂地区位于全国"两横三纵"城市化战略格局中包昆通道纵轴的北端,是国家级重点开发区域呼包鄂榆地区的主要组成部分,包括呼包鄂地区21个旗县市区和14个其他重点开发的城镇,国土面积9.78万平方千米,占全区国土总面积的8.16%,扣除基本农田后占全区国土总面积的7.39%。① 该区域区位和资源优势明显,发展空间和潜力较大。鄂尔多斯盆地的核心区分布于此,能源矿产资源富集;土地资源有限,开发强度较高;水资源相对短缺,农业节水潜力较大;主要污染物排放空间较小,生态环境保护压力较大;京藏高速公路、京包、包兰铁路贯穿其境,是京津冀地区的重要腹地,是沟通华北和西北经济联系的重要枢纽;城市化和经济发展水平较高,是全区人口集中、经济集聚的主要区域。《内蒙古自治区主体功能区规划》对该地区的定位是全国重要的能源和新型化工基地,农畜产品加工基地,稀土新材料产业基地,北方地区重要的冶金和装备制造业基地;全区重要的科技创新与技术研发基地,战略性新兴产业和现代服务业基地,全区的经济、文化中心。

限制开发区分为两个部分,一个部分是内蒙古境内国家级和自治区级的农产品主产区,更重要的是重点生态功能区,具体承担了我国北方生态安全屏障的功能。具体包括大兴安岭生态屏障、阴山北麓生态屏障、沙地防治区(呼伦贝尔沙地、科尔沁沙地、乌珠穆沁沙地、浑善达克沙地、毛乌素沙地)、沙漠防治区(库布齐沙漠、巴丹吉林沙漠、腾格里沙漠、乌兰布和沙漠、巴音温都尔沙漠)、黄土高原丘陵沟壑水土保持区。内蒙古自治区境内的限制开发区重要性与脆弱性并存。由于位于黄河、辽河、嫩江三大水系上游,地跨西北、华北、东北三大区域,这种地理区位上的特殊性,决定了它将在全国生态环境大系统中起着关键的生态屏障作用,成为我国北方重要的生态防线,是我国生态环境保护的最前沿地区。但是,同时由于这些地区季风性气候明显,地层十分松散,季节性风寒与植被稀疏同时存在,温室效应影响大,造成了水热异常、气候骤变等灾害性天气频发,再加上严重缺水,整体上生态十分脆弱。

根据主体功能区规划的布局,内蒙古自治区主体功能区规划的推进主要涉及重点开发区和限制开发区两种主体功能区。与跨省模式不同的是,无论是重点开发区,还是限制开发区都与相邻地区没有密切联系,但是由于种种原因这些地区的开发和保护都是由中央政府直接推动的。

## 第二节　中央主导:内蒙古主体功能区的实现形式

西部大开发以来,国家对内蒙古加大了扶持力度,无论从经济开发还是从

---

① 国家发展和改革委员会编:《全国及各地区主体功能区规划》(上),人民出版社,2015年,第349页。

生态保护,都通过财政转移支付、重大工程建设、经济政策倾斜等方式进行了全面的支持。在此推动下,内蒙古无论是经济还是生态都得到了极大的改善,而西部大开发等战略指导下的对内蒙古的扶持也有利于推动内蒙古主体功能区的实现。内蒙古主体功能区规划的推进也应该在此基础上,继续坚持以中央主导为主,充分发挥地方政府和其他市场主体、社会主体的积极性,推动实现内蒙古主体功能区建设。

## 一、内蒙古重点开发区开发中的中央政府作用

在《内蒙古自治区主体功能区规划》中,内蒙古境内重点开发区包括国家级重点开发区和自治区级重点开发区,其中国家级重点开发区呼包鄂地区作为内蒙古自治区的经济中心,是典型的西部省份重点开发区。我国西部大开发战略的推动下,这些西部省份的重点开发经济发展得到了中央政府的强有力支持。尤其是其中的呼包鄂地区,是中央政府对内蒙古重点开发区开发的典型例子。西部大开发开始的2000年,鄂尔多斯地区(当时是伊克昭盟)境内的"库布齐沙漠、毛乌素沙地已占鄂尔多斯总面积48%,干旱硬梁和丘陵沟壑地区占48%,这片土地被称为是'地球癌症',每年向黄河输入的泥沙量高达1.6亿吨"[1],当地根本无法进行大规模的经济建设活动。但是经过十多年的发展,呼包鄂地区已经成为我国西部重要的城市群和经济增长点,将建成内蒙古"自治区经济发展的主要增长极,区域协调发展的重要支撑点,自主创新能力提升的核心区,人口和经济集聚的承载区"[2]。其中重要的原因是中央政府对当地经济发展的大力支持。

第一,较大的财政转移支付力度和基础设施建设为当地经济发展提供了基本保证,在重点开发区的开发中将继续起到重要的基础性作用。"受经济规模和经济发展水平的制约,西部地区人均财政收入一直偏低,加上庞大的人口负担,许多西部地区的财政基本上丧失了地方政府投资的职能,许多本应由地方政府承担的职责也无法实现。"[3]这种情况下,依靠当地政府本身的财政收入并不能为西部大开发提供充足的资金支持。为此,中央政府对内蒙古自治区政府

①　《西部大开发十周年:生态之变》,新浪网,http://finance.sina.com.cn/g/20100704/23148230436.shtml。

②　国家发展和改革委员会编:《全国及各地区主体功能区规划》(上),人民出版社,2015年,第348页。

③　陈迅等:《持续推进西部开发的理论与实践》,科学出版社,2009年,第140页。

的财政转移支付一直处于较高水平,以保证当地政府能够较好的支持当地经济的发展。作为内蒙古自治区主要的重点开发区域,呼包鄂地区接受的财政转移支付也一直处于较高水平,以鄂尔多斯为例。"1994—2009 年,中央及自治区财政厅累计下达我市(即鄂尔多斯市)各类财政转移支付 323.1 亿元,其中,财力性转移支付 177.4 亿元,占转移支付总额的 54.9%;专项转移支付 145.7 亿元,占转移支付的 43.5%……在专项转移支付中,专项拨款补助 105.8 亿元,增发国债补助 39.9 亿元。"①在主体功能区规划的推进中,中央政府对于当地的这些直接支持仍然会起到重要作用。中央政府为当地政府提供的较为充裕的财政资金支持使当地政府可以更好地履行经济建设、公共服务职能。同时,中央政府直接投资的各种基础设施建设也为重点开发区(呼包鄂)的经济发展提供了条件,如 2001 年竣工的京藏高速公路,西部大开发期间不断提升运力的京包、包兰铁路等,都是西煤东运的重要通道。

第二,中央政府对地方经济发展的规划指导为呼包鄂地区经济快速发展的提供了有利条件。呼包鄂地区在主体功能区规划中被定位为我国重要的能源基地,但是本身需要其他规划的落实。2012 年 11 月,国务院正式批准了《呼包银榆经济区发展规划(2012—2020)年》。这一规划涉及区域包括了内蒙古自治区的呼和浩特市、包头市、鄂尔多斯市、巴彦淖尔市、乌海市,以及锡林郭勒盟的二连浩特市,乌兰察布市的集宁区、卓资县、凉城县、丰镇市、察哈尔右翼前旗,阿拉善盟的阿拉善左旗,除此之外还有宁夏回族自治区和陕西省的少部分县市。②在这一规划中,国家提出了推动资源型地区经济主动转型、打造国家综合能源基地、发展特色优势产业、加强基础设施建设等八项重点任务,同时也是呼包鄂地区今后发展的方向。这些任务和发展方向是与主体功能区规划对于呼包鄂地区的定位是一致的,有利于进一步提升呼包鄂地区发展地位,进一步助推呼包鄂地区高效开发利用资源、推动产业集聚发展、优化经济转型环境,进一步做强呼包鄂地区优势产业。规划推出之后,立即引起了市场对呼包鄂地区的关注,国内沪深两市业务有涉及呼包鄂地区的企业股票如包钢稀土、新日恒力、

① 吕锋:《政府间财政转移支付制度研究——以鄂尔多斯市为例》,内蒙古大学 2011 届硕士研究生毕业论文,第 15 页。

② 《国务院正式批准〈呼包银榆经济区发展规划(2012—2020)年〉》,浙江发展和改革委员会,http://www.zjdpc.gov.cn/art/2012/11/22/art_791_418522.html。

鄂尔多斯、西水股份、亿利能源等均出现了大幅度上涨，①使呼包鄂地区企业融资更为容易，有利于呼包鄂地区的重点开发。

第三，产业升级政策是呼包鄂地区经济可持续发展的重要推动力。资金上的支持在工业化初期对经济发展的帮助较大，但是经济发展水平的提高，束缚内蒙古经济发展并不是资金，而恰恰是过分依赖资源开采的产业结构，或者说是"资源诅咒"的危险。所谓资源诅咒"是由于自然资源开发而引起的一系列经济、社会、环境问题的统称，如忽视人力资本投资，贸易条件恶化，不平等加剧，学习效应弱化并抑制创新，制度弱化、寻租、腐败盛行、经济增长缓慢等"②。在世界经济发展的过程中存在一种现象，就是往往资源贫乏的国家反而比资源丰富的国家在经济增长方面更持续更稳健，也就是说自然资源丰裕与经济增长之间呈现反方向变化。"自然资源丰富固然是好事，但自然资源丰富的国家和地区如果不制定长远的发展战略，丰富的自然资源给这些国家和地区带来的往往是结构单一的资源生产部门和不发达的其他部门。"③内蒙古作为资源富集地区，经历了多年的高强度资源开发，可能将要面对这一问题。实施西部大开发战略后，"从 2001 年至 2008 年，在规模以上现价工业总产值中，内蒙古自治区资源性产业所占比重由 60.9% 提高到 70.2%，增加了 9.3 个百分点。"④"'十一五'期间，内蒙古轻工业由 1506.72 亿元增加为 4645.8 亿元，重工业由 3694.4 亿元上升为 11374.2 亿元，增幅均为 308%；但是，轻重工业比例却由 2006 年的1：3 变为 2010 年的 1：4"⑤，由此可见随着经济的发展，内蒙古经济并没有向第三产业升级，相反出现了第二产业或者说资源型产业片面发展的现象，甚至轻重工业的比例不断缩小，工业结构重工业成分逐渐增加，轻重失衡。这种现象并不是健康的发展方式，如果不能及时完成区域产业升级，随着自然资源的枯竭可能会出现经济畸形发展的问题。

由于我国地方官员的任期制等因素影响，地方政府倾向于从区域经济发展的短期影响着眼，难以从可持续发展的角度来推动经济发展，这就需要中央政府的产业升级政策推动和引导当地政府行为向有利于区域长期发展的方向转

---

① 《"呼包银榆经济区"发展规划获批》，和讯网，http://news.hexun.com/2012 - 11 - 15/147982365.html。

② 布和朝鲁：《自然资源禀赋视角下的内蒙古经济发展方式转变》，《理论研究》，2011 年第 1 期。

③ 刘铮：《生态文明与区域发展》，中国财政经济出版社，2011 年，第 15 页。

④ 《西部大开发的新起点》，《南风窗》，2010 年第 7 期。

⑤ 高明月：《"呼包鄂"区域产业结构优化升级研究》，内蒙古科技大学 2012 届硕士研究生毕业论文，第 15 页。

变。为此,中央政府在《国务院关于进一步促进内蒙古经济社会又好又快发展的若干意见》(国发[2011]21号)中,在产业发展上对内蒙古的要求是构建"多元化现代产业体系"。也就是要在建设好国家能源基地的基础上,提升传统产业,发展资源深加工业、装备制造业、战略性新兴产业等,同时还要发展现代服务业,加强自主创新能力。①《内蒙古自治区主体功能区规划》在呼包鄂地区产业发展上提出了"提高发展质量"的要求。具体来说就是"坚持产业多元、产业延伸、产业升级的发展方向,运用高新技术改造传统产业,因地制宜地发展各具特色的产业"②。除此之外,国家发改委还放松了对多晶硅、煤化工、建筑陶瓷等从全国层面已经过剩、但是却适合呼包鄂地区发展的行业在呼包鄂地区的管制,以支持当地产业升级。③

第四,除此之外,国家还有很多对内蒙古重点开发区开发有利的其他经济政策。以税收优惠政策为例,内蒙古作为民族自治地区和西部地区,具有优惠政策叠加的优势,在内蒙古投资经商的企业可以同时享受少数民族地区税收优惠政策、西部大开发税收优惠政策、振兴东北老工业基地税收优惠政策。企业所得税优惠政策、农业特产税优惠政策、耕地占用税优惠政策、关税和进口环节增值税优惠政策、增值税优惠政策等。④ 税收优惠政策作为重要的经济政策手段,为内蒙古促进产业结构调整、扩大外商投资规模、加快农牧业产业化进程等方面起到了积极的推动作用。2010年7月,中共中央、国务院召开西部大开发工作会议,将西部大开发税收政策时限在原来基础上再延长10年,这将使内蒙古重点开发区的经济政策优势继续保持下去,有利于当地自我发展能力的培育和经济的长远发展,使当地能够按照主体功能的定位健康发展。

## 二、内蒙古限制开发区生态补偿制度

内蒙古自治区境内的限制开发区尤其是重点生态功能区,基本上都对全国生态有重要意义,大多数被纳入了各种各样的生态工程中,实行的是一种典型

---

① 《国务院关于进一步促进内蒙古经济社会又好又快发展的若干意见》,中华人民共和国中央人民政府,http://www.gov.cn/zwgk/2011-06/29/content_1895729.htm。

② 国家发展和改革委员会编:《全国及各地区主体功能区规划》(上),人民出版社,2015年,第348页。

③ 《内蒙古经济发展连续第5年降速 渴望政策倾斜》,腾讯网,http://finance.qq.com/a/20120218/000712.htm。

④ 韩彩虹:《税收优惠政策对内蒙古经济发展影响研究》,内蒙古大学2011届硕士研究生毕业论文,第13~15页。

的中央主导型生态补偿制度。中央主导型生态补偿制度以"中央政府提供"的生态补偿机制为主,同时以其他方式加以补充。"中央政府提供"的生态补偿机制"是以中央政府作为实施补偿的主体,以区域、下级政府或农牧民为补偿对象,以国家生态安全、社会稳定、区域协调发展等为目标,以财政补贴、政策倾斜、项目实施、税费改革和人才技术投入等为手段的补偿方式。"①内蒙古作为我国北方生态屏障,中央政府以财政转移支付、生态工程等方式对其进行生态补偿,除此之外还有地方政府支持、民间社会组织支持等补偿方式作为补充。

第一,中央政府的财政转移支付是实现内蒙古生态补偿的基本手段。长期以来,尤其是西部大开发以来,中央政府为了对内蒙古生态环境进行保护,每年都会对内蒙古进行财政转移支付。2011 年内蒙古公共财政预算内收入1166.81 亿元,但是公共财政预算内指出达到了3315.17 亿元,财政自给率只有35.20%,其他部分除代发一部分地方政府债之外都是由中央政府以补助、调入资金等方式拨付。② 与此形成鲜明对比的是,发达省份如北京、天津、上海、辽宁等省市则都是财政收入高于财政支出,从总量上来看不仅没有国家的支持,而且还有大量的财政收入要上缴国家财政。

国家提出主体功能区规划以后,财政部为配合国家重点生态功能区建设,提高当地政府基本公共服务保障能力,引导地方政府加强生态环境保护力度,专门出台了《国家重点生态功能区转移支付办法》(简称《办法》)。根据《办法》,内蒙古自治区境内的重点生态功能区得到更有力的财政支持。这一《办法》的特色在于对当地政府不仅在生态改善时进行奖励,当地生态退化时财政部还会根据环保部检测数据对当地政府进行惩罚,扣减当地的部分资金。2014年 1 月,内蒙古自治区 75 个重点生态旗县得到该类转移支付 24.52 亿元,比2013 年增加 0.99 亿元,③对当地政府推动生态功能区建设具有较大的推动作用。

第二,重大生态工程建设也是中央支持内蒙古生态补偿的重要手段。西部大开发以来,我国在西部地区推动了一大批重大生态工程,以改善西部生态环境,为经济发展创造良好条件,内蒙古境内的限制开发区是其中重要的补偿对象。在这些生态工程建设中,除了直接投入到工程本身的资金之外,还有大量

---

① 金波:《区域生态补偿机制研究》,中央编译局出版社,2012 年,第 139 页。

② 《2012 年中国财政年鉴》,中国财政经济出版社,2012 年,第 401 页。

③ 《自治区下达 2013 年国家重点生态功能区转移支付》,中华人民共和国财政部,http://www.mof.gov.cn/pub/mof/xinwenlianbo/neimenggucaizhengxinxilianbo/201401/t20140114_1035164.html。

的资金被用到对相关地方政府、农户、牧业专业户的粮食、资金补偿中。到 2010 年,"在国家 400 多亿元专项资金的支持下,内蒙古相继实施了天然林资源保护、京津风沙源治理、退耕还林、退牧还草等一批生态建设重点工程,取得了生态整体恶化加速趋缓、工程建设区域生态状况明显好转的成效,全区森林覆盖率由 2000 年 14.8% 提高到现在(2010 年)的 20%"①。

第三,除了中央政府支持的生态补偿之外,还有一些是地方政府支持下的生态补偿。由于中央财政资金重点支持的是比较困难的地区,难以全面覆盖,有的地区通过地方政府自身的力量推动了部分生态补偿项目。其中国家级生态示范区是典型的例子,一旦被环保部命名为国家级生态示范区则将失去任何生态方面财政激励的资格。② 目前内蒙古自治区境内环保部命名的国家级生态示范区有敖汉旗、鄂尔多斯市恩格贝、兴安盟农牧场管理局、呼伦贝尔市、赤峰市元宝山区、阿鲁科尔沁旗、乌兰察布市等 16 个盟旗县(管理局、区)。③ 虽然这些盟旗县(管理局、区)境内存在大量的生态项目,但是生态补偿费用不再依靠中央及上级政府财政,而需要根据自身的发展条件,通过发展生态经济的方式实现,是一条地方政府支持生态补偿的新路子。

第四,政府之外的国内外民间环保组织支持下的生态补偿逐渐兴起。环境保护和生态补偿目前越来越受到社会的关注,国内外大量的民间环保组织对中国西部环境保护问题尤为关注。为了方便开展工作,这些环境保护组织在国内的活动往往也是与当地政府合作进行的。2008 年,全球环境基金项目、全球环境基金、亚洲开发银行等与中国政府合作(包括中央的财政部,地方的林业局、农牧局等相关部门)在中国西部推动了土地退化防治等工作,其中包括内蒙古自治区奈曼旗满都拉呼嘎查(村)试点,取得了良好效果。④

## 第三节　中央主导模式的实现

内蒙古自治区主体功能区是在中央政府的支持和帮助下形成的,是中央主

① 《西部大开发给内蒙古经济发展带来的影响点评》,中国行业研究网,http://www.chinairn.com/doc/60250/628024.html。

② 《国家级生态示范区招牌价值几何》,《南方日报》,2012 年 2 月 28 日。

③ 张清宇:《西部民族地区生态文明建设模式研究》,浙江大学出版社,2011 年,第 252 页。

④ 高桂英:《全球环境基金项目理念在中国社区土地退化防治中的新体现:内蒙古奈曼旗满都拉呼嘎查(村)透视》,选自江泽慧编:《综合生态系统管理理论与实践——国际研讨会文集》,中国林业出版社,2009 年,第 118 页。

导模式的典型案例。中央主导模式比较适用于分析与沿海发达地区经济联系不太密切,经济发展主要依赖于中央政府开发各方面支持的省区。这些省区的经济发展和生态补偿制度的建立必须在中央主导前提下完成,主要依赖于中央政府的政策倾斜和资金支持,同时地方政府、民间组织等多方支持也起到一定的作用。

由于中央主导模式下的各省(区)经济发展上以中央主导下的资源型产业为主,而生态补偿制度的建立也依赖于中央政府相关政策的建立,这些省区主体功能区的形成总体上由中央主导。在重点开发区的开发和限制开发区生态补偿问题上,国家的主导作用主要体现在对于中央政府财政转移支付、基础设施建设的投入、倾斜与引导性政策、西部大开发中的重点工程等。当然,在重点开发区和限制开发区建设中,中央政府的支持作用重点不同。

## 一、中央主导模式省区的重点开发区开发

边远西部省区一直是我国经济最不发达的地区,但是西部大开发以来,以内蒙古、新疆、陕西等省区为代表的各省区,经济发展迅速,地区生产总值增长率位于全国前列。针对这种现象有学者认为:"为什么这 10 年西部发展这么快,除了政策刺激外,主要就是靠投资拉动和资源拉动。"[1]中央政府在这些省区重点开发区经济发展中的支持作用主要体现在以下三个方面。

第一,国家对基础设施建设的投资。自 1999 年确定西部大开发的战略以来,政府对西部的投资一直起主导作用。西部大开发前三年,仅中央政府就在西部地区新开工了 36 项重点工程,投资总规模达 6000 多亿元。到 2008 年,国家安排西部大开发新开工重点工程 102 项,投资总规模 17400 多亿元。巨额的投资推动了西部省区的经济快速发展。2009 年 10 月,中央政府进一步加大力度,计划新开工 18 项重点工程,总投资额达 4689 亿元。[2] 2009 年 10 月,时任国务院总理温家宝在第十届中国西部国际博览会暨第二届中国西部国际合作论坛开幕式致辞中指出,今后十年"中国政府将逐步增加对西部地区财政转移支付规模,中国政府实施西部大开发战略的决心不会动摇、政策不会改变、力度不会减弱"[3]。

---

①　《西部大开发的新起点》,《南风窗》,2010 年第 7 期。

②　蔡圣华著:《西部地区能源资源优势与长期经济增长》,浙江大学出版社,2011 年,第 152 页。

③　《全面提高中国西部地区开发开放水平——在第十届中国西部国际博览会暨第二届中国西部国际合作论坛上的致辞》,搜狐网,http://news.sohu.com/20091016/n267423889.shtml。

第二,国家出台大量相关倾斜和引导性政策。为了推动西部大开发,我国出台了许多具体的倾斜和引导性政策。以税收优惠政策为例。按照国家税务总局出台的《关于落实西部大开发有关税收政策具体实施意见的通知》,我国西部省、自治区、直辖市的全部行政区域内的国家鼓励类外商投资企业,在现行税收优惠政策执行期满后的三年内,可以减按15%的税率征收企业所得税。若企业被认定为产品出口企业,且当年出口产值达到总产值70%以上的,可以按照税法规定减半征收企业所得税,但是减半后的税率不得低于10%。政策规定,在西部地区新办交通、电力、水利、邮政、广播、电视企业,上述项目业务收入占企业总收入70%以上的,可以享受企业所得税减免。对西部地区公路国道和省道建设用地比照铁路、民航用地免征耕地占用税,其他公路建设用地是否免征耕地占用税,由省、自治区和直辖市人民政府决定。各种政策引导了大量外商、东部企业对西部的投资。到2006年,据有关部门"初步统计,仅仅东部地区累计就有3万多家企业到西部地区投资创业,总投资规模约有6000亿元"[①]。

第三,国家投资建设各种资源开发性工程。由于我国能源生产与消费地区分布是逆向的,只有通过能源的长距离运输,才有可能实现能源的开发利用。而这些长距离运输主要由中央政府投资实现,这就是西部能源资源开发利用工程,如西煤东运、西气东输、西电东送。这三大工程把西部省份丰富的能源资源送往东部发达地区,一方面缓解了东部发达地区的能源短缺,更重要的是帮助内蒙古、新疆、青海等地区对境内资源实现了开发。

为了实现西部大开发,中央政府为了推动西部省份的开发投入了巨大的财力。"先后开工建设了青藏铁路、西气东输、西电东送等187项西部大开发重点工程,投资总规模约3.7万亿元。"[②]在此基础上西部省区的重点开发区经济获得了较大的发展,其集聚产业主要集中在资源密集型产业(如采矿业与能源业)、劳动密集部门(为资源密集型产业提供支撑的机械设备制造业和轻纺业)和部分资源加工型产业,而"这得益于西部丰富的矿产和电力资源以及计划经济时期国家的重点资金投入"[③]。根据2013年12月发布的第十三届中国县域经济基本竞争力百强县(市)评比结果,中西部地区共有9个县(市)入围,除四

---

① 王金祥:《西部大开发:面向"十一五"的思考》,《区域协调发展的理论与实践》,人民出版社,2012年,第124页。

② 《徐绍史:13年间中央财政对西部转移支付8.5万亿》,中国新闻网,http://www.chinanews.com/gn/2013/10-22/5411214.shtml。

③ 陈迅等:《持续推进西部开发的理论与实践》,科学出版社,2009年,第226页。

川省双流县、郫县不是依靠资源开发的县之外,其余7个都是依靠资源开采的资源型县(市)。这些县(市)基本分布在内蒙古(准格尔旗、伊金霍洛旗)、新疆(库尔勒市),陕西(神木县、府谷县、吴起县)和贵州(盘县)。① 这从一个侧面体现出,国家帮助与地方资源开发的结合是这些省份的重点开发区开发的成功路径。

### 二、中央主导下的生态补偿制度

中央主导模式下的省区生态补偿制度应该由中央政府为主负责建立。其原因在于中华人民共和国成立以来,尤其是改革开放以来,我国实际上都是在走一条粗放式的工业发展道路,这是造成西部地区环境问题恶化的重要原因。② 而且这些省份涉及的重点生态功能区实际上是具有国家意义的生态屏障,为整个国家提供了生态公共产品,理应由中央政府对其进行生态补偿。当然,在中央主导模式中也有其他主体的活动作为国家投入的补充。目前我国中央政府在中央主导模式下省区的生态补偿途径主要有以下四个方面。

第一,中央政府财政转移支付。中央政府补偿机制中最直接的手段是财政转移支付,"2000年至2012年,中央财政对西部地区财政转移支付累计达8.5万亿元,中央预算内投资安排西部地区累计超过1万亿元,分别占全国总量的40%左右"③。财政转移支付不仅直接为地方进行生态保护建设提供必要的资金支持,同时也可对地方因生态保护而导致的财政收入减少进行补偿。此外,中央政府的生态补偿建设和保护投资政策主要是用于具有国家意义的生态功能区的生态补偿,以实现功能区因满足更高的生态环境要求而付出的额外建设和保护的投资成本。

第二,国家宏观政策。国家在加强生态保护和建设的过程中,深刻感受到生态保护方面还存在着结构性的政策缺位,在多年来以经济建设为中心的发展思想指导下,有关生态建设的经济政策严重短缺。因此近年来国家战略和政策中,生态补偿得到越来越多的关注。2000年国务院颁布的"生态环境保护纲要"和2003年颁布的促进西部开发建设的重要政策文件明确提出要建立中国

---

① 《第十三届县域经济与县域基本竞争力百强县名单》(专业版),中国县域经济网,http://www.china-county.org/zhuanti/xianyu2013/pingjia/baogao15.html。

② 丁四保:《主体功能区划与区域生态补偿问题研究》,科学出版社,2012年,第78页。

③ 《徐绍史:13年间中央财政对西部转移支付8.5万亿》,中国新闻网,http://www.chinanews.com/gn/2013/10-22/5411214.shtml。

的生态补偿机制。2005 年,颁布的《国务院关于落实科学发展加强环境保护的决定》提出推行有利于环境保护的经济政策,要完善生态补偿政策,尽快建立生态补偿机制。2005 年 6 月,温家宝在中央民族工作会议上也提出生态补偿问题。2006 年颁布的"十一五"规划提出建立生态补偿机制。2007 年国家环保局发布《关于开展生态补偿试点工作的指导意见》,提出将重点在自然保护区、重点生态功能区、矿产资源开发和流域水环境四个领域实施生态补偿试点。

第三,国家投入的西部生态建设重点工程。我国目前在西部地区开展的大型生态工程包括退耕还林、退牧还草、石漠化治理、京津风沙源治理二期、天然林资源保护二期、防护林体系建设、水土流失综合治理等,[①]这些工程有比较明确的生态保护政策目标和比较充裕的资金支持,有的甚至制定了相应的法律法规,为项目长期稳定的实施提供保障。同时工程投资的来源以政府财政支出特别是国家财政支出为主,投资规模较大,减少了大量的污染,改善了西部地区的生态环境。

第四,除中央政府投入之外的民间环保组织生态补偿行为。由于西部地区是我国大江大河的源头,还是我国的生态屏障,大多数的重点生态功能区都分布于此。国内外很多环境保护组织都选择西部省区的重点生态功能区为本组织重点实施生态补偿行为的对象。例如我国百名企业家创立的阿拉善 SEE 生态协会项目[②]、云南"绿色流域"、西藏森格南宗生态保护协会、贵州草海农民发展与保护协会等,都形成了很大的影响。此外,"国际环保非政府组织数量较多,而且比较活跃"[③],也为我国西部生态环境改善起到越来越大的作用。

---

① 《西部大开发"十二五"规划》,西部网(陕西新闻网),http://news.cnwest.com/content/2012 - 02/21/content_6023562.htm。

② 萧今:《生态保育的民主实验——阿拉善行记》,社会科学文献出版社,2013 年,第 1 页。

③ 李妙然:《西部民族地区环境保护非政府组织研究——基于治理理论的视角》,中国社会科学出版社,2011 年,第 36~37 页。

# 第七章

# 主体功能区规划推进模式的比较、分析与展望

## 第一节　主体功能区推进中的典型模式差异性比较

由于我国各地之间自然环境条件差别较大,加上长期以来的生产力不平衡发展,造成了各地区域发展水平的较大差异。而主体功能区规划编制的根本依据是资源环境承载能力、现有开发强度和发展潜力,这样就造成了目前各省区市行政区划内面对的情况各有不同。为了实现主体功能区,各省区市的地方政府所采取的做法也就不同。本书总结出了现实中可能存在的地方协调、地方主导、中央指导三种最典型的模式,但是需要明确的是这三种模式只是我们基于理论对现实模式的逻辑化提炼,任何一个省份在实践中都可能存在三种模式下的某些特点和做法,同时也不能完全排除有些省区市有其他自身独特的推进方式。

一、三种主体功能区推进模式的背景比较

由于本省区市从整体上的省情及主体功能区规划布局构成了编制本省区市主体功能区规划的背景,是本省区市主体功能区的依据。我们主要从限制开发区和重点开发两个方面来进行比较。

(一)不同省区的限制开发区比较

根据上文对于三种模式典型省区的资源环境承载能力进行比较分析,我们发现从地方主导模式、地方协调模式到中央指导模式,境内限制开发区面积占境内总面积的比例越来越大,而且生态产品的公共性越来越强。

地方主导模式省份大多数分布在东部地区,居于我国大江大河的下游地

区。这些省份境内优化开发区和重点开发区面积较大,限制开发区以农产品主产区为主,生态功能区面积较小。优化开发区开发程度较高,资源环境能力较差。重点开发区资源环境承载能力较强,仍然有很大的开发潜力。

地方协调模式省份大多数分布在中部地区,居于我国大江大河的中游地区。这些省份整体上本身资源环境承载能力也比较强,适合大规模工业开发、城镇化开发,但是长期以来经济发展水平与沿海省份(如上海、浙江、江苏、广东等)相比较为落后,开发潜力较大。往往需要为东部地区提供生态产品,境内生态功能区具有较强的外部性。

中央指导模式省区大多数分布在西部地区,居于我国大江大河的上游地区。这些省区整体上资源环境承载能力较弱,不适合大规模工业化、城镇化开发。生态上对全国具有重要意义,为全国提供了生态产品,境内生态功能区外部性最强。

(二)不同省区的重点开发区比较

根据上文对于三种模式典型省区的开发强度和发展潜力进行比较分析,我们发现从中央指导模式、地方协调模式到地方主导模式,整体经济发展程度越来越高。在目前的财税体制下,整体经济发展程度对本省区市地方政府具有重要影响。整体经济发展水平较高的地方政府提供公共服务和推动经济建设能力较强,反之则较弱。现有的开发强度和开发潜力制约着区域当前的经济发展形势。资源环境承载能力一定的情况下,一般来说现有开发强度大,则开发潜力就相应较小。

地方主导模式省份多是我国的沿海发达省份。这些省份境内优化开发区开发强度较大,是我国经济最发达的地区,经济规模较大,产业层次较高,对全国经济具有支撑和带动作用。同时还存在较大面积的重点开发区,开发强度不高,发展潜力很大,加上本省区市政府的重点推动,可以比较便利地接受优化开发区的经济辐射。从整体上来看,经济发展水平较高,发展前景较好。

地方协调模式省区多分布在中西部开发条件较好的地区,如中部的安徽、河南、湖南、江西等省,西部的四川、重庆、广西等省区市。这些省区整体上开发强度不高,但是发展潜力较大。"十一五"以来,广东、上海、江苏、浙江等发达省市的产业转移较大程度上推动了这些省区市的发展。

中央指导模式省区境内大多数属于中西部开发条件较差的地区,如青海、新疆、内蒙古等。这些省区的重点生态功能区占本省区面积达到75%以上,不能进行大规模工业化、城镇化开发,这就决定了其整体上开发强度不大,但是开发潜力也不大。主要开发行为是依托当地各种自然资源,尤其是矿产资源的开采等资源型产业,不过由于受制于周边环境的生态脆弱性,开发强度也不能过大。

## 二、三种主体功能区推进模式的政府作用比较

在主体功能区问题上,政府作用体现在两个方面:第一是促进经济发展,主要是针对仍然推动大规模工业化、城镇化开发的优化和重点开发区。第二是维护生态安全和粮食安全格局,这就意味着要限制当地经济的发展,主要是针对限制开发区(农产品主产区、重点生态功能区)和禁止开发区。在主体功能区建设过程中,省级政府是主要的负责者,中央政府对于无力通过自身力量实现的省级政府进行帮助和政策倾斜,但是主要针对的是对符合主体功能定位方向的方面。比如中西部地区的重点生态功能区建设现在已经有了财政部的专项经费,东部地区在重点生态功能区上就只能由地方自己负责。所以三种模式下的省区,在中央政府支持的方向和力度,地方政府扮演的角色上,三种模式呈现出不同的做法。

(一)政府促进开发作用比较

在推进优化开发区和重点开发区建设的过程中,政府需要出台财政、产业、土地、环境等各种配套政策,并投入相关的财政资金,这些政策和资金投入有的是中央政府为了实现主体功能区而出台和落实的,有的是由地方政府负责的。根据《全国主体功能区规划》,省级政府是主体功能区相关事权、财政责任的落实主体,但是中央政府针对某些负担较重、依靠自身力量无法完成的省区进行支持。地方主导、地方协调、中央指导三种模式在具体中央与地方的推动主体功能区的实现上,有所差别。总体上看,从中央指导模式到地方协调模式,到地方主导模式,地方政府的自主权越来越多,国家的支持力度越来越小。

地方主导模式省份境内的优化和重点开发区主要依靠本省地方政府力量推进工业化、城镇化开发。我国划定的优化开发区分布在辽宁、河北、北京、天津、山东、上海、江苏、浙江、广东等省市,与改革开放初期国家对这些地区较大的政策倾斜力度不同,这些省市在环渤海、长三角、珠三角的产业优化升级问题上,主要依靠地方省级政府的推动实现,中央政府的政策优惠已经很少。这些促进经济发展的政策基本上都是在地方政府主导下完成的。

地方协调模式省份境内城市化开发地区只有重点开发区,这些重点开发区目前发展的一个典型特征是沿海发达地区的产业转移的重要推动作用。所以,

对重点开发区的促进政策不仅仅需要依靠当地省级政府来推动出台,事实上也需要产业转入地政府与产业转出地政府的协调。而这种协调就需要产业转入地政府积极推动当地经济融入以产业转出地为主导的区域合作,同时也需要产业转出地政府摒弃"行政区经济"的思维,在实现双赢的前提下实现两地政府之间的合作。

中央指导模式省区境内重点开发区往往是以资源型产业为主导的,而在这些资源型产业的形成和升级过程中,中央政府起到了巨大的作用,主要体现在财政转移支付和基础设施建设、对地方经济发展的规划指导、产业升级政策等各个方面。在这里,地方政府在促进经济开发的行为主要表现为执行国家制定的政策等,所以这些省区的重点开发区开发可以说是中央指导的。

(二)政府约束开发作用比较

政府约束开发的作用主要体现在对于限制开发区(农产品主产区和重点生态功能区)和禁止开发区的相关政策上,其中由于禁止开发区由相关法律规定,最具有讨论价值的是限制开发区政策。主体功能区规划要求应该对境内限制开发区的开发行为进行约束,相对应的也应该针对这些地区建立省内生态补偿机制。

中央指导模式省区境内的限制开发区,尤其是重点生态功能区往往对全国具有重要生态功能意义。从当地的经济发展需要来说,对其限制开发不利于当地农牧民、企业、地方政府的发展,但是如果允许这些地区进行大规模工业化、城镇化开发,则往往会造成其他地区,甚至是整个国家的生态灾难。这种情况下,国家通过建立国家级重点生态功能区的方式,确立对这些地区的保护,对于当地经济的影响需要建立相应的生态补偿机制来弥补当地农牧民、企业等主体的损失。建立这种约束开发、生态补偿的机制是从全国的利益出发的,也是中央政府推动的,主要的约束机制是来自国家的纵向约束,所以可以称为中央指导的。

地方协调模式省份的限制开发区由于为其他省份提供生态产品,而必须进行限制开发。但是这种限制开发本身会造成经济上的损失,主体功能区规划要求这种情况应该由受益一方向生态产品的提供方进行生态补偿,并取得要求对方保障生态产品供应的权力。这种情况下,生态补偿机制的建立是以地方政府之间协调的形式来完成的,两者实际上形成的是一种"府际契约"①。这样的契

---

① 杨爱平:《区域合作中的府际契约:概念与分类》,《中国行政管理》,2011年第6期。

约,实际上是提供生态补偿的地方政府约束另一个政府的开发行为。不同于中央指导的纵向约束,这种约束机制是由地方横向约束为主。

地方主导模式省份境内的限制开发区主要为本省区市提供生态产品,生态补偿机制的建立基本上是以本省政府为主建立的。这种情况下,对于这些限制开发区的约束既不是来自中央政府的,也不是来自于其他省级政府的,而是以本省政府约束为主。

### 三、三种主体功能区推进模式落实的程度比较

从发展趋势上来看,国土规划的推进应该由地方自主作为发展的方向,如德国、日本等国家的地方政府都扮演了比中央政府更为重要的作用。但是这是以经济发展水平较高、地方财力雄厚、地方政府能力较强为前提的,而我国只有东部沿海几个省份能够做到以地方主导为主。目前我国主体功能区规划推进中的三种模式是在我国区域经济发展形势和区域政策基础上形成的,其中任何一种模式都有其优势,同时也有其劣势,在不同的模式下对于主体功能区规划的落实程度并不相同。

(一)优化、重点开发区落实程度比较

根据主体功能区规划要求,优化开发区和重点开发区是进行工业化、城镇化开发的区域,在这些区域地方政府的作用主要体现在经济建设方面。地方主导模式下地方政府更加积极主动,而地方协调模式下则需要与发达省份协调才能实现,而中央指导模式下的开发则需要国家更多的支持。

地方主导模式下地方政府可以制定对本省更有针对性的政策,同时倾斜政策更为集中、力度更大、效率最高,可以通过省级政府的有力统筹进行省(区市)内布局。从优化开发区和重点开发区建设来说,地方主导模式省份境内同时存在优化开发区和重点开发区,往往都通过省内扩散、对接式发展的方式,实现先进地区对后进地区的带动。但是由于其主体功能区的实现是以地方为主导的,地方协调模式下存在省内政策与国家政策之间的协调问题的,当省内政策与国家政策之间冲突时意味着中央政府可能有些政策难以达到原先的目的。

地方协调模式下,地方协调省份通过推动地方政府合作的方式实现跨省的产业转移,从而实现对重点开发区的开发,促进区域经济的发展,这是符合主体功能区下的整体经济布局的。但是,由于我国地方政府之间的存在以经济绩效

为主要考核标准的"晋升锦标赛"①问题,并且缺乏沟通机制和区域经济的冲突等原因,造成只依靠地方政府之间进行合作是难以实现和持续的。为此,中央政府应该扮演更多的角色,为地方政府之间的合作提供更多的政策支持和引导。

中央指导模式下中央承担主要财政投入,减轻了经济较为困难的省份的财政压力,国家的政策意图贯彻较少受到地方影响,比较能够贯彻国家的意图。在重点开发区建设问题上,中央指导模式促进经济发展的政策倾斜力度较大,尤其是在工业化初期,可以较快地刺激经济的快速增长。不过也存在一定的负面效应,中央指导模式容易造成当地经济对中央政府政策支持的依赖性,而且面临着产业升级困难问题。

(二)限制开发区落实程度比较

在限制开发区生态补偿制度建立问题上,中央指导模式省区由于主要依靠中央直接投资实现,实现程度最强,而地方主导模式下则依赖于本省生态补偿制度的建立,地方协调模式下最容易实现对于开发的约束,但是通过地方政府之间合作的方式实现生态补偿难度最大。

地方主导模式下可能存在地方政府忽视全局利益,以当地利益为根据指定政策的现象。从限制开发区建设来说,地方主导模式下主要采取的是建立省内生态补偿机制的方式,在经济较为发达的省份这种方式保障力度较大。但是地方主导模式下中央政府对地方政府的约束力不强,如果本省政府不愿意严格约束开发,那么限制开发区就会难以达到国家要求的效果,所以有可能出现有些限制开发区从本地利益出发,不执行限制开发政策的情况。

地方协调模式下的限制开发区建设关键是需要建立跨省生态补偿机制,这种机制可以弥补中央政府的财政不足,同时可以比较有力地实现对于限制开发区开发行为的约束。其原因在于跨省生态补偿机制实现了从生态产品的受益方向生态产品的提供方之间的横向财政转移支付,改变了我国目前生态补偿机制主要由中央政府纵向财政承担的现状,是一种良好的尝试。而且因为生态产品受益方要向生态产品的提供方进行补偿,所以会主动对前者进行监督,对于开发行为的约束也较容易实现。

中央指导模式下,中央政府对地方开发的限制会造成地方农牧民、企业和地方政府的损失,如果生态补偿不足,则地方不愿意被限制开发,而如果生态补偿过多,会造成中央财政负担过重,而且简单通过财政直接投资的方式由于缺

---

① 周黎安:《官员晋升锦标赛与竞争冲动》,《人民论坛》,2010 年第 5 期。

乏市场机制的引入而效率较低。从限制开发区建设来说,由于通过中央政府的相关重点生态工程等方式对限制开发区进行生态补偿,中央指导模式财政投入保障较好,力度较大,同时对于限制开发区的开发行为约束力较强。但是,地方政府的积极性没有被调动起来,甚至会造成地方政府对中央政府的依赖性。

## 第二节　分类指导:主体功能区规划推进的分析

### 一、分类指导:主体功能区规划推进的现实需要

主体功能区的推进不可能建立另一套制度,只能建立在目前的区域战略、政策和相关制度之上,通过推动其他制度的完善而实现。主体功能区的目标与其他的区域战略、政策及相关制度的关系并不是割裂的,而是密切相关的,所以其他区域战略、政策和相关制度有助于主体功能区的形成。首先,主体功能区形成要求经济上要做到区域协调发展。主体功能区的指导理念是生态文明,生态文明要求经济上不能搞"全面开花"式的开发,要"金山银山",也要"青山绿水",这实际上就对区域开发秩序提出了要求。其次,由于区域分类管理理念的提出,推动主体功能区形成的政策既包括区域开发的方面政策,同时还包括区域协调发展的方面政策,甚至以前不认为是区域政策的政策,如人口、环境等政策也是主体功能区形成政策的一部分。正是由于主体功能区规划的推进必须建立在其他区域战略、政策和相关制度基础之上,这就决定了主体功能区的推进因为各省(区市)区域差异而必然有所不同。

首先,各省(区市)所享受的中央政策有所不同,主体功能区推进的政策基础不同。改革开放以来,我国长期推行的是差别化的区域政策,东部沿海地区实现了经济的高速发展,20世纪90年代后期至今逐步推出了西部大开发、东部振兴、中部崛起等战略。目前,中央政府推出了大量针对西部等经济发展较为落后地区的政策,这些政策都有利于主体功能区的形成。除此之外,主体功能区规划提出之后,中央政府为了推动主体功能区而出台的政策也是差别化的,如中央财政对于重点生态功能区的补助会主要集中在西部,东部地区的重点生态功能区产生的财政支出只能依靠地方政府自己解决。

其次,主体功能区规划要求各省(区市)政府负责制定各自政策,必然会造成同种类型的功能区,各省政策会有所不同。《全国主体功能区规划》中要求:"省级人民政府负责所辖区域主体功能区规划的实施。"在推进中,财政、具体政

策实施细则的制定等事务都需要各地方政府根据本地情况进行制定,这种情况下各省(区市)之间的必然会产生差异。例如国家级重点生态功能区南岭山地森林及生物多样性生态功能区,涉及江西、湖南、广东、广西四省区,四省区的财政状况差别很大,针对境内功能区的生态补偿标准各不一样。

再次,各省区面对的主体功能区各部分情况不一样,意味着各省推进主体功能区形成的任务不一样。由于我国事实上的"属地化行政逐级发包制,在这种体制下地方政府享有大量的正式或非正式的自主权"①,这些自主权会造成同样的政策在不同的省区市执行情况不同。主体功能区在逐级发包过程中,各省面对的任务不同,在各省的推进情况也必然随之不同。我国的北京、上海、天津三个直辖市被完全划为优化开发区,实际上主体功能区的编制与城市规划职能基本一致,所以编制的意义与其他省区相比不太重要。我国沿海省份辽宁、河北、山东、江苏、浙江、广东六省境内有优化开发区,加上重点开发区面积,给予了较大的城市化开发空间。而中西部省区限制开发区面积较大,城市化发展受到限制。这些不同的省情,造成了各省形成主体功能区的任务不同。

复次,我国地方政府之间政策能力不同造成了不同省区贯彻落实主体功能区的能力不同。我国地方政府之间差异性很大,一方面是由于地方政府所辖区域内自然资源、经济发展程度的巨大差异造成的,另一个方面我国目前的政绩考核制度和财政分成制度下,地方政府贯彻落实主体功能区的能力不同。经济落后省份财力有限,有的省区即使是在正常的财政转移支付制度下,已经不能满足落后地区的基本需要,如果再要求其对内部的限制开发区实行区域生态补偿,就更加难以落实。

最后,由于各省经济社会发展形式,自然地理条件决定了位于不同省区的主体功能区功能实现与影响方式也各不相同。例如同样是重点开发区,由于位于不同省区实现工业化开发的方式有所不同。位于沿海发达省份的重点开发区在省政府的帮助下承接优化开发区的产业转移,而位于中部地区的重点开发区虽然可能在劳动力、土地等资源方面更符合产业转移的要求,但是由于地方利益的缘故,沿海发达省份会采取"拦坝蓄水"的方式把企业留在省内,这对中部地区的重点开发区的发展是不利的。而西部地区在承接产业转移问题上更加困难,目前采取的方式主要是依靠国家的西部开发政策和自身的资源优势。

---

① 周黎安:《转型中的地方政府——官员激励与治理》,格致出版社、上海人民出版社,2008 年,第82 页。

## 二、主体功能区规划推进中分类指导的表现

### (一)局部调整:地方政府职能的转变

中共十六大把政府职能定位于"经济调节、市场监管、社会管理和公共服务"四个方面,指出政府的核心职能是为社会、为公民服务,政府职能的重心由管制向服务转变。20世纪90年代以来,特别是党的十六大以来,生态文明建设作为与人民根本利益息息相关的重要内容,引起各方面的高度重视,成为政府职能转变中必须面对的重大历史课题和艰巨任务。但是,在目前财政制度和政绩考核制度的没有根本改变的情况下,我国地方政府整体上就不能完全转变成为以公共服务为主要职能的政府。这种情况下,主体功能区规划虽然对地方政府职能在生态文明、公共服务方面提出了一定的要求,这些要求只能在某些地方政府的部分行为中得到回应,或者说只能是一种"局部调整"。

一般来讲,地方政府的公共服务转向一般出现在当地市场经济较为发达的区域,所以经济较为发达的地区会较早地推动地方政府向服务型政府转变。按照这一观点,政府职能的"局部转变"发生次序应该是优化开发区、重点开发区,然后是限制开发区和禁止开发区。但是根据主体功能区规划的要求,四种主体功能区类型中,优化开发区和限制、禁止开发区的地方政府职能将率先实现转变,而重点开发区相反可能会继续强化经济建设职能;从不同推进模式的角度分析,中央主导模式下的限制开发区实现向服务型政府的转变相对容易。

从四种主体功能区类型的角度分析,优化开发区(如京津冀城市圈、长三角城市圈、珠三角城市圈)一个重要发展要求是"优化空间结构",这就意味着地方政府在经济发展上的职能是对于经济的"规制",追求的是经济发展的质量,这种情况下要求地方政府增强其公共服务的职能,而不是直接干预经济,从而推动了地方政府职能的转变。而限制开发区的工业化、城镇化开发受到了限制,那么地方政府的职能就只能以提供公共服务为主,所以也容易实现转变。但是,重点开发区会继续保持甚至加强推动经济发展的力度,相应的当地政府经济职能也会继续扮演最重要的角色。

如果再考虑到主体功能区推进的模式因素进行分析,中央主导模式下的限制开发区实现向服务型政府的转变相对容易。限制开发区中,中央主导模式下的限制开发区主要定位是为全国提供生态产品,由中央政府提供相关的经费保障,并且政绩考核机制也相应发生转变,这种情况下地方政府的职能转变所遇到的阻力较小。地方自主模式下的限制开发区主要由当地政府承担相应费用,

由于这些限制开发区为本省提供了生态产品，而且本省财力较为充沛，可以得到较强的保障。而府际协调下涉及地方政府之间协调问题，最难以落实。

（二）分类授权：央地权力关系的变动

从纵向府际关系的角度分析，我国中央政府与地方政府之间一直存在着"一放就乱，一乱就收，一收就死"的循环，这是改革开放以来中央政府与地方政府关系的主线。在这一框架下值得注意的是，中央政府对不同地方政府的授权并不是"一刀切"，存在着"倾斜授权""个别授权""选择性集权"①等现象，这实际上就是对不同的地方政府实现了差别化的授权。但是，这些现象的存在长期以来都是"临时"行为，没有确定的标准，而且缺乏对全局的长远考虑，所以会引发地方政府的"政策攀比"现象。

而主体功能区规划则试图通过"分类管理"的方式，把全国的区域进行分类，进而实现对不同的地方政府实现分类，从这种分类出发对不同类型的区域实行不同的政策，实际上就是对不同类型的地方政府授予不同的权力。这种"分类授权"不同于之前的差别化授权。首先，以前的差别化授权是"就事论事"的，而主体功能区规划则对全国所有的地方政府实现了"分类"。其次，"分类"的依据比较客观，使中央与地方的授权关系有据可依。主体功能区规划采用了资源承载能力、开发潜力等指标作为区域政策分类的依据，这些指标进一步通过各种科学化的手段进行细化，使授权不再随意。当然，由于主体功能区采取了"规划"的形式，中央与地方之间权力的制度"刚性"程度，就与"规划"本身的落实程度联系在了一起。再次，分类授权各方面因素考虑更为全面。长期以来，尤其是改革开放以来，我国中央与地方关系变动的依据和动力受到经济建设因素的影响很大，其他因素较小。而主体功能区规划在坚持经济建设的基本导向的同时，强调了生态文明的视角，推动了生态补偿等相关制度的建设，引起了生态补偿等因素中央与地方之间关系的变动，也显现了地方分权发展的发展趋势。最后，中央政府授权深入到了县级政府，而不是对城市或者省的授权。这使得分类授权后的权力关系更能够适应当地的发展要求。

三、主体功能区规划分类指导的影响

（一）从促进到约束：中央区域政策的方向

---

① 薛立强：《授权体制：改革时期政府间纵向关系研究》，南开大学 2009 届博士研究生毕业论文，第 3 页。

区域政策可以分为促进性区域政策和约束性区域政策两种，前者主要作用在于促进区域经济发展，而后者则是对区域经济发展的约束。长期以来，中央推进的区域政策都以促进性区域政策为主，如区域发展总体战略，西部大开发、东北地区等老工业基地振兴、中部地区崛起、东部地区率先发展四个板块的总体部署，实际上都是对于各自板块经济发展的促进。这种促进性的区域政策在特定的历史时期起到了重要作用，但是随着时间的推移，单纯依赖促进性的区域政策不能完整地构建区域开发秩序，不能满足区域发展对政策的所有要求。这个时候，就需要出现更多的约束性政策。

主体功能区规划从总体上来看带有很强的"约束性"色彩。国家主体功能区规划中规定，主体功能区规划的约束性是"指本规划明确的主体功能区范围、定位、开发原则等，对各类开发活动具有约束力"。它的这种约束性一方面表现在对其他国家级规划的约束，比如对全国"十二五"规划的约束，同时更重要的体现在对各地经济发展的约束作用。在主体功能区布局下，限制开发区和禁止开发区不能够再进行大规模的工业化、城镇化开发，而优化开发区和重点开发区的发展方向、区域范围等也受到了限制。这些都为地方发展划定了"界限"，是建立区域开发秩序的尝试。

（二）政府决策过程上的探索性与开放性

从某种意义上讲，主体功能区是一个发展战略。"发展战略时一个国家或地区的发展方略，是一个由理念到实务的发展规划体系。"①发展战略有三个层面的内容：一是价值理性层面的，即发展战略的目标，二是工具理性的，即为达成发展发展目标的发展路径的选择；三是发展内涵的规划及相关政策的制定，是一个完全从可操作性出发的层面。主体功能区作为我国区域发展的一个战略，中央政府更多地从发展战略的目标、发展路径的选择层面来考虑问题，而地方政府则更多地从可操作性的层面来考虑问题。主体功能区首先是在价值理性层面最先成熟，在既定的目标的指引下编制出《全国主体功能区规划》之后意味着发展路径的成熟。而目前地方政府在操作性的政策方面仍然在不断的探索。也就是说，主体功能区战略是在不断探索中走向完善的，目前也仍然在政策层面上需要不断完善。而从可操作性的政策层面，地方政府将发挥越来越重要的作用。

主体功能区作为一种区域政策，还在中央政府与地方政府关系上、政府与

---

① 殷存毅：《区域发展与政策》，社会科学文献出版社，2011年，第38页。

学术界关系上表现出一定的开放性。从决策过程出发分析，我们发现主体功能区的"决策—执行"两者之间不是单向的、割裂的关系，而是双向的、联系的关系。同时中央政府与地方政府之间也不是"命令—服从"关系，而是在决策和执行中具有很强的互动色彩，表现为地方政府也参与了主体功能区规划的编制过程，中央政府也不强求地方政府机械地执行全国规划，而是通过给地方"留足"空间的方式，使主体功能区的目标得以因地制宜地"落地"。除此之外，主体功能区的出现和推动不再是政府的"独角戏"，学术界对于"主体功能区"概念的完善起到了很重要的作用，并通过各种方式影响到了从国家层面到地方层面、从编制到执行的各个环节。

# 第三节　关于主体功能区规划的深化与展望

根据《全国主体功能区规划》要求，主体功能区规划是具有战略性、基础性和约束性的规划。这是对于主体功能区的基本定位，也是主体功能区今后的发展方向。目前，虽然第一轮全国主体功能区已经出台，地方主体功能区规划也将全部出台，一些政策开始制定并推进，但是在后来的主体功能区规划编制、推进中仍然要进一步加大力度，完善规划本身的政策要求，提高规划的科学性，从而实现规范区域开发秩序的目标。

## 一、主体功能区战略深化的动力

早在 2006 年"十一五"规划中提出主体功能区概念开始，对"主体功能区"的学术质疑就一直存在，例如有些学者认为这一规划体现了政府对经济的过度干预，政策可操作性不强，规划的方式难以落实等。但是随着相关政策的逐步出台，中央落实主体功能区规划的举措越来越多，思路也越来越成熟，相关学术研究的重点逐渐转移到了主体功能区的设计和落实问题上来。然而，由于主体功能区规划在地方层面推动的进程放缓，中央层面又有了"一带一路""长江经济带"等新的区域政策逐步提出，类似质疑声音又开始出现。但是笔者认为主体功能区战略还会进一步深化，原因有如下四点：

第一，主体功能区战略落实的渠道得到疏通。主体功能区战略落实难的重要原因是政府执行过程中普遍存在的"中梗阻"现象。针对这一问题，新一届中央领导集体多次强调要消除"中梗阻"现象，尤其是把"上有政策、下有对策"问题提高到了政治纪律的高度。习近平多次强调要遵守政治纪律，其中重要方面就是必须"要防止和克服地方和部门保护主义、本位主义,决不允许'上有政策、下有对策',决不允许有令不行、有禁不止,决不允许在贯彻执行中央决策部署上打折扣、做选择、搞变通"①。由于我国执政党意志对政府管理和政府政策影响较大,从公共政策的角度看,执政党对政策执行的强调必然导致中央对地方控制的加强,而对地方政府绩效的考核则是从结果上中央控制地方的重要手段。

第二,全面深化改革走向深入,各种配套制度逐步成熟,主体功能区战略深化在操作上的障碍进一步扫除。主体功能区战略深化的困难很大一部分也是因为各部门政策的不配套和中央与地方事权关系的不规范造成的阻力。从条线部门政策的角度来看,其中矛盾最突出的财税制度正在改革。在《深化财税体制改革总体方案》(2014年6月30日)等文件的指导下,新的财税制度改革将在煤炭资源税、环境保护税征收及分配等方面进行调整,有利于优化、重点、限制等开发区之间的平衡。从中央与地方事权关系来看,随着中央与地方关系事权关系规范化问题的提出,主体功能区战略在操作方面更成熟。党的十八届三中全会文件《中共中央关于全面深化改革若干重大问题的决定》及十八届四中全会文件《中共中央关于全面推进依法治国若干重大问题的决定》中都提出了中央与地方关系事权划分问题。当前中央与地方关系事权关系要走向规范化、法律化,并在各级政府职责定位问题上取得了实质性、突破性进展。中央政府定位是强化中央政府宏观管理、制度设定职责和必要的执法权,省级政府定位是"统筹推进区域内基本公共服务均等化职责",市县政府定位是"执行职责"。② 新的事权职责定位有利于明确主体功能区战略所提出的各项政府责任,进而促进战略的落实。

第三,地方政府,尤其是发达地区的地方政府,主体功能区战略落实的原动力越来越大。主体功能区战略根本上是一个区域空间的调整战略,需要地方政府的具体落实。而长期以来,地方政府几乎完全依靠大规模工业化、城镇化开发发展当地经济,这也正是主体功能区战略所要解决的开发秩序问题。但是,坚持原来发展模式的困难越来越大,"增长速度进入换挡期,结构调整面临阵痛期、前期刺激政策消化期"三期叠加的整体经济形势下,地方经济社会发展面临着很大的压力,产业的转型升级不再是外部的要求,而成为地方(尤其是发达省

---

① 习近平:《严明政治纪律,自觉维护党的团结统一》(2013.1.22),《十八大以来重要文献选编》(上),中央文献出版社,2014年,第132页。

② 《中共中央关于全面推进依法治国若干重大问题的决定》,人民出版社,2014年,第16页。

份)进一步发展的切实需要,并逐步为当地政府所认识。越来越多的地方政府把更多精力放在转型升级,而不是盲目推进工业化上,以浙江省为例。浙江省制造业水平在全国处于领先地位,但是受到金融危机的影响,原先的低水平制造业遇到了极大困难,促使浙江省政府必须考虑淘汰落后产能,实现转型升级。为此,浙江省政府从空间布局调整和环境整治入手,积极推动主体功能区战略,加快优化产业布局,转变经济发展方式,取得了良好效果。

第四,在目前的区域政策体系中主体功能区规划基础性、战略性、约束性地位难以替代,而且其作用越来越突出。最近提出的"一路一带""长江经济带"等区域政策的着眼点都是从全国层面培育重点开发的增长区域,而不是覆盖全国的、具体到县的、红线式的规划,这些新的区域政策与主体功能区战略的落实是互相促进关系。2015年4月国务院批复的《长江中游城市群发展规划》中要求"严格按照主体功能定位"进行开发,在相关的新闻发布会上,负责人还强调了"加强与其他规划相衔接,重点做好与主体功能区规划、国家新型城镇化规划及长江中游地区已出台的有关区域规划的衔接"[①]问题。可以说至今仍然没有新的区域政策取代主体功能区战略的地位。而且全国区域开发秩序仍然没有建立,区域政策体系的系统性不足,造成政策冲突的现象普遍存在,整体上效果不佳等问题依然存在,这些都要求主体功能区战略必然进一步深化。

## 二、主体功能区战略深化的表现

2013年11月12日,十八届三中全会报告在"加快生态文明制度建设"中提出了"坚定不移实施主体功能区制度"的要求。这意味着,虽然主体功能区战略在深化中取得了明显的进展,但是也要认识到,主体功能区战略将由"战略"转变为"主体功能区制度"。主体功能区制度的构建不是一蹴而就的,不能完全依靠指标来衡量是否落实,不能超越条件,而需要长期坚持,逐步推动。目前的进展主要表现为以下四个方面:

第一,主体功能区的理念影响越来越大。主体功能区要求根据区域发展基础、资源环境承载能力,以及在不同层次区域中的战略地位等来确定区域发展的功能定位和发展方向,是一种典型的"反规划"理念,代表了国际规划领域最新的研究趋势。目前主体功能区的这一理念已经延伸到了城市规划、区域发

---

① 《国家发展改革委地区经济司负责人解读〈长江中游城市群发展规划〉》,国家发展改革委员会网站,http://www.ndrc.gov.cn/zcfb/jd/201504/t20150417_688450.html。

展、气象等领域,正在逐步被政府的各个部门、各级地方政府所认知、认同。如山东曲阜积极探索在县域范围内以乡镇为单位进行主体功能区规划建设①。山西省十分重视"十三五"期间的主体功能区建设工作,认为"'十三五'是主体功能区全面贯彻实施的开局时期,也是山西省转型发展攻坚的实质性阶段,推进主体功能区战略,以资源环境承载力为基础、以自然规律为准则、以可持续发展为目标,按照不同层面主体功能区,有序引导区域空间开发,协调区域开发与生态保护的矛盾与冲突,对山西省经济社会全面发展与生态文明整体提升,具有深远的历史意义和重要的现实意义"②。甚至在某些专业领域,也开始产生影响。如西藏"自治区气象局为规划编制领导小组成员单位之一,且多项气象工作被纳入该《规划》。"③2014 年 8 月,吉林省通过了《关于吉林省生态城镇化的实施意见》明确要求"严格执行《吉林省主体功能区规划》,调整优化空间结构,明确重点开发区域、限制开发区域、禁止开发区域功能布局,构建科学合理的生态城镇化形态格局"④。

第二,省级开始编制《实施意见》,推动规划的操作。目前我国除港澳台地区之外的省级主体功能区规划(包括西藏自治区)编制工作都已经完成。在此基础上,各省区市政府正在积极编制相关实施意见,如 2015 年 1 月,《内蒙古自治区主体功能区规划实施意见》发布。这些实施意见提高了省级主体功能区规划的可操作性。

第三,主体功能区规划编制开始深入到市县一级。虽然国家只要求编制到省一级,但是某些市县现在也在根据中央及省级规划精神编制市县的规划。如近期编制的实施意见有《苏州主体功能区规划》(2014 年 11 月)、《武汉市主体功能区规划》(2014 年 12 月)、《乌鲁木齐市主体功能区规划(2015—2020 年)》(2015 年 2 月)。这些规划编制出来之后,更有利于政策的具体落实。

第四,当前主体功能区规划的试点工作正在试点县市中积极推动。2014 年 4 月,《国家发展改革委 环境保护部关于做好国家主体功能区建设试点示范工

---

① 《曲阜鲁城:奏响"服务业引领型"主体功能区建设主旋律》,中国山东网,http://city. sdchina. com/show/2751003. html。

② 《山西:5 大路径推进"十三五"主体功能区战略》,人民网,http://sx. people. com. cn/n/2015/0527/c189132-25023893. html。

③ 《西藏:多项气象工作纳入自治区主体功能区规划》,中国气象局网站,http://www. cma. gov. cn/2011xwzx/2011xgzdt/201412/t20141217_269892. html。

④ 《关于吉林省生态城镇化的实施意见(全文)》,中国经济网,http://district. ce. cn/newarea/roll/201408/22/t20140822_3409217. shtml。

作的通知(发改规划[2014]538号)》公布了《国家主体功能区建设试点示范名单》。所涉及的大部分省份都十分重视这一工作,给相关市县提供了良好的政策条件,出台了相关的实施意见。如2014年4月,名单一经公布陕西省安康市立即出台了《关于扎实开展国家主体功能区建设试点示范工作的意见》。

### 三、关于主体功能区规划的展望

#### (一)主体功能区规划的"战略性"

《全国主体功能区规划》中认为,主体功能区规划的"战略性,指本规划是从关系全局和长远发展的高度,对未来国土空间开发作出的总体部署"。目前主体功能区规划从区域的角度已经成为与区域发展总体战略并列的两大战略之一,但是却没有像区域发展总体战略一样有《西部大开发区"十二五"规划》、税收优惠政策等一系列比较完整的专门性的其他规划、政策、财政投资等进行支撑,所以其战略性还没有真正落实。

主体功能区规划战略性的落实必然要进一步加强与主体功能区规划相配套的一系列政策的制定。从我国区域政策发展的趋势来看,整理我国目前区域政策体系势在必行。在梳理我国区域政策的过程中,将继续确立两大战略的战略性地位,根据两大战略的对这些区域政策的要求对其他区域政策进行明确定位,从而使主体功能区规划的思想在所有的区域政策中得到体现,成为落实主体功能区战略的组成部分。

#### (二)主体功能区规划的"基础性"

《全国主体功能区规划》中认为,主体功能区规划的"基础性,指本规划是在对国土空间各基本要素综合评价基础上编制的,是编制其他各类空间规划的基本依据,是制定区域政策的基本平台"。目前主体功能区规划尚不能落实其基础性的要求,主要原因有以下两点。首先是目前我国的很多空间规划编制早于《全国主体功能区规划》,例如国家发展改革委发布《珠三角地区改革发展规划纲要(2008—2020年)》是在2009年,国土资源部发布《全国土地利用总体规划纲要(2006—2020年)》是在2008年,住房和城乡建设部发布《全国城镇体系规划纲要(2005—2020)》是在2010年8月,《全国主体功能区规划》则是在2010年12月正式通过的,时间上晚于其他空间规划。其次,主体功能区规划本身尚没有在科学性上达到成为其他各类空间规划基础的要求。由于主体功能区规划编制是由发展改革部门完成的,缺乏相应的技术基础,所以编制空间单元过粗等问题都制约了主体功能区规划基础性的实现。

目前我国很多重要的空间规划都是截至 2020 年,为新一轮的主体功能区规划编制基础性的实现提供了契机,例如《珠三角地区改革发展规划纲要(2008—2020 年)》(国家发展改革委)、《全国土地利用总体规划纲要(2006—2020 年)》(国土资源部)、《全国城镇体系规划纲要(2005—2020)》(住房和城乡建设部)。这样在 2020 年之后的各种空间规划中,其他区域规划编制与主体功能区规划的编制就可能结合起来,主体功能区规划就可能真正实现成为其他空间规划编制的基础的定位。同时在这一过程中主体功能区的思想逐渐贯彻到其他区域规划中去,这将推动主体功能区规划的科学性大大提高,也有助于2020 年后主体功能区规划的推进。

(三)主体功能区规划的"约束性"

《全国主体功能区规划》中认为,主体功能区规划的"约束性,指本规划明确的主体功能区范围、定位、开发原则等,对各类开发活动具有约束力"。这种约束性至少体现在两个方面,第一个是对于生态的保护,必须起到"生态红线"的作用,对"是否进行开发"进行约束,第二个是对于开发方向和层次的约束性,根据规划要求优化开发区要提高产业层次,不能再继续推动粗放式的发展方式,而且规划对各地的产业发展方向也有一定要求,对于各地地方政府的"怎样开发"具有一定的约束性。

为了能够落实主体功能区规划的约束性,必须从立法和政策两个层次入手。首先,必须通过立法的形式明确主体功能区规划的法律地位,以一定的法律程序约束其他规划和开发行为。其次,加大政策落实的力度。虽然主体功能区规划提出了很多政策上的要求,但是目前来说真正落实的力度不够大,制约了主体功能区规划的落实效果。其中最关键的就是财政体制和政府绩效考核体系的改革。在分税制的财政体制和绩效考核体系框架下,地方政府的财政能力和绩效考核与地方经济发展水平关系挂钩,如果区域开发力度不足就会影响地方政府的财政收入和绩效考核,这种情况下就必然引导地方政府积极推动开发,而忽视生态环境等问题。多年以来,在财政体制和政府绩效考核问题上进行了一定程度的改革,基本上从方向上是有利于主体功能区规划推进的,但是还是难以满足主体功能区规划的要求。随着时间的推移,这些领域的改革将不断深入,并逐渐增强主体功能区规划的约束性。

# 参考文献

一、中文著作

1. [美]约瑟夫·斯蒂格利茨著:《发展与发展政策》,陈雨露译,中国金融出版社,2009年。

2. [西班牙]安东尼·埃斯特瓦多道尔等著:《区域性公共产品——理论与实践》,上海人民出版社,2010年。

3. 安树伟著:《"十二五"时期的中国区域经济》,经济科学出版社,2011年。

4. 蔡圣华著:《西部地区能源资源优势与长期经济增长》,浙江大学出版社,2011年。

5. 陈东林编:《三线建设:备战时期的西部开发》,中央党校出版社,2003年。

6. 陈瑞莲等著:《区域公共管理导论》,中国社会科学出版社,2006年。

7. 陈修颖著:《区域空间结构重组——理论与实证研究》,东南大学出版社,2005年。

8. 陈修颖著:《演化与重组:长江三角洲经济空间结构研究》,东南大学出版社,2007年。

9. 陈迅等著:《持续推进西部开发的理论与实践》,科学出版社,2009年。

10. 程必定著:《从区域视角重思城市化》,经济科学出版社,2011年。

11. 丁任重著:《西部资源开发与生态补偿机制研究》,西南财经大学出版社,2009年。

12. 丁四保著:《主体功能区划与区域生态补偿问题研究》,科学出版社,2012年。

13. 丁一兵著:《欧盟区域政策与欧洲产业结构变迁》,吉林大学出版社,2008年。

14. 杜黎明等著:《实施空间管治的土地政策研究:基于主体功能区的视角》,经济科学出版社,2011 年。

15. 杜一宁著:《新区域资源发展规划管理:应对经济一体化与区域发展战略整合与创新管理模式典范》,中国城市出版社,2005 年。

16. 范恒山著,《促进中部地区崛起重大思路与政策研究》,人民出版社,2011 年。

17. 方忠权、余国扬著:《优化开发区域的空间协调机制研究——以珠江三角洲为例》,中国经济出版社,2010 年。

18. 高国力著:《区域经济不平衡发展论》,经济科学出版社,2008 年。

19. 高国力等著:《我国主体功能区划分与政策研究》,中国计划出版社,2008 年。

20. 国务院发展研究中心课题组著:《主体功能区形成机制和分类管理政策研究》,中国发展出版社,2008 年。

21. 胡欣著:《中国经济地理:经济体成因与地缘架构》,立信会计出版社,2010 年。

22. 金波著:《区域生态补偿机制研究》,中央编译局出版社,2012 年。

23. 李廉水等著:《都市圈发展:理论演化·国际经验·中国特色》,科学出版社,2006 年。

24. 李妙然著:《西部民族地区环境保护非政府组织研究——基于治理理论的视角》,中国社会科学出版社,2011 年。

25. 刘尚希等著:《公共政策与地区差距》,中国财政经济出版社,2006 年。

26. 刘延平等著:《中国西部民族地区交通经济带问题研究》,经济科学出版社,2009 年。

27. 刘勇著:《区域经济发展与地区主导产业》,商务印书馆,2006 年。

28. 刘铮著:《生态文明与区域发展》,中国财政经济出版社,2011 年。

29. 陆大道等著:《中国工业布局的理论与实践》,科学出版社,1990 年。

30. 吕克白著:《国土规划文稿》,中国计划出版社,1990 年。

31. 马海霞等著:《新疆主体功能区划与建设研究》,中国经济出版社,2012 年。

32. 毛新雅等编:《区域协调发展的理论与实践》,人民出版社,2012 年。

33. 聂方红著:《主导与博弈:转型时期地方政府经济行为分析》,国防科技大学出版社,2007 年。

34. 潘文灿著:《中外专家论国土规划》,中国大地出版社,2003 年。

35. 日本国土交通省国土规划局编:《日本国土形成规划(全国规划):日本第六次国土规划》,地质出版社,2011 年。

36. 荣跃明著:《区域整合与经济增长:经济区域化趋势研究》,上海人民出版社,2005 年。

37. 容志著:《土地调控中的中央与地方博弈:政策变迁的政治经济学分析》,中国社会科学出版社,2010 年。

38. 石刚等著:《承载能力与中国区域功能规划》,中国人民大学出版社,2011 年。

39. 舒庆等著:《从封闭走向开放——中国行政区经济透视》,华东师范大学出版社,2003 年。

40. 宋迎昌著:《都市圈战略规划研究》,中国社会科学出版社,2009 年。

41. 孙家良著:《观念、决策、思路:地方经济发展的若干问题》,浙江大学出版社,2007 年。

42. 唐文睿著:《中国区域经济战略的政治分析》,社会科学文献出版社,2011 年。

43. 汪伟全著:《地方政府竞争秩序的治理:基于消极竞争行为的研究》,上海人民出版社,2009 年。

44. 汪宇明著:《中国省区经济研究》,华东师范大学出版社,2000 年。

45. 王必达著:《后发优势与区域发展》,复旦大学出版社,2004 年。

46. 王梦奎编:《中国中长期发展的重要问题 2006—2020》,中国发展出版社,2005 年。

47. 魏达志著:《递进中的崛起:中国区域经济发展考察(1979—2009)》,东方出版中心,2011 年。

48. 魏后凯著:《中国区域经济的微观透析——企业迁移的视角》,经济管理出版社,2010 年。

49. 吴传钧著:《国土开发整治与规划》,江苏教育出版社,1990 年。

50. 吴次芳等著:《国土规划的理论与方法》,科学出版社,2003 年。

51. 武廷海著:《中国近现代区域规划》,清华大学出版社,2006 年。

52. 肖金成等著:《中国空间结构调整新思路》,经济科学出版社,2008 年。

53. 杨宏山著:《府际关系论》,中国社会科学出版社,2005 年。

54. 杨开忠著:《改革开放以来中国区域发展的理论与实践》,科学出版社,

2010 年。

55.殷为华著:《新区域主义理论——中国区域规划新视角》,东南大学出版社,2013 年。

56.张季风著:《日本国土综合开发论》,世界知识出版社,2004 年。

57.张紧跟著:《当代中国地方政府间横向关系协调研究》,中国社会科学出版社,2006 年。

58.张军扩等著:《协调区域发展:30 年区域政策与发展回顾》,中国发展出版社,2008 年。

59.张玉著:《政策执行研究的新视野:区域政策执行的制度分析与模式建构》,人民出版社,2007 年。

60.赵永茂编:《府际关系:新兴研究议题与治理策略》,社会科学文献出版社,2012 年。

61.周黎安著:《转型中的地方政府——官员激励与治理》,格致出版社、上海人民出版社,2008 年。

二、中文报纸

1.《安徽高扬科学考评指挥棒》,《人民日报》,2011 年 9 月 20 日。

2.《充分发挥穗深"双引擎"作用 携领珠三角打造世界级城市群》,《广州日报》,2013 年 6 月 9 日。

3.《对主体功能区规划价值的普遍共识正在形成——专访中科院可持续发展研究中心主任、全国主体功能区规划课题组组长樊杰》,《21 世纪经济报道》,2013 年 5 月 13 日。

4.《共建共享新安江生态资源》,《江淮时报》,2011 年 1 月 21 日。

5.《广东出台生态补偿考核办法》,《中国环境报》,2013 年 11 月 15 日。

6.《广东清远财政为区域协调发展"趟路"》,《中国财经报》,2012 年 7 月 7 日。

7.《广东区域功能规划 11 月报国家审批》,《南方都市报》,2008 年 9 月 10 日。

8.《广东省市厅级党政领导班子和领导干部落实科学发展观评价指标体系及考核评价试行办法(征求意见稿)》,《南方日报》,2008 年 6 月 2 日。

9.《国家级生态示范区招牌价值几何》,《南方日报》,2012 年 2 月 28 日。

10.《国土整治综合协调方显成效——我在国家计委从事土整治工作 40

年的回忆》,《中国经济导报》,2013 年 1 月 17 日。

11.《建德:"顺藤结瓜"融入大都市》,《杭州日报》,2006 年 1 月 7 日。

12.《开化:追梦"国家东部公园"》,《浙江日报》,2013 年 8 月 21 日。

13. 刘少奇:《中国共产党中央委员会向第八次全国代表大会第二次会议的报告》,《人民日报》,1958 年 5 月 27 日。

14. 鹿永建:《我国国土开发整治工作全面展开 11 省、223 个地(市、州)已编制国土规划》,《人民日报》,1991 年 2 月 22 日。

15. 马凯:《用新的发展观编制"十一五"规划》,《中国经济导报》,2003 年 10 月 21 日。

16.《内蒙古:未来十年中国经济新引擎》,《中国经营报》,2011 年 8 月 22 日。

17.《你了解"生态产品"吗?》,《中国环境报》,2012 年 11 月 20 日。

18.《世界名企落户新安江 项目带动是兴市之基》,《杭州日报》,2007 年 8 月 27 日。

19.《推进主体功能区建设科学统筹区域发展》,《光明日报》,2009 年 05 月 3 日。

20.《外资青睐新安江 6 亿打造建德"钱江新城"》,《杭州日报》,2013 年 11 月 17 日。

21.《增强生态产品生产能力——访环保部环境与经济政策研究中心主任夏光》,《人民日报》,2012 年 11 月 22 日。

22.《找准生态公共产品有效供给的着力点》,《人民日报》,2013 年 11 月 6 日。

23.《政府应设立城市群建设考核机制》,《南方日报》,2013 年 11 月 19 日。

24.《中东部合作应注重流域经济》,《中国改革报》,2007 年 3 月 1 日。

25.《珠三角建"双核"难阻"兄弟相争"》,《中华工商时报》,2013 年 6 月 19 日。

26.《主体功能区规划遭地方政府"冷对"》,《中国经营报》,2011 年 2 月 14 日。

三、中文期刊

1. 安虎森等:《主体功能区建设能缩小区域发展差距吗》,《人民论坛》,2011 年第 17 期。

2. 安树伟等:《主体功能区建设中区域利益的协调机制与实现途径研究》,《甘肃社会科学》,2010 年第 2 期。

3. 巴特尔:《做祖国北方生态屏障的守护者》,《求是》,2013 年第 4 期。

4. 包晓雯:《我国主体功能区规划若干问题之管见》,《改革与战略》,2008 年第 11 期。

5. 薄文广:《主体功能区建设与区域协调发展:促进亦或冒进》,《中国人口·资源与环境》,2011 年第 10 期。

6. 曹清华等:《我国国土规划的回顾与前瞻》,《国土资源》,2005 年第 11 期。

7. 曹子坚等:《行政区经济约束下的主体功能区建设研究》,《华东经济管理》,2009 年第 10 期。

8. 曾培炎:《推进形成主体功能区 促进区域协调发展》,《求是》,2008 年第 2 期。

9. 常艳等:《主体功能区规划与未来区域管理体制构想》,《探索》,2009 年第 5 期。

10. 车文辉,《准确把握主体功能区建设中的五大关系》,《财会研究》,2011 年第 20 期。

11. 陈俐艳:《如何推进省级主体功能区建设》,《宏观经济管理》,2008 年第 8 期。

12. 陈瑞莲等:《从区域公共管理到区域治理研究:历史的转型》,《南开学报(哲学社会科学版)》,2012 年第 2 期。

13. 陈瑞莲等:《回顾与前瞻:改革开放 30 年中国主要区域政策》,《政治学研究》,2009 年第 1 期。

14. 陈潇潇等:《试论主体功能区对我国区域管理的影响》,《经济问题探索》,2006 年第 12 期。

15. 陈秀山等:《我国区域发展战略的演变与区域协调发展的目标选择》,《教学与研究》2008 年第 5 期。

16. 陈学斌:《加快建立基于主体功能区规划的生态补偿机制》,《宏观经济管理》,2012 年第 5 期。

17. 程必定:《按主体功能区思路完善我省区域发展总体战略的探讨》,《江淮论坛》,2008 年第 4 期。

18. 程婧瑶等:《中国省级尺度不同类型主体功能区资金来源结构差异》,

《地理科学进展》,2014 年第 3 期。

19. 程克群等:《安徽省主体功能区环境政策框架设计》,《环境保护》,2011 年第 Z1 期。

20. 邓春玉:《基于主体功能区的广东省城市化空间均衡发展研究》,《宏观经济研究》,2008 年第 12 期。

21. 邓玲等:《主体功能区建设的区域协调功能研究》,《经济学家》,2006 年第 4 期。

22. 丁于思等:《重点开发区建设绩效评价指标体系研究》,《广西民族大学学报(哲学社会科学版)》,2010 年第 2 期。

23. 董小君:《主体功能区建设的"公平"缺失与生态补偿机制》,《国家行政学院学报》,2009 年第 1 期。

24. 杜黎明:《推进形成主体功能区的区域政策研究》,《西南民族大学学报》(人文社科版),2008 年第 6 期。

25. 杜黎明:《限制开发区经济发展权补偿研究》,《现代城市研究》,2012 年第 6 期。

26. 杜黎明:《在推进主体功能区建设中增强区域可持续发展能力》,《生态经济》,2006 年第 5 期。

27. 杜黎明:《主体功能区配套政策体系研究》,《开发研究》,2010 年第 1 期。

28. 杜平:《推进形成主体功能区的政策导向》,《经济纵横》,2008 年第 8 期。

29. 段进军等:《基于主体功能区视角的基本公共服务均等化研究——以浙江省为例》,《社会科学家》,2010 年第 11 期。

30. 范恒山,《我国促进区域协调发展的理论与实践》,《经济社会体制比较》,2011 年第 6 期。

31. 方忠权等:《主体功能区划与中国区域规划创新》,《地理科学》,2008 年第 4 期。

32. 方忠权:《主体功能区建设面临的问题及调整思路》,《地域研究与开发》,2008 年第 6 期。

33. 冯海波等,《主体功能区建设与均等化财政转移支付——以广东为样本的研究》,《华中师范大学学报》(人文社会科学版),2011 年第 3 期。

34. 傅前瞻等:《推进主体功能区建设必须正确认识和处理的若干关系》,

《经济问题探索》,2010 年第 3 期。

35. 高国力等:《国际上关于生态保护区域利益补偿的理论、方法、实践及启示》,《宏观经济研究》,2009 年第 5 期。

36. 高国力:《实施主体功能区战略的重大问题思考》,《中国经贸导刊》,2011 年第 7 期。

37. 高国力:《我国限制开发区域与禁止开发区域的利益补偿》,《今日中国论坛》,2008 年第 4 期。

38. 高国力:《实施主体功能区战略的重大问题思考》,《中国经贸导刊》,2011 年第 7 期。

39. 高全成:《把握国家划分主体功能区的机遇调整陕西产业布局》,《理论导刊》,2009 年第 4 期。

40. 高新才等:《主体功能区视野的贫困地区发展能力培育》,《改革》,2008 年第 5 期。

41. 龚霄侠.:《推进主体功能区形成的区域补偿政策研究》,《兰州大学学报》(社会科学版),2009 年第 4 期。

42. 郭来喜等:《关于建立"秦巴山地生态旅游省际合作试验区"并将其纳入国家主体功能区开发战略的倡议》,《地域研究与开发》,2011 年第 1 期。

43. 郭文炯等:《空间规划整合与协调问题研究——以山西省为例》,《技术经济与管理研究》,2013 年第 8 期。

44. 郭钰等:《主体功能区建设中的利益冲突与区域合作》,《人民论坛》,2013 年第 35 期。

45. 郭月凤:《生态文明建设背景下广东山区生态补偿问题的探索——以广东粤北韶关山区典型生态补偿为例》,《当代经济》,2013 年第 13 期。

46. 韩德军等:《基于主体功能区规划的生态补偿关键问题探讨——一个博弈论视角》,《林业经济》,2011 年第 7 期。

47. 韩青等:《城市总体规划与主体功能区规划管制空间研究》,《城市规划》,2011 年第 10 期。

48. 韩学丽:《以主体功能区建设促区域协调发展》,《改革与战略》,2009 年第 4 期。

49. 郝大江:《主体功能区形成机制研究——基于要素适宜度视角的分析》,《经济学家》,2012 年第 6 期。

50. 侯晓丽等:《我国主体功能区的区域政策体系探讨》,《中国经贸导刊》,

2008 年第 2 期。

    51. 胡鞍钢等:《优化开发区如何率先科学发展》,《经济与管理研究》,2009 年第 1 期。

    52. 胡少维:《落实主体功能区战略是促进区域协调发展的第一原则》,《金融与经济》,2013 年第 11 期。

    53. 贾康:《推动我国主体功能区协调发展的财税政策》,《经济学动态》,2009 年第 7 期。

    54. 贾康等:《空间层次上的效率与公平》,《人民论坛》,2008 年第 3 期。

    55. 贾若祥《主体功能区战略:区域协调发展新模式》,《中国中小企业》2011 年第 3 期。

    56. 贾若祥等:《实施主体功能区规划研究》,《宏观经济管理》,2011 年第 10 期。

    57. 贾若祥:《区际经济利益关系研究》,《宏观经济管理》,2012 年第 7 期。

    58. 康勇卫:《新形势下行政区划改革的构想——基于主体功能区划的思考.国土与自然资源研究》,2010 年第 5 期。

    59. 李宏伟:《形塑"环境正义":生态文明建设中的功能区划和利益补偿》,《当代世界与社会主义》,2013 年第 2 期。

    60. 李军杰等:《中国地方政府经济行为分析——基于公共选择视角》,《中国工业经济》,2004 年第 4 期。

    61. 李铭等:《区域管治中的博弈效应》,《中国人口·资源与环境》,2008 年第 2 期。

    62. 李炜等:《基于主体功能区的生态补偿机制研究现状及展望》,《学习与探索》,2011 年第 3 期。

    63. 李炜等:《生态补偿机制的博弈分析——基于主体功能区视角》,《学习与探索》,2012 年第 6 期。

    64. 李宪坡:《解析我国主体功能区划基本问题》,《人文地理》,2008 年第 1 期。

    65. 李振京:《主体功能区建设的制度保障调研与建议》,《宏观经济管理》,2007 年第 5 期。

    66. 刘传明等:《主体功能区划若干问题探讨》,《华中师范大学学报》(自然科学版),2007 年第 4 期。

    67. 刘君德:《中国转型期"行政区经济"现象透视——兼论中国特色人文—

经济地理学的发展》,《经济地理》,2006 年第 6 期。

68. 刘君德等:《论行政区划、行政管理体制与区域经济发展战略》,《经济地理》,1993 年第 1 期。

69. 刘力:《中国国土规划的研究进展》,《中国农学通报》,2012 年第 5 期。

70. 刘乃全等:《中国区域经济发展与空间结构的演变——基于改革开放 30 年时序变动的特征分析》,《财经研究》,2008 年第 11 期。

71. 刘瑞卿等:《基于主体功能区的土地规划新增建设用地指标调控研究——以河北省卢龙县为例》,《中国生态农业学报》,2012 年第 4 期。

72. 刘向民:《国土规划制度的一个跨国比较》,《行政法学研究》,2008 年第 2 期。

73. 刘新卫:《开展国土规划促进主体功能区形成》,《国土资源情报》,2008 年第 6 期。

74. 刘银喜等:《生态补偿机制中优化开发区和重点开发区的角色分析——基于市场机制与利益主体的视角》,《中国行政管理》,2010 年第 4 期。

75. 刘玉:《主体功能区建设的区域效应与实施建议》,《宏观经济管理》,2007 年第 9 期。

76. 刘战慧:《利益相关者理论与主体功能区建设——以韶关、梅州、河源生态发展区为例》,《城市问题》,2010 年第 10 期。

77. 卢中原等:《西部开发与主体功能区建设如何形成良性互动——对陕西、甘肃几个城市的调研与思考》,《中国工业经济》,2008 年第 10 期。

78. 罗海平:《推进优化开发区域服务业发展的政策建议》,《中国经贸导刊》,2013 年第 29 期。

79. 罗志刚:《全国城镇体系、主体功能区与"国家空间系统"》,《城市规划学刊》,2008 年第 3 期。

80. 马海霞等:《西部地区主体功能区划分与建设若干问题的思考——以新疆为例》,《地域研究与开发》,2009 年第 3 期。

81. 马凯:《实施主体功能区战略 科学开发我们的家园》,《求是》,2011 年第 17 期。

82. 马随随等:《我国主体功能区划研究进展与展望》,《世界地理研究》,2010 年第 4 期。

83. 蒙吉军等:《鄂尔多斯主体功能区划分及其土地可持续利用模式分析》,《资源科学》,2011 年第 9 期。

84. 孟召宜等:《主体功能区管治思路研究》,《经济问题探索》,2007 年第 9 期。

85. 苗长虹:《从区域地理学到新区域主义:20 世纪西方地理学区域主义的发展脉络》,《经济地理》,2005 年第 5 期。

86. 母天学:《重塑城市主体功能区的公共事务管理协调机制》,《行政论坛》,2011 年第 2 期。

87. 穆琳:《我国主体功能区生态补偿机制创新研究》,《财经问题研究》,2013 年第 7 期。

88. 牛文元等:《国家主体功能区的核心设计:构筑三条国家基础安全保障线》,《中国软科学》,2008 年第 7 期。

89. 彭迪云等:《破解实施主体功能区战略"利益困局"的政策建议》,《经济研究参考》,2013 年第 54 期。

90. 秦岭:《区域经济学理论与主体功能区规划》,《江汉论坛》,2010 年第 4 期。

91. 石刚:《我国主体功能区的划分与评价——基于承载力视角》,《城市发展研究》,2010 年第 3 期。

92. 史育龙:《主体功能区规划与城乡规划、土地利用总体规划相互关系研究》,《宏观经济研究》,2008 年第 8 期。

93. 司劲松:《关于主体功能区规划政策需求的探讨》,《宏观经济管理》,2008 年第 4 期。

94. 苏杨等:《主体功能区划的可操作性:从禁止开发区的确定标准生发》,《改革》,2008 年第 10 期。

95. 隋春花等:《广东生态发展区生态补偿机制建设探讨》,《经济地理》,2010 年第 7 期。

96. 孙国峰:《我国主体功能区划与区域发展联合立法的必要性分析》,《河北法学》,2013 年第 10 期。

97. 孙红玲:《"3 + 4":三大块区域协调互动机制与四类主体功能区的形成》,《中国工业经济》,2008 年第 10 期。

98. 孙红玲:《完善主体功能区布局与区域协调互动的发展机制》,《求索》,2008 年第 11 期。

99. 孙久文:《主体功能区战略下的地区发展新思维》,《人民论坛》,2011 年第 27 期。

100. 孙鹏等,《基于新区域主义视角的我国地域主体功能区规划解读》,《改革与战略》,2009 年第 11 期。

101. 孙鹏等:《中国大都市主体功能区规划的基础理论体系构建——基于复合生态系统理论》,《开发研究》,2013 年第 1 期。

102. 孙玥:《完善约束激励机制 积极推进形成主体功能区》,《宏观经济管理》,2009 年第 10 期。

103. 唐浩:《资源型产业发展与主体功能区协调研究——由成都"石化项目"争论引发的经济学思考》,《经济管理》,2008 年第 18 期。

104. 涂文明:《主体功能区视野下中国特色新型工业化道路区域实现的认识》,《理论与改革》,2009 年第 2 期。

105. 汪劲柏等:《论建构统一的国土及城乡空间管理框架——基于对主体功能区划、生态功能区划、空间管制区划的辨析》,《城市规划》,2008 年第 12 期。

106. 汪伟全:《角色·功能·发展——论区域治理中的公民社会》,《探索与争鸣》,2011 年第 3 期。

107. 汪阳红:《构建合理的空间规划体制》,《宏观经济管理》,2012 年第 5 期。

108. 王红等:《政府间博弈背后的"经济账"》,《人民论坛》,2008 年第 3 期。

109. 王建军等:《基于综合评价法的广东省主体功能区划》,《特区经济》2011 年,第 7 期。

110. 王健:《我国生态补偿机制的现状及管理体制创新》,《中国行政管理》,2007 年第 11 期。

111. 王健:《构建新型区域政绩指标体系研究》,《国家行政学院学报》,2011 年第 2 期。

112. 王科:《中国贫困地区自我发展能力解构与培育——基于主体功能区的新视角》,《甘肃社会科学》,2008 年第 3 期。

113. 王利等:《基于主体功能区规划的"三规"协调设想》,《经济地理》,2008 年第 5 期。

114. 王利:《落实国家主体功能区战略 推进形成省域主体功能区》,《辽宁经济》,2011 年第 10 期。

115. 王倩:《基于主体功能区的区域协调发展新思路》,《四川师范大学学报》(社会科学版),2011 年第 1 期。

116. 王倩:《主体功能区绩效评价研究》,《经济纵横》,2007 年第 13 期。

117. 王仁贵:《突破主体功能区规划障碍》,《瞭望》,2009 年第 14 期。

118. 王茹等:《主体功能区绩效评价的原则和指标体系》,《福建论坛》(人文社会科学版),2012 年第 9 期。

119. 王双正:《构建与主体功能区建设相协调的财政转移支付制度研究》,《中央财经大学学报》,2007 年第 8 期。

120. 王昱等:《我国区域生态补偿机制下的主体功能区划研究》,《东北师大学报》(哲学社会科学版),2008 年第 4 期。

121. 王志国:《关于构建中部地区国家主体功能区绩效分类考核体系的设想》,《江西社会科学》,2012 年第 7 期。

122. 危旭芳:《主体功能区构建与制度创新:国外典型经验及启示》,《生态经济》,2012 年第 3 期。

123. 魏后凯:《对推进形成主体功能区的冷思考》,《中国发展观察》,2007 年第 3 期。

124. 魏后凯:《实现不开发的发展和富裕》,《人民论坛》,2008 年第 3 期。

125. 魏后凯:《限禁开发区域的补偿政策亟待完善》,《人民论坛》,2011 年第 17 期。

126. 闻丽英:《加强主体功能区法制建设刍议》,《理论导刊》,2013 年第 11 期。

127. 吴殿廷等:《主体功能区规划实施中若干问题的探讨》,《人民论坛》,2011 年第 24 期。

128. 吴明红:《中国省域生态补偿标准研究》,《学术交流》,2013 年第 12 期。

129. 肖金成:《区域协调呼唤政策引导》,《人民论坛》,2008 年第 3 期。

130. 徐明:《省级主体功能区财税政策探讨》,《现代经济探讨》,2010 年第 5 期。

131. 徐诗举:《日本国土综合开发财政政策对中国主体功能区建设的启示》,《亚太经济》,2011 年第 4 期。

132. 许根林等:《主体功能区差别化土地政策建设的思考与建议》,《改革与战略》,2008 年第 12 期。

133. 鄢一龙等:《如何推进省级主体功能区建设——以青海省为例》,《生产力研究》,2009 年第 21 期。

134. 杨爱平:《区域合作中的府际契约:概念与分类》,《中国行政管理》,2011 年第 6 期。

135. 杨美玲等:《主体功能区架构下我国限制开发区域的研究进展与展望》,《生态经济》,2013 年第 10 期。

136. 杨庆育:《着力推进主体功能区建设》,《求是》,2011 年第 23 期。

137. 杨庆育:《主体功能区规划实践和政策因应:重庆样本》,《改革》,2011 年第 3 期。

138. 杨瑞霞等:《省级主体功能区规划支持系统研究》,《地域研究与开发》,2009 年第 1 期。

139. 杨伟民:《解读全国主体功能区规划》,《中国投资》,2011 年第 4 期。

140. 杨伟民等:《实施主体功能区战略,构建高效、协调、可持续的美好家园——主体功能区战略研究总报告》,《管理世界》,2012 年第 10 期。

141. 杨伟民:《到了规划我们家园的时候了》,《人民论坛》,2008 年第 3 期。

142. 杨伟民:《推进形成主体功能区　优化国土开发格局》,《经济纵横》,2008 年第 5 期。

143. 杨玉文等:《我国主体功能区规划及发展机理研究》,《经济与管理研究》,2009 年第 6 期。

144. 昝国江等:《主体功能区建设与区域利益的协调——以河北省为例》,《城市问题》,2011 年第 11 期。

145. 姚兵等:《主体功能区规划框架下深化泛珠三角区域合作研究》,《改革与战略》,2012 年第 1 期。

146. 张成军:《绿色 GDP 核算的主体功能区生态补偿》,《求索》,2009 年第 12 期。

147. 张成军:《协同推进主体功能区和生态城市建设研究》,《经济纵横》,2010 年第 5 期。

148. 张贡生:《关于要继续实施区域发展总体战略的几个问题》,《经济问题》,2008 年第 3 期。

149. 张可云:《主体功能区规划实施面临的挑战与政策问题探讨》,《现代城市研究》,2012 年第 6 期。

150. 张可云等:《主体功能区规划实施机制的思考》,《人民论坛》,2011 年第 17 期。

151. 张可云:《主体功能区的操作问题与解决办法》,《中国发展观察》,2007

年第 3 期。

152. 张可云:《主体功能区与生态文明》,《人民论坛》,2008 年第 3 期。

153. 张明东等:《我国主体功能区划的有关理论探讨》,《地域研究与开发》,2009 年第 3 期。

154. 张庆杰:《区域管理体制改革在即》,《瞭望》,2009 年第 42 期。

155. 张晓瑞等:《区域主体功能区规划研究进展与展望》,《地理与地理信息科学》,2010 年第 6 期。

156. 张杏梅:《加强主体功能区建设促进区域协调发展》,《经济问题探索》,2008 年第 4 期。

157. 张玉娴等:《关于我国空间管制规划体系的若干分析和讨论》,《现代城市研究》,2009 年第 1 期。

158. 赵登发:《确定主体功能 统筹城乡发展——广东省云浮市实施县域主体功能区规划》,《中国财政》,2012 年第 10 期。

159. 赵景华等:《国家主体功能区整体绩效评价模式研究》,《中国行政管理》,2012 年第 12 期。

160. 赵作权:《全国国土规划与空间经济分析》,《城市发展研究》,2013 年第 7 期。

161. 曾金胜:《GDP 崇拜将成为历史——百姓、干部群体眼中的"主体功能区"》,《人民论坛》,2008 年第 3 期。

162. 郑延涛:《优化国土开发格局 推动区域协调发展》,《理论探索》,2008 年第 2 期。

163. 郑涌:《完善转移支付制度 推进主体功能区建设》,《财政研究》,2011 年第 10 期。

164. 周民良:《主体功能区的承载能力、开发强度与环境政策》,《甘肃社会科学》,2012 年第 1 期。

165. 周民良:《主体功能区战略下的地区发展新思维》,《人民论坛》,2011 年第 17 期。

166. 周寅:《推进主体功能区建设的财政对策思路》,《经济研究参考》,2008 年第 48 期。

167. 朱金鹤等:《国土空间规划对中国主体功能区规划的借鉴与启示》,《世界农业》,2012 年第 8 期。

168. 朱小丹:《广东探索主体功能区建设新路子》,《行政管理改革》,2011

年第 4 期。

169. 邹彦林:《构建安徽"三沿"城市经济圈 优化主体功能区布局——安徽城市经济圈发展的战略思考》,《开放导报》,2008 年第 3 期。

## 四、外文著作

1. Amina. *An institutionalist perspective on regional economic development*. International Journal of Urban and Regional Studies,1999,No. 4,pp. 365 – 378.

2. M. Keating , *The Invention of Regions* : *Political Restructuring and territorial Government in western Europe*. Environment and Planning,1997,vol5,pp. 383 – 398.

3. Lovering J. *Theory led by policy*: *the inadequacies of the – new regionalism.* (*illustrated from the case of Wales*). International Journal of Urban and Regional Studies,1999No. 4,pp. 379 – 395.

4. Joseph F. Zimmerman. The Federated City: Community Control in Large Cities. St. Martin's Press,1972. p. 114.

5. V. Dubey ,The Definition of Regional Economics, Journal of Regional Science,1964,Vol. 5,No. 2.

# 后 记

"博士"的博我认为应该是拼搏的"搏"。这本书稿是以我的博士论文为基础修改而成，是对自己三年博士生活的一个交代，也算是对自己所受高等教育的一个交代，更是我此生第一次出版学术著作。然而付梓之际，感到的遗憾之处远远大于内心的欣喜和满足，也许这种遗憾将转化为对自己的鞭策，促使我在学术道路上继续求索。

主体功能区的研究在区域经济学乃至区域科学领域已经开始成为显学，但是以政治学、行政学学科背景为基础，以"区域政治"甚至"空间政治"角度进行研究，无疑是有待于学界同仁共同回答的问题。三年前，我的博士生导师杨龙教授带我进入这个领域，把这样一个极具研究价值和创新空间的课题给了我，让我一直以来都备感压力。经过几年的集中关注，在这个领域积累了几篇小文章，包括现在看到的这篇书稿，但是仍然觉得管中窥豹，难尽其中奥妙。当然，这里主要是个人研究能力所限，现在想来当年杨老师给我的点拨仍然值得我细细琢磨领会，遗憾的是这些成果只能在以后的研究中逐步呈现出来。

在研究过程中，我也萌生了一些研究设想。比如，主体功能区战略推进过程中遇到的各种困难事实上多与部门利益、地方利益有关，破解这些难题除了诉诸政府自身之外，执政党扮演何种角色？进而，如何构建党领导经济工作的体制机制，保证把党中央经济工作的指导思想和要求真正落实，把全面从严治党要求体现在党领导经济工作之中等一系列问题，都是值得研究的重要命题。这些命题的深入研究有利于我们更深刻的认识党的领导和我国经济发展道路的政治优势，更有利于进一步发挥这项优势。

回首这几年，自己至多只是做到了平常人应该做到的，如果有一点点成绩，那也都归功于各位师长、同窗的帮助。此中首要感谢的当然是杨龙教授一直以来的耳提面命、谆谆教诲。杨老师进取、敏锐、务实、宽厚，时时事事为人师表，使我受益终身。师母善良而优雅、智慧而谦逊，对我生活上的关心和照顾令人感动。除此之外，这本书还凝聚了诸多参加我开题、预答辩诸位老师的心血，他们是朱光磊教授、孙涛教授、程同顺教授、马蔡琛教授。诸位老师不但是文章的评价者，更是研究的促进者。此外，曾经在课堂上、研究中对我启发和指导的常健教授、孙晓春教授，还有柳建文、张振华、孙兵、马伟华等良师益友，各位老师的深厚学养和远见卓识让我领略到了学术的魅力。离开南开之后，我越来越深刻地体会到，经过诸位老师的努力，南开大学周恩来政府管理学院在相关研究领域形成了独特的研究主题、研究方法，在政治学、行政学界独树一帜，必将在中国政治学、行政学学术发展史上留下浓墨重彩的一笔。

当然，还有论文的评阅专家，陈瑞莲教授、韩冬雪教授、朱春奎教授、王佃利教授、吴春华教授，答辩委员会专家张康之教授、马德普教授，论文按照你们的指导意见一一做了修改。在此，向你们的辛勤劳动表示感谢！

逝者如斯夫，人生不会停顿下来让我们去充分地回味，在新的工作岗位时常还回忆起南开园里的铃声、同学们匆匆的身影，还有马蹄湖的荷花。感谢我亲爱的同学和朋友们，秦伟江、郭鹏、朱军、郑春勇、韦长伟、徐祖迎、曹爱军、赵学强、崔翔、潘同人、邹宗根、寇大伟、戴树青，还有我的朋友刘恩廷、连秋逸、高翔。还有因为种种原因没有列出名字的朋友，你们的帮助也许更多、更大，我都将深铭于心。

最后，还要感谢天津人民出版社的杨舒、王倩老师。由于我自身的原因迟迟未能及时交稿，编辑、出版一拖再拖，杨老师能够给予理解、包容，在此深表歉意和感谢。王老师对本书进行了认真而细致的审校，所表现出来的专业精神令人钦佩。

本书是在南开大学杨龙教授主持的国家社科重大课题"区域政策创新与区域协调发展研究"子课题"主体功能区战略推进研究"（13&ZD017）资助下完成的，在此一并感谢！由于学识有限，书中难免疏漏之处，概由我一人负责。

成为杰

2016 年 10 月